高等院校机械工程专业
"十三五"规划教材

GAODENG YUANXIAO JIXIE GONGCHENG ZHUANYE
"SHISANWU" GUIHUA JIAOCAI

三维实体设计与仿真
——UG NX 10.0中高级教程

◎ 主编 陈 爽 刘晓飞

SANWEI SHITI
SHEJI YU FANGZHEN
——UG NX 10.0 ZHONGGAOJI
JIAOCHENG

中南大学出版社 长沙
www.csupress.com.cn

前　言

UG 是美国 EDS 公司推出的 CAD/CAE/CAM 高端软件平台,是目前市场上功能比较全面的产品设计工具,广泛应用于现代制造(航空、汽车、机械)、医学(仿真)、服装、建筑、动漫与游戏等行业中。它拥有先进 CAD/CAE/CAM 软件中功能强大的实体建模技术,提供了高效便捷的曲面构建能力,适合于复杂的造型设计。

UG NX 系列软件使企业能够通过新一代数字化产品开发系统,实现向产品全生命周期管理转型的目标。UG NX 系列软件包含了企业中应用最广泛的集成应用程序,可用于产品设计、仿真和制造等全范围的开发设计过程。它充分实现了整体协同设计的理念,不仅提供了基于标准框架的 CAD/CAE/CAM 解决方案平台,而且还可以与 I-deas 软件无缝集成,将其纳入产品整体设计环境中。

UG NX 系列软件把产品制造从概念设计到仿真生产的各个过程都集成到一个数字化管理和协同的设计框架中。UG NX 系列软件还完全支持制造商所需的其他各种设计工具,可以与其他的设计工具共享产品数字化信息,还可以与 UGS 公司其他行业应用解决方案无缝集成,使数字化产品模型方便地应用于产品设计的全生命周期。

本书内容由浅入深、从易到难。第 1~4 章主要介绍了 UG NX 10.0 的 CAD 功能,包括 UG NX 10.0 的工作界面、基本操作、草图设计、特征建模、特征操作、特征编辑、GC 工具箱、曲面造型、装配建模、工程图绘制和工程图尺寸标注,较为详细地介绍了软件 CAD 功能的应用方法。书中对理论知识介绍较少,仅介绍了一些必需的指令,主要是通过实例,让读者能直接按照书中的步骤动手操作,达到掌握知识的目的。

本书除了介绍 UG NX 10.0 的 CAD 功能外,第 5~7 章还介绍了 UG NX 10.0 三维中高级应用。第 5 章主要介绍了 UG NX 10.0 模块中运动仿真的功能,通过 UG 的建模功能建立一个三维实体模型,利用 UG 的运动仿真功能赋予三维实体模型的各个部件一定的运动学特性,再在各个部件之间设立一定的连接关系即可建立一个运动仿真模型。第 6 章阐述了 UG/Open API 二次开发工具,介绍了 UG/Open API 二次开发基础知识、开发原理,在 UG 平台上,以油气分离器和离心通风机参数化设计为例,阐述了基于数据库为支撑的参数化设计方法。第 7 章讲述了 UG NX 10.0 在数控加工方面的功能和使用方法，主要内容有数控编程基础、UG 数据加工入门初步、通用选项、平面铣、型腔铣等。

本书内容适合高等院校理工科专业本科生学习使用，也可供科研院所和企业的研究人员、工程技术人员参考学习。

本书由江西理工大学陈爽、江西环境工程职业学院刘晓飞主编，参加编写人员还有张桥、曾德伟、赵子涵、刘真兴等。特别感谢东北大学博士生导师孙志礼教授的大力支持和宝贵建议。感谢第三批教育部卓越工程师教育培训计划（机械工程）、江西省普通本科高校卓越工程师教育培养计划项目（机械工程及其自动化）、江西理工大学校级质量工程项目的资助。

由于时间仓促，编者水平有限，书中不足之处在所难免，恳请广大读者予以指正。

编　者

2019 年 1 月

目　录

第 1 章　绪　论

本章导读

本章介绍了 UG NX 系列软件的系统概况以及所包含的功能模块的应用范围，并针对最新版本的 UG NX 10.0，介绍了它的新特点和常用功能的更新情况；还详细介绍了 UG NX 10.0 系统的操作环境，包括系统界面各组成部分的应用、操作界面的用户化设置和系统环境参数的设置；最后还讲解了 UG NX 10.0 系统的基本操作方法。通过本章的学习，能够对 UG NX 10.0 有一个基本的认识。后面的章节将详细向读者介绍该系统各种操作功能的应用方法。

本章要点

- UG NX 10.0 系统功能。
- UG NX 10.0 功能模块及特点。
- UG NX 10.0 操作环境。
- UG NX 10.0 产品设计流程。

1.1　UG NX 系列软件概述

制造业所面临的挑战是如何通过产品开发的技术创新，在成本持续缩减与利润逐渐增加的要求之间取得平衡。为了真正地支持设计创新，必须审查更多的可选设计方案，而且在开发过程中必须根据以往经验和知识及早地做出关键决策。因此，优秀的设计工具应该能够利用先进的 CAD/CAE/CAM 等计算机辅助技术，并提供整体协同设计解决方案。如图 1-1 所示，3D 技术/三维数字化技术是信息物理系统（cyber physical systems，CPS）的基础，嵌入到现代工业的整个流程，是推动产业转型升级和创新驱动的动力，更已成为开启和引领全球"第三次工业革命""工业 4.0""工业互联网"变革的竞争焦点，是实现中国制造 2025 的基础支撑和保障。

Unigraphics（简称 UG）是 SIEMENS 公司（原 Unigraphics Solutions 公司，简称 UGS 公司）全生命周期解决方案中面向产品开发领域的 CAD/CAE/CAM 软件。UGS 公司是全球著名的 MCAD 供应商，其主要的 CAD 产品是 UG，UG 是集 CAD/CAE/CAM 于一体的三维参数化软件。UG NX 软件为用户提供了一套集成的、全面的产品开发解决方案，广泛用于机械、模具、汽车、家电、航天、军事等领域，现已成为世界上最流行的 CAD/CAE/CAM 软件之一。UG NX 先后推出了多个版本，并不断升级，每次发布的最新版本都代表着当时世界同行业制造技术的发展前沿，很多现代设计方法和理念都能较快地在新版本中反映出来。同样，UG NX 10.0 版本的很多内容也是在原来的基础上进行了改进和升级，其灵活性和协调性变得更

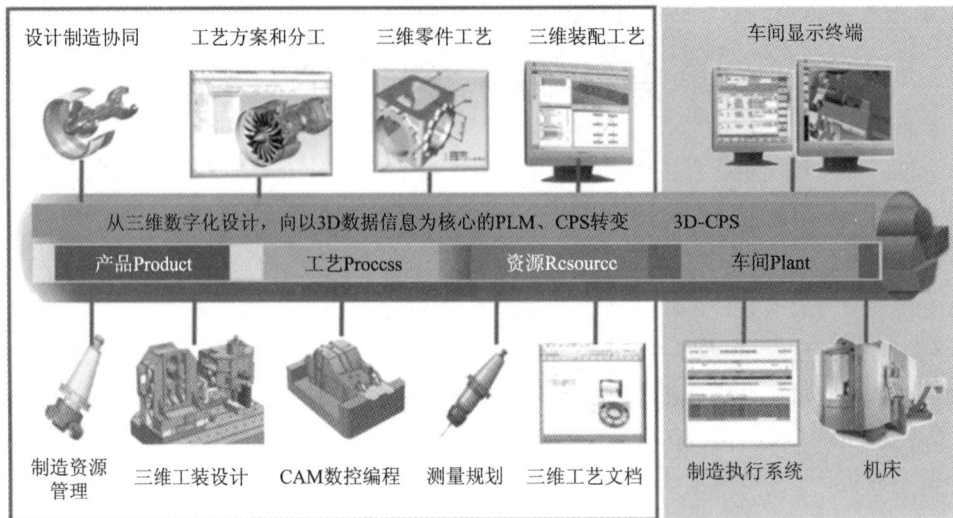

图 1-1 3D-CPS

好，更方便地帮助用户实现产品的创新，缩短产品上市时间、降低成本、完善产品设计、提高制造质量。

1.2 UG NX 系列软件的特点

UG NX 系列软件不仅具有强大的实体造型、曲面造型、虚拟装配和产生工程图等设计功能，而且在设计过程中可进行有限元分析、机构运动分析、动力学分析和仿真模拟，提高设计的可靠性；同时，可用建立的三维模型直接生成数控代码，用于产品的加工，其后处理程序支持多种类型的数控机床。另外它所提供的二次开发语言 UG/Open GRIP, UG/Open API 简单易学，实现功能多，便于用户开发专用 CAD 系统。

具体来说，该系列软件具有以下特点：

（1）具有统一的数据库，真正实现了 CAD/CAE/CAM 等各模块之间的无数据交换的自由切换，可实施并行工程。

（2）采用复合建模技术，可将实体建模、曲面建模、线框建模、显示几何建模与参数化建模融为一体。

（3）用基于特征（如孔、凸台、型腔、槽沟、倒角等）的建模和编辑方法作为实体造型基础，形象直观，类似于工程师传统的设计办法，并能用参数驱动。

（4）曲面设计采用非均匀有理 B-样条作为基础，可用多种方法生成复杂的曲面，特别适合于汽车外形设计、汽轮机叶片设计等复杂曲面造型。

（5）出图功能强，可十分方便地从三维实体模型直接生成二维工程图。能按 ISO 标准和国标标注尺寸、形位公差和汉字说明等。并能直接对实体做旋转剖、阶梯剖和轴测图挖切生成各种剖视图，增强了绘制工程图的实用性。

（6）以 Parasolid 为实体建模核心，实体造型功能处于领先地位。目前著名的 CAD/CAE/CAM 软件均以此作为实体造型基础。

（7）提供了界面良好的二次开发工具 GRIP（Graphical Interactive Programing）和 UFUNC（User Function），并能通过高级语言接口，使 UG 的图形功能与高级语言的计算功能紧密结合起来。

（8）具有良好的用户界面，绝大多数功能都可通过图标实现；进行对象操作时，具有自动推理功能；同时，在每个操作步骤中，都有相应的提示信息，便于用户做出正确的选择。

1.3　UG NX 系列各功能模块

UG NX 系列软件中包含了许多功能模块，来满足用户对产品整体设计和制造的需求，从而支持其强大的 Unigraphics 三维软件。系统共由几十个功能模块组成，并且还在不断地丰富和更新。下面对一些常用的功能模块进行简单的介绍。

1.3.1　CAD 模块

1. UG NX/Gateway（入口）

UG NX/Gateway 提供一个 Unigraphics 基础，是一个基于 motif 环境的连接所有 UG NX 模块的底层结构。它所支持的关键操作，包括打开已存的 UG NX 部件文件、建立新的部件文件、绘制工程图以及读入和写出 CGM，也提供层控制、视图定义、对象信息的分析、显示控制、存取帮助系统、隐藏/再现对象以及实体和曲面模型的着色。UG NX/Gateway 提供一个没有限制的高分辨率的绘图仪许用权，同时提供一个现代化的电子表格应用，来构造和管理零件并提供部件间表达式。它具有相关的解析方案，扩充的模型易于设计，标准的桌面查找功能能够提供一个简单的基于知识工程技术的执行方法，UG NX/Gateway 是对所有其他 Unigraphics 应用的必要基础。

2. UG NX/Solid Modeling（实体建模）

UG NX/Solid Modeling 提供业界最强的复合建模功能。UG NX/Solid Modeling 无缝集成基于约束的特征建模和显式几何建模，用户可以体验一个高级的集成于特征环境内的传统实体、曲线和线框建模的功能。UG NX/Solid Modeling 使用户能够方便地建立二维和三维线框模型、扫描和旋转实体、进行布尔运算及参数化编辑，并且还具有快速和有效的变量化草图绘制工具以及更通用的建模和任务编辑工具，所有其他建模模块都能被存取与操作。所以 UG NX/Solid Modeling 是 UG NX/Features Modeling 和 UG NX/Freeform Modeling 两者的必要基础。

3. UG NX/Features Modeling（特征建模）

UG NX/Features Modeling 提高了表达式的级别，因而设计可以根据工程特征的意义来定义，提供对标准设计特征的建立和编辑，包括几种变形的孔、键槽、型腔、凸台及全集的圆柱、块、锥、球、管道、杆、倒圆和倒角等，也包括实体模型空腔控制和建立薄壁对象。为了通过编辑尺寸和位置的驱动参数来定义特征，也可以将已经存贮在共同目录中的用户定义特征添加到设计模型上。新建立的特征可以相对于任一其他特征或对象定位，也可以被引用阵列拷贝。

4. UG NX/Freeform Modeling（自由形状建模）

UG NX/Freeform Modeling 能够进行复杂的自由形状设计，如机翼和进气道以及工业产品的设计。UG NX/Freeform Modeling 的实体合并和曲面建模功能具有一个功能强大的工具集，包括沿曲线的扫描、使用三种轨道方法按比例地构建形状、使用标准二次锥法放样体、圆或锥形截面倒圆角。在两个或更多的曲面间连续桥接间隙的曲面，也支持通过曲线/点网格定义形状或对逆向工程任务通过点来拟合、建立形状模型。可以通过修改定义的曲线，改变参数的数值，或通过使用图形、数字的控制规律来进行编辑。例如，一个可变半径的倒圆角或改变一个扫描的横截面积，该模型是与所有其他 UG NX 功能完全集成的。UG NX/Freeform Modeling 也包含了评估复杂模型的形状、尺寸和曲率的功能。

5. UG NX/User Defined Features（用户定义的特征）

UG NX/User Defined Features 提供一种交互方法，便于恢复、编辑和使用用户定义特征（UDF）的概念去捕捉和存贮系列部件。它包括读取利用标准 Unigraphics 工具创建的已存参数化实体模型、定义特征变量、建立参数间关系、设置缺省值和当确定特征在调用时将采用的一般形状所需的所有工具。当创建特征时，UDF 保存在任何设计人员都可访问的目录中。将 UDF 添加到设计模型后，可以使用常规特征编辑技术编辑其任何参数。

6. UG NX/Drafting（制图）

UG NX/Drafting 提供一个根据实体模型绘制产品的工程图的全部功能。基于 Unigraphics 的复合建模技术，UG NX/Drafting 建立与几何模型相关的维度，确保在模型改变时，图纸也将被更新，从而减少图纸更新所需的时间。视图包括消隐线和相关的模型截面视图，当视图被修改时模型也将自动更新。自动视图布局功能提供快速的图形布局，包括正交视图投射、截面视图、辅助视图和细节视图。UG NX/Drafting 支持在主要行业制图标准（ANSI、ISO、DIN 和 JIS）中创建图形，其中包含完整的基于图标的图形创建和注释工具，由 UG NX/Assembly Modeling 创建的装配信息，便于创建装配图，无论是制作单张图纸还是多个细节装配和零件图纸，UG NX/Drafting 都能减少工程图生成时间和成本。

7. UG NX/Assembly Modeling（装配建模）

UG NX/Assembly Modeling 提供并行的自上而下和自下而上的产品开发方法，其生成的装配模型中零件数据是对零件本身的链接图像，可保证装配模型和零件设计完整。其双向关联，提高了软件运行性能，并减少了对存储空间的需求。零件设计修改后在装配模型中的零件会自动更新，同时可在装配环境下直接修改零件设计。UG NX 装配功能的内在结构使得设计团队能创建和共享非常大的产品级装配模型，使得团队成员可保持其工作与他人同步进行。另外，通过用户定义的命名规则或 UG NX/Manager 项目组数据管理模块，可对设计数据进行版本管理，确保项目组成员访问正确的组件版本。该模块和 UG NX 软件其他模块一样，具有并行计算能力，支持多 CPU 硬件平台，可充分利用硬件资源。

8. UG NX/Advanced Assemblies（高级装配）

UG NX/Advanced Assemblies 为 UG NX/Assembly Modeling 添加了特殊功能，用于产品级装配设计，包括数据调用控制、高速大型装配着色和大型装配干涉检查，允许用户灵活地过滤装配结构。该模块管理、共享和检查用于确定复杂产品布局的数字模型，完成全数字化的电子样机装配。它提供了用于可视化组装整个产品和指定子系统或子组件的分析工具，以及用于快速干涉、着色和消除大型组件的独特模型表示。已经定义的各种干扰检查条件可以存储和多次使用，并且能够以批量处理模式运行。如果需要，该模块可提供软硬干涉的准确报告。对于大型产品，设计组可定义、共享细分产品和子系统，以提高在大型产品设计时软件的响应速度。

9. UG NX/Photo（图像）

UG NX/Photo 通过高级的图形工具可视化地增强 CAD 模型，包括可选项的质量级别视图着色、装配着色、动画、正交和透视视图、光源、阴影和工程材料库，是一个强有力的模块。对整个组织系统，客户和供应商可有效沟通概念和想法。其典型用途包括设计评审、产品推荐、客户演示和市场材料。UG NX/Photo 与其他 Unigraphics 模块是完全集成的。

10. UG NX/FAST（快速）

UG NX/FAST 提供以 Unigraphics 3D 固定格式定义的一个标准零件库系统，通过直观的图形界面方便地存取。3D 标准件库包含 ISO 紧固件、ANSI 紧固件、DIN 紧固件、DIN 轴承、DIN 钢结构和用于定制信息的一个 UG NX/FAST 用户化工具组。UG NX/FAST 支持 UG NX/Assemblies 用户定义特征或部件读入，该模块能够实现标准部件子组件选择的功能和 IMAN 和 UG NX/Manager 包装。

11. UG NX/WAVE Control（WAVE 控制）

Unigraphics 的 WAVE 技术为产品文件夹工程提供了一个平台，允许用户在整个产品中传递概念和变更详细设计，同时保持设计的完整性和意图。在这个平台上构建和创新 WAVE 技术能够实现对高级产品设计的定义、控制和评估。其可重复使用的"控制结构"设计模板，通过定义几何体和关键设计变量去表示产品概念设计 CAE 的需求，并将其构入模型中。PDM 用于通过参数编辑来管理更改和修改。控制模块可以快速地分析和评估不同的设计概念。控制模块中的关键几何体与完整的产品装配模型有联系，并允许先进的概念变化影响到后续的产品设计。

12. UG NX/Geometric Tolerancing（几何公差）

UG NX/Geometric Tolerancing 为工程图尺寸标注和变更分析提供了基础，所以可根据选定的公差标准（如 ANSI、Y14.5M – 1982、ASME、Y14.5M – 1994）或与所选模型完全相关的几何公差进行智能定义。该模块能够快速和方便地建立、编辑、查询基准和公差，通过现代化的用户界面，可进行基准和公差的语法和关系合理性检验，自动更新因建模或基准测试而产生的容差并自动继承 GD&T 符号图纸。这个信息能传达给下游应用，包括对零件的公差分析，以及通过全面 UG/Open API 对装配件的公差累积分析和检查。从嵌入式模型导入的公差信息的优点是统一的 GD&T 消除了冗余数据的添加，并减少了对绘图的依赖。

1.3.2 CAM 模块

1. UG NX/CAM Base（CAM 基础）

UG NX/CAM Base 是构建在 CAM 上的所有 Unigraphics 处理产品的基础，它允许用户操纵其他 UG NX 加工应用程序的刀具路径输出。UG NX/CAM Base 提供两种主要处理应用：第一种是通用钻头的点对点应用；第二种是驱动曲线加工，这是一种灵活的轮廓加工应用。在这个应用程序中，用户选择一组曲线产生刀具运动轨迹。

2. UG NX/Postprocessing（后处理）

通过该模块，用户可为大多数数控机床建立自己的后处理程序。其后处理功能包括用于实际应用的检查程序，如铣削加工、车削加工和线切割加工，使用户能够对绝大部分现有的 NC 机床方便有效地构造自己的后处理器。

3. UG NX/Lathe（车）

UG NX/Lathe 提供为生产高质量车削零件需要的所有功能，与零件几何体与刀具路径的自动更新完全相关，包括粗车、多刀路精车、车沟槽、车螺纹和中心钻等子程序，输出可以被机床直接读取的一个源文件。用户可以控制进给速度、主轴转速和零件间隙等参数。除了改变参数，还可以通过生成刀具路径和零件要求来生成设置。测试图形显示并保存文件，但不能更改图形的模拟工具路径和生成到位置源文件(CLSF)中的文本输出。

4. UG NX/Core & Cavity Milling（型心和型腔铣削）

UG NX/Core & Cavity Milling 模块特别适用于加工模具和冲模，这些在汽车和消费产品工业中是很常见，它提供单个或多个模腔粗加工和从模芯中移除毛坯材料的所有功能，其中最出色的功能是能够在极复杂的形状上生成轨迹和切削图样。容差型腔铣允许处理具有间隙和重叠的松散设计形状，可以分析的型腔表面数可以达到上百个，当 UG NX/Core & Cavity Milling 检测到异常时，它可以纠正或在用户规定的公差内加工型腔。这个模块提供的对模芯和模腔的加工过程可以实现全自动化。

5. UG NX/Fixed Axis Milling(固定轴铣)

UG NX/Fixed Axis Milling 模块为产生 3 轴运动刀轨提供完整和全面的工具。实际上，能够加工任何可建模的表面或实体，包括刀具路径功能和加工区域选择功能。有多种驱动方式和切割模式可供选择，如沿边界切割、径向切割、螺旋切割和用户定义切割方式等。在边界驱动方式下，又可选择同心圆和放射状等多种走刀方式，提供顺逆铣控制以及螺旋进刀方式，自动识别前道工序未能切除的未加工区域和陡峭区域，以便用户进一步加工。UG NX/Fixed Axis Milling 能够模拟刀具路径并生成文本输出，用户可以选择接受、拒绝或存贮并根据需要更改参数。

6. UG NX/Flow Cut(流通切削)

UG NX/Flow Cut 处理器提供独特的时间优化半精加工或精加工操作，这个模块在 UG NX/Fixed - Axis Milling 中工作，分析一个零件的表面(基于参数并检测所有的"双相切条件"区域，这样的区域通常出现在型腔的根区或拐角处。用户可以指定刀具，UG NX/Flow Cut 模块将自动计算与刀具对应的"双相切条件"区域，并将其作为驱动几何，自动生成一次或多次走刀的清根程序。当出现复杂的型芯或型腔加工时，该模块可减少精加工或半精加工的工作量。

7. UG NX/Variable Axis Milling(可变轴铣削)

UG NX/Variable Axis Milling 模块支持定轴和多轴铣削功能，可处理 UG NX 造型模块中生成的任意几何体并保持主模型的相关性。能够提供完整的 3~5 轴轮廓运动，并使用表面参数，将刀具路径投影到曲面，以及使用任何曲线或点来控制刀具路径，从而控制刀具方向和表面质量。

8. UG NX/Sequential Milling(顺序铣削)

UG NX/Sequential Milling 模块能控制刀具路径生成过程中的每个步骤,支持 2 ~ 5 轴的铣削编程。它支持以自动化的方式获得类似 APT 直接编程的绝对控制,允许用户通过交互式编程来生成刀具路径,并对过程中的每个步骤进行控制。它提供的循环功能使用户可以仅定义某个曲面上最内和最外的刀具路径,中间步骤由 UG NX/Sequential Milling 自动生成。

9. UG NX/Wire EDM(线切割)

UG NX/Wire EDM 能方便地进行 2 轴和 4 轴线切割加工,有多种线切割加工方式,支持线框或实体的 UG 模型,所有的操作在编辑参数和模型更新中是有联系的。支持多种类型的线切割操作,如多次走刀轮廓加工、电极丝反转和区域切割,也支持定程切割。利用不同直径的电极丝和大小不同的功率设置,用户可以用通用的处理器来开发专用的后处理程序,并生成机床数据文件。UG NX/Wire EDM 模块也支持许多常用的 EDM 软件包,包括 AGIE Charmilles 和许多其他的工具。

10. Nurbs(B – 样条) 轨迹生成器

Nurbs(B – 样条)轨迹生成器允许从 UG NX NC 处理器直接生成基于 Nurbs 的刀轨,从 UG NX/Solid Modeling 模型直接生成的新刀轨,使产生的零件有较高的精度和出色的光洁度,使加工程序量比标准格式减少 50% ~ 70%。由于消除了机床控制器的等待时间,实际加工时间大大减少,Nurbs(B – 样条)轨迹生成器的存在对具有强大控制性的高速机床非常必需。

1.3.3　CAE 模块

1. UG NX/FEA

UG NX/FEA 是与 UG NX/Scenario for FEA 前处理和后处理功能紧密集成的有限元解算器,这些产品结合在一起为在 Unigraphics 环境内的建模与分析提供一个完整的解,UG NX/FEA 是基于世界领先的 FEA 程序——MSC/NASTRAN,它不仅仅在过去的 30 年为有限元的精度和可靠性建立了标准,而且在今天的动态产品开发环境中继续证明了它的精度和有效性。通过不断地发展 MSC/NASTRAN 结构,分析最新功能和算法的优点,UG NX/FEA 保持了领先的 FEA 程序计划。

2. UG NX/Mechanism(机构)

UG NX/Mechanism 直接在 Unigraphics 内实现实际二维或三维机构系统且复杂的运动学分析和设计仿真,用最小距离、干涉检测和跟踪轨迹包络选项,执行各种打包(packaging)研究。它是一种独特的交互运动学,能允许同时控制最多五个运动副,用户可以分析运动反作用力,最终位移、速度、加速度、反作用力可以输入到 FEA 中。集成机构的运动元素库非常有效,几何体可以用于安放运动副和力以及定义凸轮的轮廓。UG NX/Mechanism 使用嵌入的来自机构动力学公司(NDI)的 ADAMS/Kinematics 解算器,可以为 ADAMS/Solver、MDI 的完全的动力学解算器建立一个输入文件。

1.3.4　UG NX 的其他模块

除了以上介绍的常用模块外,UG NX 还有其他一些功能模块。如用于钣金设计的钣金模块(UG NX/Sheet Metal Design),用于管路设计的管道与布线模块(UG NX/Routing、UG NX/Harness),供用户进行二次开发的、由 UG NX/Open GRIP、UG NX/Open API 和

UG NX/Open ++组成的开发模块(UG NX/Open),等等。以上各种模块构成了 UG NX 的强大功能。

1. UG NX/Sheet Metal Design(钣金件设计)

UG NX/Sheet Metal Design 模块包括一组成型设计特征,用于钣金产品的展开、压模和剪切。这些特征使设计人员能够以准确的变形图来定义和模拟加工工序。

2. UG NX/Sheet Metal Fabrication(钣金制造)

对于 UG NX 建模功能设计的钣金件,此模块提供了从转塔式多工位冲压到激光切割等功能。用户可对钣金冲压件进行自动或交互式编程。

3. UG NX/Sheet Metal Nesting(钣金件排样)

UG NX/Sheet Metal Nesting 模块可在一块毛坯板料上对若干品种的零件进行多种优化排样。用户只需提供零件的种类、数量以及所用板料的规格,系统即可进行自动排样,并对不同的组合布置进行择优选择。该模块还能优化冲压工序,减少刀具更换,使冲压零件时板材重定位最少,并且可以实现交互式图形排样。

4. UG NX/Harness(电气布线)

UG NX/Harness 模块可实现在复杂的装配件内自动完成电气配件设计。它能在装配件中查找部件的连接关系,然后精确计算三维导线长度、估算电气布线的线束直径,并将生成的线束用三维表示,以进行间隙分析。同时,它还能将三维电气布线展平来确定长度。

1.3.5 UG NX 软件的产品设计应用

UG NX 系列软件在产品的设计制造过程中,能充分体现并行工程的思想。在产品设计的早期,它的下游应用部门(如工艺部门、加工部门、分析部门等)就已经介入设计阶段,所以设计过程是一个可反馈、修改的过程。其强大的参数化功能能够支持模型的实时修改,系统能自动刷新模型,以满足设计要求。因此,这种设计过程不必等产品全部设计完才进行下游工作,而是在产品初步设计后就可进行方案评审,并不断修改设计,直至达到设计要求。应用 UG NX 系列软件进行产品设计的主要工作流程如图 1-2 所示。

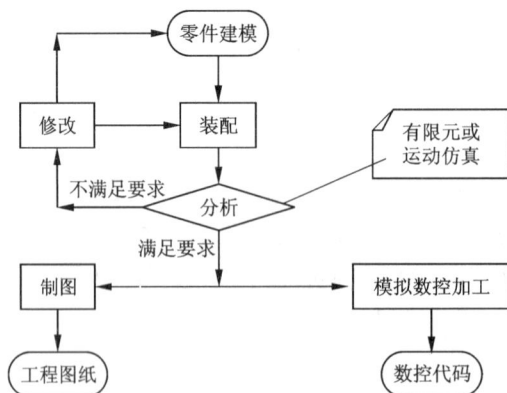

图 1-2 产品设计的主要工作流程

　　用户在进行产品设计时应养成一种良好的产品设计习惯,才能在合理的时间内完成产品的设计工作。在使用 UG NX 系列软件进行产品设计时,用户也需要了解它的设计过程。下面介绍一些利用 UG NX 进行产品设计的步骤与技巧。

1. 产品设计的一般过程

1) 准备工作

(1) 阅读有关设计的初始文档,了解设计目标和设计资源。

(2) 搜集可以被重复使用的设计数据。

(3) 定义关键参数和设计结构草图。

(4) 了解产品装配结构的定义。

(5) 编写设计细节说明书。

(6) 建立文件目录,确定层次结构。

(7) 将相关设计数据和设计说明书存入相应的项目目录中。

2) 产品设计步骤

(1) 建立主要的产品装配结构。使用 UG NX 自上而下的设计方法,建立产品装配结构。如果有原来的设计可以沿用,则使用结构编辑器将其纳入产品装配树中,其他的标准零件可以在设计阶段后期加入到装配中,而大部分零件需要在主结构完成后才能定位或确定。

(2) 建立装配设计的顶层定义产品设计的主要控制参数和主要设计结构描述(如草图、曲线和实体模型等)。这些模型数据将被下属零件所引用,以进行零件细节设计,同时这些数据也将用于最终产品的控制和修改。

(3) 将这些参数和结构描述数据用相关零件拷贝方法引入到下属零件和部件的设计文件中。

(4) 保存整个产品的设计结构,并对各个子部件和零件的设计进行合理的设计时间分配。

(5) 对子部件和零件进行细节设计。

(6) 在零件细节设计过程中,应该随时进行装配层上的检查,如装配干涉、重量和关键尺寸等。

2. 三维造型设计的步骤

1) 理解设计模型

了解主要的设计参数、关键的设计结构和设计约束等设计情况。

2) 主体结构造型

找出模型的关键结构,如主要轮廓和关键定位孔等结构。关键结构的确定对用户的造型过程会起到关键性作用,对于复杂模型而言,模型的分解是造型的关键,如果一个结构不能直接用三维特征造型来完成,用户就需要找到该结构的某个二维轮廓特征,然后用拉伸、旋转、扫描或者曲面造型的方法来建立该模型。

UG NX 允许用户在一个实体设计上使用多个特征,这样就可以分别建立多个主结构,然后在设计后期将它们用布尔运算连接在一起。对于能够确定的设计模型,应该先造型;对于那些不能确定的设计部分,应该放在后期来完成。

在进行主体结构造型时,用户要注意设计基准的确定。设计基准通常决定设计的思路,好的设计基准会帮助用户简化造型过程，并方便后期的设计修改，通常大部分造型过程都是从基准的设计开始。

3）零件相关设计

UG NX 允许用户在模型建立完成之后，再建立零件之间的参数关系，但更直接的方法是在造型中直接引用相关参数。

对于比较复杂的造型特征，应该尽可能早地确定，如果用户能够预见一些造型特征可能会无法实现，应尽可能将其放在前期来解决，这样可以尽早发现问题，并寻求替代方案。

4）细节特征造型

细节特征造型通常放在造型的后期阶段，一般不要在造型的早期阶段进行这些细节设计，因为这样会大大加长用户的设计周期。

1.4　UG NX 10.0 的工作环境

UG NX 10.0 中文版的启动界面如图1-3所示，工作窗口如图1-4所示，其中包括标题栏、快速访问工具条、菜单、功能区（图1-5）、工作区、坐标系、资源工具条、全屏显示、快捷菜单、提示栏和状态栏11个部分。

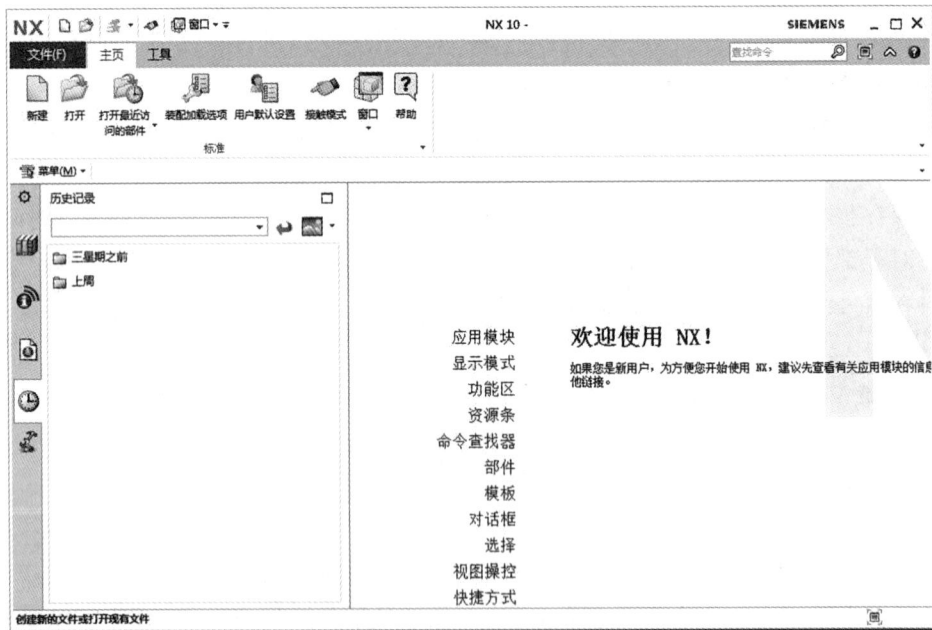

图1-3　启动界面

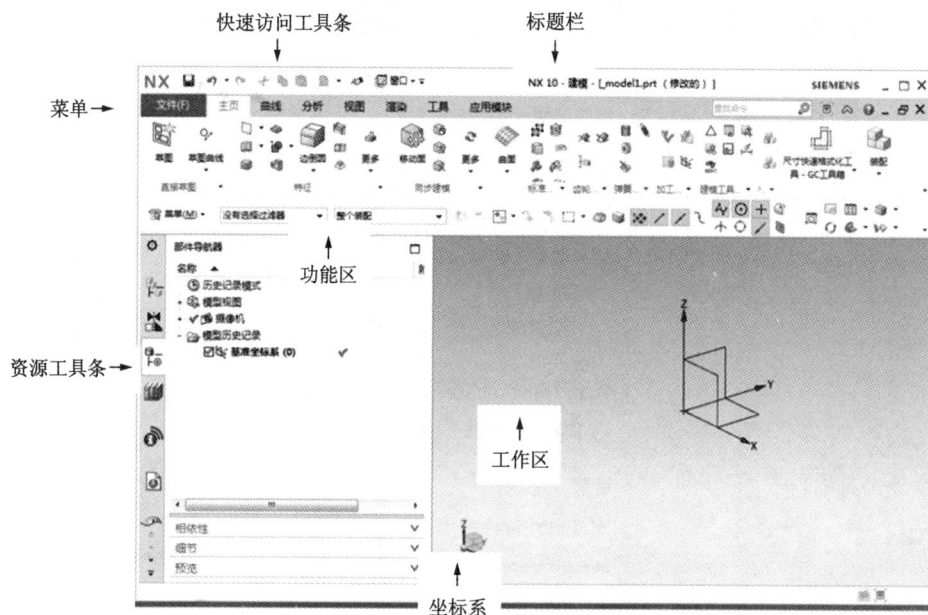

图 1-4 工作窗口

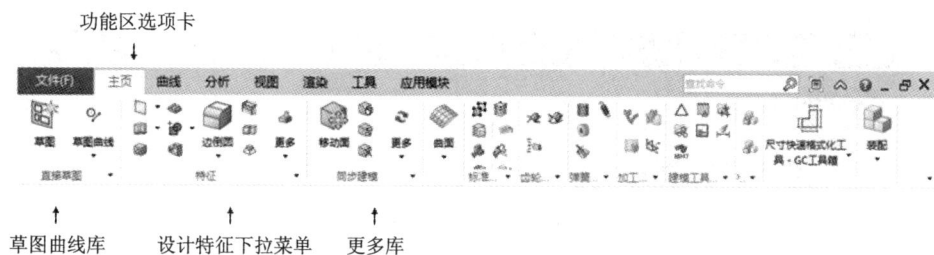

图 1-5 功能区

1.5 UG NX10.10 更换经典界面方法

为了方便与其他版本保持一致,下文使用 UG NX 10.0 的经典界面,接下来介绍更换成经典界面的方法。

执行方法:选择"文件"→"首选项"→"用户界面"打开如图 1-6 所示的对话框。

然后在主题选项卡中找到类型选项,并选择"经典",如图 1-7 所示,单击"确定"即可更换成经典界面。图 1-8 即为更换后的经典界面。

图 1-6 "用户界面首选项"对话框

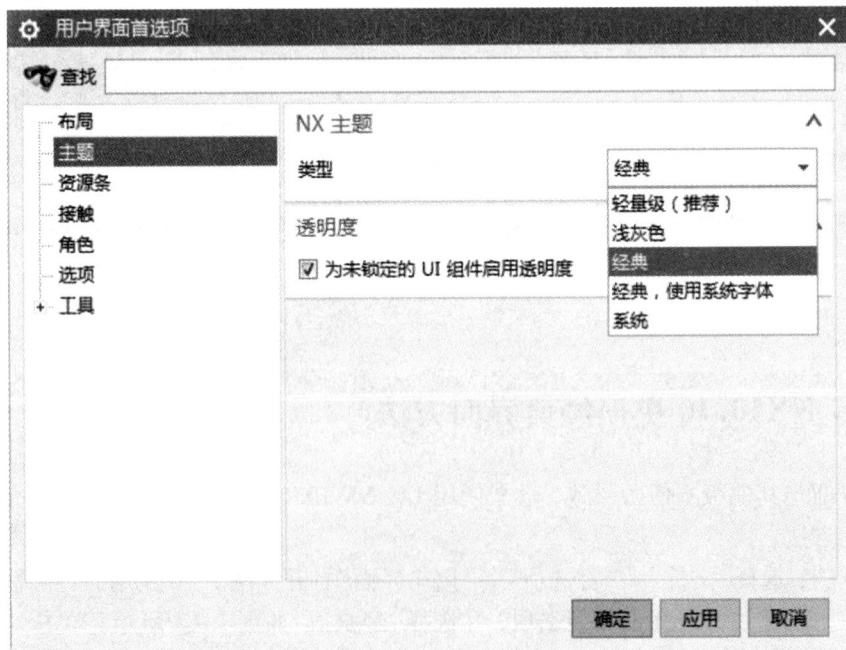

图 1-7 "主题"选项

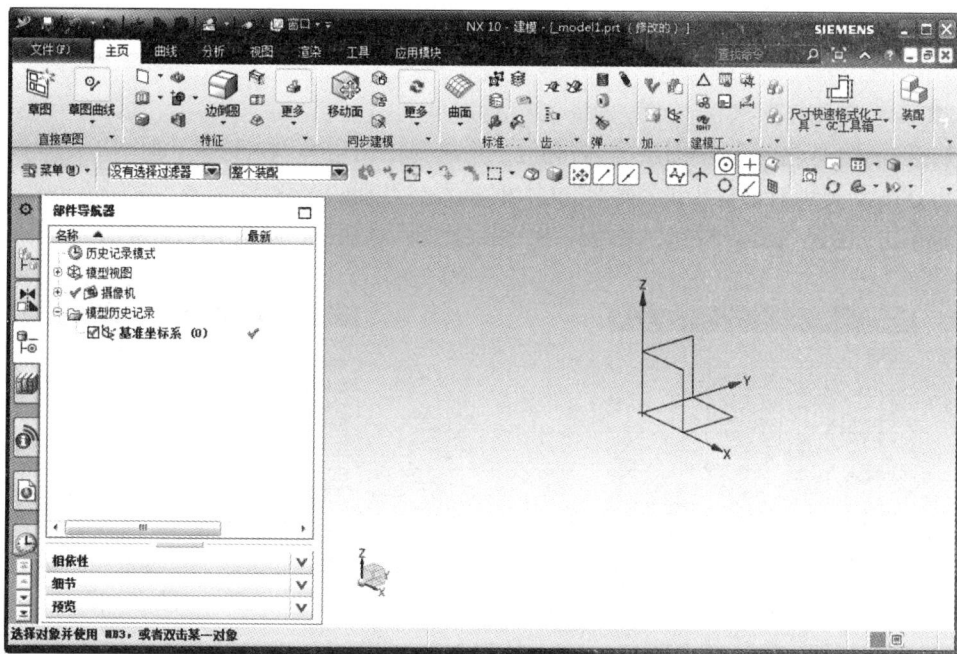

图 1-8 经典界面

1.6 UG NX 10.0 的改变以及新功能

UG NX 10.0 相对之前的版本有比较大的改变,并且多出了许多新功能,这里举主要的几个改变及功能。

(1)UG NX 10.0 软件最大的新功能就是不需要设置变量就能打开中文路径和创建中文的文件名,如图 1-9 所示。

图 1-9 中文文件名

(2)多出一个鼠标左击的功能,之前版本没这个功能。这个功能主要用来重复选择刚用过的几个命令,能省略(应用)快捷键。

(3)UG NX 10.0 的倒圆角有优化。尤其对于两个圆柱体相交曲线,其倒圆角比 UG NX 8.5 好很多。

(4)从常用的插入来说,UG NX 10.0 可以直接在基准插入图片,而且图片的放置很自由。

1.7 图层设置

1. 建立新类目的步骤

(1) 选择菜单"格式"→"图层类别"命令,系统弹出图层类别对话框,如图 1-10 所示。

(2) 在图层类别对话框中的"类别"文本框输入新类别的名称。

(3) 单击"创建/编辑"按钮,系统弹出"图层类别"对话框,如图 1-11 所示。

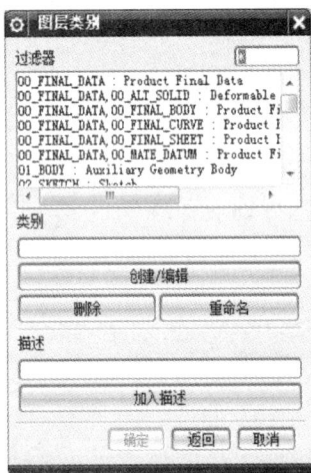

图 1-10   "图层类别"对话框(1)

图 1-11   "图层类别"对话框(2)

(4) 在"图层"列表中选择需要的图层,单击"添加"按钮,再单击"确定"按钮即完成新的类目创建。

2. 编辑类目

"图层设置"对话框的选项如下(图 1-12 所示)。

(1) "工作图层"文本框:显示当前工作图层。

(2) "按范围/类别选择图层"文本框:可通过手动输入图层名来进入工作图层。

(3) "编辑类别"按钮:单击该按钮,弹出"图层类别"对话框,可以利用对话框对图层进行各种相关操作。

(4) "信息"按钮:单击该按钮,弹出"信息"对话框。其中显示该部件文件中所有的图层及相关信息,如图层编号、状态和图层类别等。

(5) "过滤器"文本框:可通过图层名称对图层进行过滤。

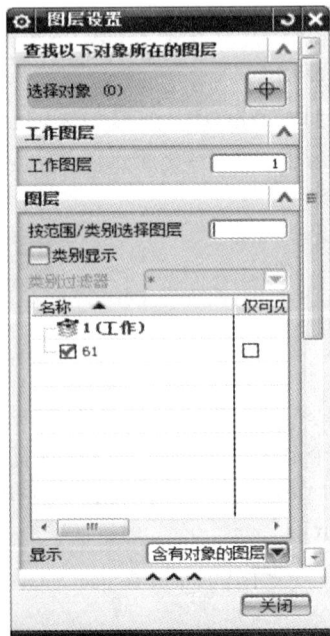

图 1-12   "图层设置"对话框

（6）"可选"按钮：利用该按钮可以指定图层的属性，可选状态的图层允许用户选择该图层上的所有对象。

（7）"作为工作图层"按钮：单击该按钮，将指定图层设为工作图层。

（8）"不可见"按钮：单击该按钮，隐藏指定的图层，其上的所有对象不可见。

（9）"只可见"按钮：单击该按钮，显示指定的图层，其上的所有对象可见。

（10）"显示对象数量"复选框：选中该复选框，系统会在图层列中各图层号的右边显示它所包含的对象数量。

（11）"显示类别名"复选框：选中该复选框，系统会在图层列表框中显示图层所属的图层类名称。

（12）"全部适合后显示"复选框：选中该复选框，系统会将选中图层的所有对象充满整个显示区域。

3. 在视图中可见

选择菜单"格式"→"视图中可见图层"命令。在视图列表框中选择需要的视图，单击"确定"按钮，弹出"视图中的可见图层"对话框。在"图层"列表框中选择图层，单击"可见"按钮，使指定的图层可见；单击"不可见"按钮，使指定的图层不可见。

4. 移动至图层

选择"格式"→"移动至图层"命令，系统弹出"类选择"对话框，如图1－13所示。选择对象，单击"确定"按钮，系统弹出"图层移动"对话框，输入要移动到的图层名或图层类名，或在图层列表中选中某图层，则系统会将所选的对象移动到指定的图层。

5. 复制至图层

选择"格式"→"复制至图层"命令，系统弹出"类选择"对话框，提示用户选择对象。选择"对象"，单击"确定"按钮，接下来系统弹出"图层复制"对话框，输入要移动到的图层名或图层类名，或在图层列表中选中某图层，则系统会将所选的对象复制到指定的图层。

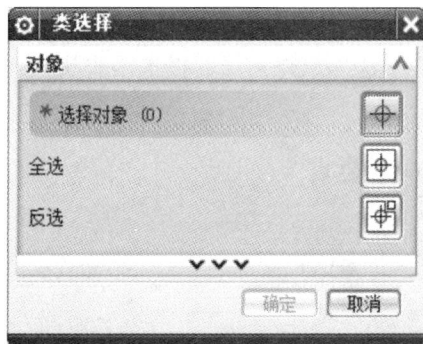

图1－13 "移动至图层"对话框

1.8 思考与练习

1. UG NX 10.0 的用户界面由哪几部分组成？
2. 如何在 UG NX 10.0 中设置图层？
3. 说出 UG NX 系列软件的常用功能模块名称及其应用范围。

第 2 章　实体建模

本章导读

本章详细介绍了 UG NX 10.0 系统中三维实体建模的常用操作功能，包括 UG NX 10.0 中草图功能的应用，其中包含草图参数设置、如何创建草图对象、如何对草图进行约束等操作功能；介绍了系统中的二维曲线功能，更好地了解点、直线、圆弧、圆、样条曲线和二次曲线等类型的创建方法；按照系统中对实体建模功能的分类，介绍了基准特征和设计特征的创建、特征的复制与裁剪操作、细节特征和扫掠特征的创建以及特征的编辑操作和直接建模操作功能。

实体建模功能是 UG NX 10.0 系统 CAD 应用的核心功能，通过本章的学习，读者应该掌握其中常用的建模操作方法以及相关选项的用法，在后续章节中许多操作实例的零部件都是利用这些建模功能创建的，而且创建的产品实体特征也将作为后续分析、仿真和加工等的操作对象，所以应该熟练掌握本章中所涉及的实体建模相关操作功能，为后面更加深入地学习打下基础。

本章要点

- 草图功能。
- 曲线操作。
- 基准特征。
- 设计特征。
- 特征编辑。
- GC 工具箱。

2.1　草图与曲线

草图是与实体模型相关联的二维图形，一般作为三维实体模型的基础。在 UG NX 10.0 系统的三维空间中的任何一个平面内建立草图平面，并在该平面内绘制草图。

草图中提出了"约束"的概念，可以通过几何约束与尺寸约束控制草图中的图形，可以实现相同尺寸的驱动作为特征建模模块，并且可以方便地实现参数化建模。使用草图工具，用户可以绘制近似的曲线轮廓，再添加精确的约束定义后，就可以完整表达设计的意图。

建立的草图还可用实体造型工具进行拉伸、旋转、扫描等操作，生成与草图相关联的实体模型。

草图在特征树上显示为一个特征，其特征在于参数化和易于修改编辑。

2.1.1 草图绘制

1. 进入草图绘制

1) 执行方式

选择"菜单"→"插入"→"在任务环境中绘制草图"命令,打开如图 2-1 所示对话框。

2) 选项说明

(1) 草图类型。

➤ 在平面上:在指定平面上创建草图。

➤ 基于路径:通过指定草图平面的法线来创建草图。

(2) 草图平面

➤ 自动判断:通过系统自动捕捉平面来创建草图平面。

➤ 现有平面:选择现有平面作为草图平面。

➤ 创建平面:用户指定新平面作为草图平面。

➤ 创建基准坐标系:通过创建基准坐标系来指定草图平面。

➤ 选择平的面或平面:选择要定义的平面。

➤ 反向:将草图反向。

(3) 草图方向。

① 参考。

➤ 水平:指定参考为水平参考。

➤ 竖直:指定参考为竖直参考。

➤ 选择参考:选择参考点、线或面。

② 反向:将草图反向。

(4) 草图原点:指定草图的原点。

(5) 设置

➤ 关联原点:将草图原点与工作坐标系关联。

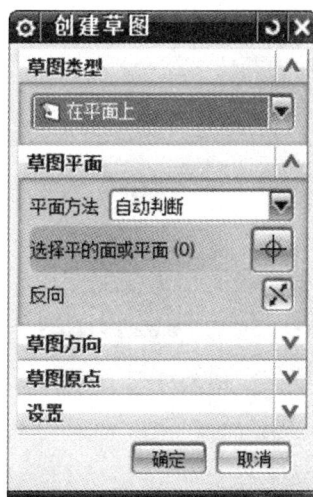

图 2-1 "创建草图"对话框

2. 轮廓

轮廓是一个相对灵活的命令,用来绘制连续或单一的直线或圆弧。

1) 执行方式

选择"菜单"→"插入"→"曲线"→"轮廓"命令,打开如图 2-2 所示对话框。

2) 选项说明

(1) 直线:绘制直线。

(2) 圆弧:绘制圆弧。

(3) 输入模式:定义曲线点的坐标。

(4) 参数模式:使用曲线圆弧的参数来创建轮廓。

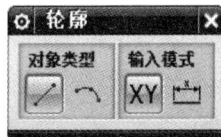

图 2-2 "轮廓"对话框

3. 直线

通过约束自动判断创建直线。

1)执行方式

选择"菜单"→"插入"→"曲线"→"直线"命令,打开如图2-3所示对话框。

2)选项说明

(1)输入模式:定义直线两端点的坐标。

(2)参数模式:使用直线长度和角度创建直线。

4.圆弧

通过三点或通过指定中心和端点创建圆弧。

1)执行方式

选择"菜单"→"插入"→"曲线"→"圆弧"命令,打开如图2-4所示对话框。

图2-3 "直线"对话框

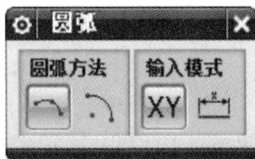

图2-4 "圆弧"对话框

2)选项说明

(1)通过三点的弧:创建通过三点的圆弧。

(2)通过指定中心和端点创建的弧:通过定义中点、起点、终点来定义圆弧。

(3)输入模式:使用坐标值指定圆弧的点。

(4)参数模式:指定圆弧的半径参数。

5.圆

通过三点或通过指定中心和端点创建圆。

1)执行方式

选择"菜单"→"插入"→"曲线"→"圆"命令,打开如图2-5所示对话框。

图2-5 "圆"对话框

2)选项说明

(1)通过指定中心和端点创建的圆:用于通过定义中点、起点、终点定义圆。

(2)通过三点的圆:创建通过三点的圆。

(3)输入模式:使用坐标值指定圆的点。

(4)参数模式:指定圆的直径参数。

6.圆角

在两条或三条曲线之间进行倒圆角。

1)执行方式

选择"菜单"→"插入"→"曲线"→"圆角"命令,打开如图2-6所示对话框。

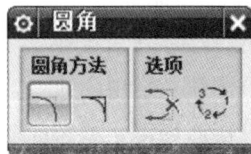

图2-6 "圆角"对话框

2）选项说明

（1）修剪：修剪输入曲线。

（2）取消修剪：使修剪的曲线取消。

（3）删除第三条曲线：删除指定的第三条曲线。

（4）创建备选解：创建互补圆角。

7．倒斜角

对两条边的直线或曲线的尖角进行倒斜角。

1）执行方式

选择"菜单"→"插入"→"曲线"→"圆角"命令，打开倒斜角下拉菜单。"偏置"→"倒斜角"：下拉菜单如图 2 - 7 所示。

2）选项说明

（1）对称：倒角边长相等。

（2）非对称：倒角边长不等。

（3）偏置和角度：指定斜角角度和距离值。

8．矩形

1）执行方式

选择"菜单"→"插入"→"曲线"→"矩形"命令，打开如图 2 - 8 所示对话框。

图 2 - 7　"倒斜角"下拉菜单

图 2 - 8　"矩形"对话框

2）选项说明

（1）按两点：根据对角线上的两点创建矩形。

（2）按三点：根据起点、能确定高度和宽度的两点来创建矩形。

（3）从中心：根据中心点、能确定高度和宽度的两点来创建矩形。

（4）输入模式：用 XC、YC 坐标作为矩形的指定点。

（5）参数模式：用相关的参数值作为矩形的指定点。

9．多边形

创建具有指定边数和边长的正多边形。

1）执行方式

选择"菜单"→"插入"→"曲线"→"多边形"命令，打开如图 2 - 9 所示对话框。

2）选项说明

（1）中心点：指定多边形中心点。

（2）边：指定多边形边数。

（3）大小：下拉菜单如图 2 - 10 所示。

➢ 内切圆半径：设置多边形内切圆半径。

➢ 外接圆半径：设置多边形外接圆半径。

➢ 边长：设置多边形边长。

10. 艺术样条

艺术样条是用一系列点定义一条光滑曲线，常用于对象造型的控制。

1）执行方式

选择"菜单"→"插入"→"曲线"→"艺术样条"命令，打开如图2-11所示对话框。

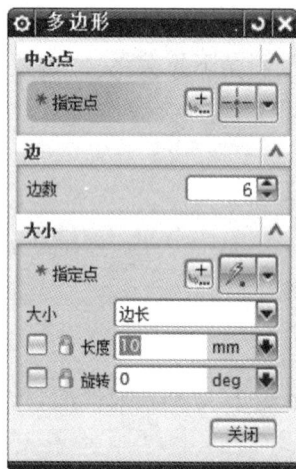

图2-9　"多边形"对话框

图2-10　"大小"下拉菜单

图2-11　"艺术样条"对话框

2）选项说明

（1）类型：下拉菜单如图2-12所示。

➢ 通过点：曲线样条通过指定点。

➢ 根据极点：通过样条极点控制样条。

（2）点位置：指定极点位置。

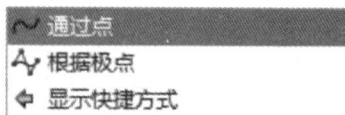

图2-12　"类型"下拉菜单

（3）参数化：

➢ 次数：指定样条阶次。样条极点数不得少于阶数。

➢ 匹配的结点位置：单段样条曲线。

➢ 封闭：封闭样条曲线。

（4）移动：

➢ WCS：沿指定 X、Y 或 Z 方向上或沿 WCS 的主平面移动点或极点。

➢ 视图：沿视图方向移动点或极点。

➢ 矢量：沿矢量移动点或极点。

➢ 刨：选择一个基准面，在其中移动选定极点或
线段。

➢ 法向：沿曲线法向移动点或极点。

11. 椭圆

1）执行方式

选择"菜单"→"插入"→"曲线"→"椭圆"命令，打开
如图 2 - 13 所示对话框。

2）选项说明

（1）中心：指定椭圆中心。

（2）大半径：选取点或输入长度来确定长半轴长。

（3）小半径：选取点或输入长度来确定短半轴长。

（4）封闭：若勾选，则创建整个椭圆；若取消勾选，
则创建从起始角到终止角的椭圆弧。

（5）旋转：相对于 XC 轴逆时针方向倾斜的角度。

2.1.2　草图编辑

1. 快速修剪

快速修剪可以将曲线修剪至与任意曲线最近的交点
或选定的边界。

1）执行方式

选择"菜单"→"编辑"→"曲线"→"快速修剪"命令，
打开如图 2 - 14 所示对话框。

2）选项说明

（1）边界曲线：要修剪曲线的边界。

（2）要修剪的曲线：选择一条或多条要修剪的曲线。

（3）修剪至延伸线：指定是否修剪至边界曲线的延
伸线。

2. 快速延伸

快速延伸可以将曲线延伸至与任意曲线最近的
交点。

1）执行方式

选择"菜单"→"编辑"→"曲线"→"快速延伸"命令，
打开如图 2 - 15 所示对话框。

2）选项说明

（1）边界曲线：要延伸曲线的边界。

（2）要延伸的曲线：选择一条或多条要延伸的曲线。

（3）延伸至延伸线：指定是否延伸至边界曲线的延
伸线。

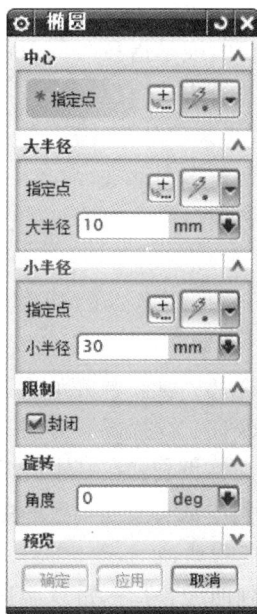

图 2 - 13　"椭圆"对话框

图 2 - 14　"快速修剪"对话框

图 2 - 15　"快速延伸"对话框

3. 偏置曲线

偏置曲线是指在与草图距离相等的地方生成与草图形状相同的草图。

1）执行方式

选择"菜单"→"插入"→"曲线"→"来自曲线集的曲线"→"偏置曲线"命令，打开如图 2－16 所示对话框。

2）选项说明

（1）要偏置的曲线：选择要偏置的曲线或曲线链。

（2）添加新集：在当前的偏置链中创建子链。

（3）偏置：

➢ 距离：设置偏置距离。

➢ 反向：设置偏置方向。

➢ 对称偏置：在基本链两边同时生成偏置曲线。

➢ 副本数：生成偏置的副本个数。

4. 阵列曲线

阵列曲线是指多重复制选择的对象，并将复制的副本按指定选项排列。

1）执行方式

选择"菜单"→"插入"→"曲线"→"来自曲线集的曲线"→"阵列曲线"命令，打开如图 2－17 所示对话框。

图 2－16 "偏置曲线"对话框   图 2－17 "阵列曲线"对话框

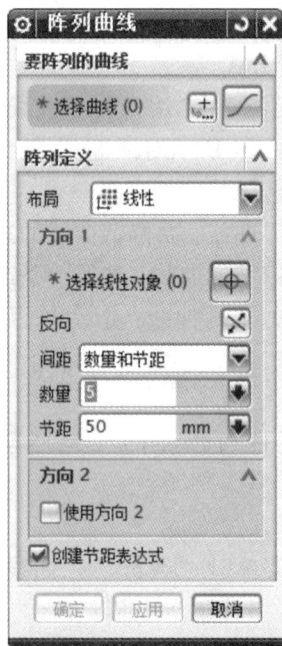

2）选项说明

（1）布局：下拉菜单如图 2 - 18 所示。

➤ 线性：使用一个或两个方向阵列。

➤ 圆形：使用沿圆周方向阵列。

➤ 常规：使用一个或多个点或坐标系的位置来定义布局。

（2）间距：下拉菜单如图 2 - 19 所示。

➤ 数量和节距：指定阵列的数量和两副本之间的距离。

➤ 数量和跨距：指定阵列的数量和阵列的跨度。

➤ 节距和跨距：指定阵列两副本之间的距离和阵列的
跨度。

5. 镜像曲线

镜像曲线是将曲线或曲线链沿中心线对称的命令。

1）执行方式

选择"菜单"→"插入"→"曲线"→"来自曲线集的曲线"→"镜像曲线"命令，打开如
图 2 - 20 所示对话框。

2）选项说明

（1）要镜像的曲线：指定一条或者多条草图曲线为要镜像的曲线。

（2）中心线：选择一条直线作为镜像的中心线。

6. 交点

1）执行方式

选择"菜单"→"插入"→"曲线"→"来自曲线集的曲线"→"交点"命令，打开如图 2 - 21
所示对话框。

2）选项说明

循环解：当结果不唯一时可选择备选解。

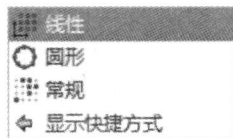

图 2 - 18　"布局"下拉菜单

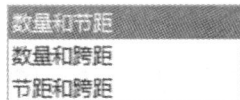

图 2 - 19　"间距"下拉菜单

图 2 - 20　"镜像曲线"对话框　　　　图 2 - 21　"交点"对话框

7. 派生曲线

该命令可以生成指定直线的平行线或中线或两直线的角平分线。

执行方式：

选择"菜单"→"插入"→"曲线"→"来自曲线集的曲线"→"派生曲线"命令。执行上述操

作后，选择要派生的曲线，输入距离，再回车。

2.1.3 草图约束

草图约束用于精确控制草图中的对象，包括尺寸约束和几何约束。

尺寸约束用于控制草图对象的几何参数的大小和形状，几何约束用于两个或两个以上对象之间的几何关系。

1. 尺寸约束

通过建立尺寸约束限制草图几何对象的大小和形状。

1）执行方式

选择"菜单"→"插入"→"草图约束"→"尺寸"命令，打开尺寸约束对话框。

2）选项说明

（1）快速尺寸：选择对象之后，系统根据所选对象搜索出合适的尺寸类型进行匹配。

（2）线性尺寸：下拉菜单如图2－22所示。

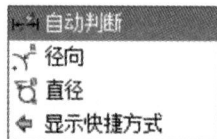

➢ 自动判断：系统根据所选对象自动判断。

➢ 水平：指定两点在 XC 方向上的距离。

➢ 竖直：指定两点在 YC 方向上的距离。

➢ 点到点：指定平行于两个端点的尺寸。

➢ 垂直：指定直线在垂直所选对象方向上的尺寸。

➢ 圆柱坐标系：指定圆柱的直径大小。

（3）径向尺寸：下拉菜单如图2－23所示。

图 2－22   "线性尺寸"下拉菜单   图 2－23   "径向尺寸"下拉菜单

➢ 自动判断：系统根据所选对象自动判断。

➢ 径向：标注半径尺寸。

➢ 直径：标注直径尺寸。

（4）角度尺寸：指定两条线之间的角度尺寸。

（5）周长尺寸：指定所选轮廓曲线的周长。

2. 几何约束

几何约束可以辅助尺寸进行草图位置的约束，如设置对象水平、对象相切、对象同心、对象重合等。

执行方式：

选择"菜单"→"插入"→"草图约束"→"几何尺寸"命令，打开几何约束对话框，如图 2 – 24 所示。

➤ 约束：包括重合、点在曲线上、相切、平行、垂直、水平、竖直、中点、共线、同心、等长、等半径等约束。

3. 转换为参考

在给草图添加约束过程中，可能会出现约束冲突，删除过多的约束和将过多的约束转换为参考对象可以解决约束冲突。

执行方式：

(1) 选中多余的尺寸，单击鼠标右键弹出快捷菜单，选择"转化为参考"。

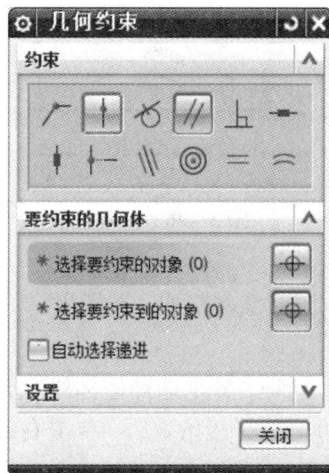

图 2 – 24　"几何约束"对话框

(2) 选择"菜单"→"工具"→"草图约束"→"转换至/自参考对象"命令。

2.1.4　综合实例

绘制如图 2 – 25 所示草图实例，步骤如下。

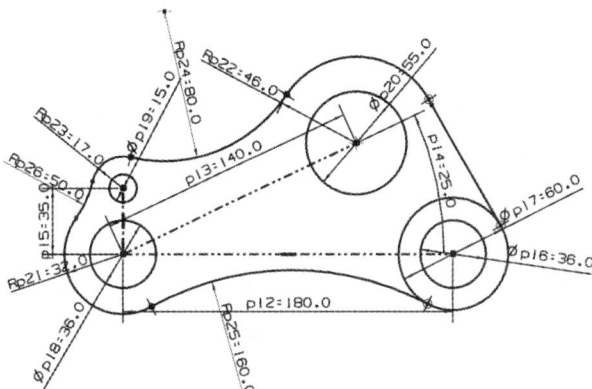

图 2 – 25　草图实例

1. 新建文件

选择"菜单"→"文件"→"新建"命令，打开"新建"对话框。在模板列表中选择"模型"，输入名称为"草图练习"，单击"确定"按钮，进入建模环境。

2. 进入草图环境

选择"菜单"→"插入"→"在任务环境中绘制草图"命令，打开"创建草图"对话框。

3. 绘制草图

1) 绘制如图 2 – 26 所示参考直线

(1) 选择"菜单"→"插入"→"曲线"→"直线"命令，打开如图 2 – 27 所示对话框。

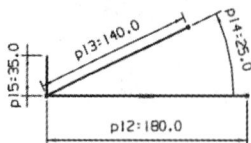

图 2-26 绘制直线

图 2-27 "直线"对话框

（2）选择参数模式，选择坐标原点，在长度和角度文本框中分别输入 180 和 0，再按回车确定。

（3）同理，分别选择坐标原点，再分别输入长度 140 和角度 25。

（4）再选择三条直线，单击右键弹出快捷菜单，选择"转换为参考"选项。

2）绘制如图 2-28 所示圆

（1）选择"菜单"→"插入"→"曲线"→"圆"命令，打开如图 2-29 所示对话框。

（2）选择圆心和直径画圆，以原点和分别以各参考线的终点为圆心绘制 $\phi36$、$\phi60$、$\phi55$、$\phi15$ 的圆。

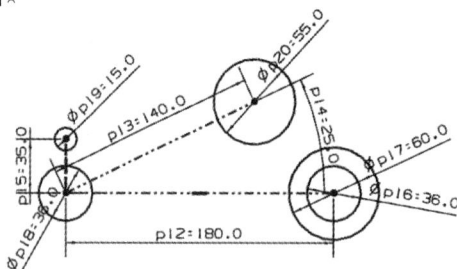

图 2-28 绘制圆

图 2-29 "圆"对话框

3）绘制如图 2-30 所示圆弧

（1）选择"菜单"→"插入"→"曲线"→"圆"弧命令，打开"圆弧"对话框。

（2）选择圆心和半径画圆弧，以原点和分别以各参考线的终点为圆心绘制 $R32$、$R17$、$R46$ 的圆弧。

4）绘制如图 2-31 所示圆弧

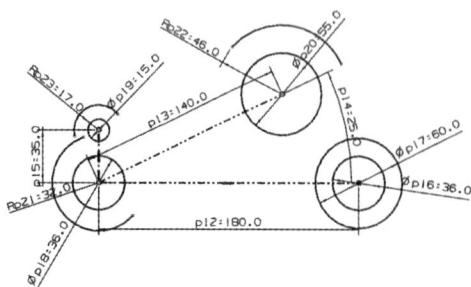

图 2-30 绘制圆弧

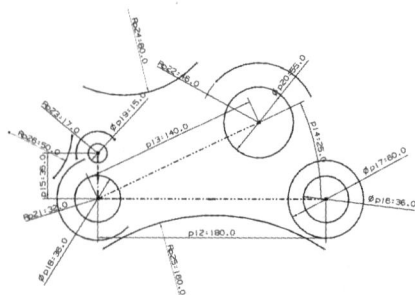

图 2-31 绘制圆弧

选择三点画圆弧，并选择参数模式，分别绘制图示半径为 $R50$、$R80$、$R160$ 的三段圆弧。

5）绘制如图 2 – 32 所示直线

选择"菜单"→"插入"→"曲线"→"直线"命令，绘制图示直线。

6）草图约束

选择"菜单"→"插入"→"草图约束"→"尺寸"命令，选择"几何约束"，打开"几何约束"对话框。

选择"相切"命令，选择要约束的对象为步骤 3）中绘制的 $R32$ 的圆弧，选择要约束到的对象为步骤 2）中创建的 $\phi60$ 的圆；再次选择要约束的对象为步骤 3）中绘制的 $R32$ 的圆弧，选择要约束到的对象为步骤 2）中创建的圆心在坐标原点的 $\phi36$ 的圆。完成一段圆弧的约束。

同样，依次约束其他圆弧或直线相切，结果如图 2 – 33 所示。

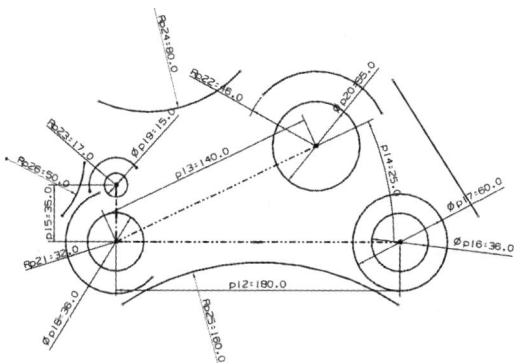

图 2 – 32　绘制直线

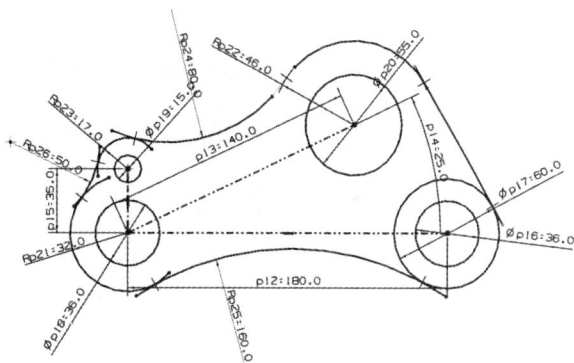

图 2 – 33　草图绘制结果

7）延伸和修剪

（1）快速延伸。

➤ 选择"菜单"→"编辑"→"曲线"→"快速延伸"命令。

➤ 选择图 2 – 34 中未封闭的曲线，系统自动延伸至交点。

（2）快速修剪。

➤ 选择"菜单"→"编辑"→"曲线"→"快速延伸"命令。

➤ 选择图 2 – 33 中多余的曲线系统自动修剪。

8）完成草图

9）选择文件保存

图 2 – 34　未封闭曲线

2.2　非曲面建模

2.2.1　选择线串

　　线串可以是基本二维曲线、草图曲线、实体边缘、实体表面边缘或片体边缘等,将鼠标指向所要选择的对象,系统自动判断出用户的选择意图,或通过选择过滤器设置要选择对象的类型。当创建拉伸、回转、沿引导线扫描时,会自动出现"选择意图"工具条,如图2-35所示。

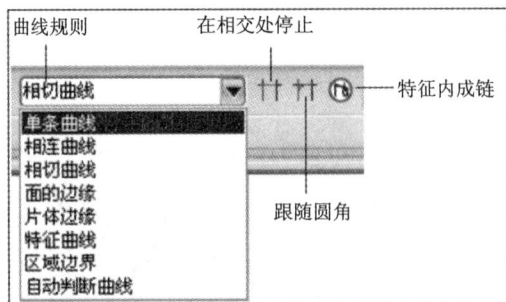

图2-35　"选择意图"工具条

1. 曲线规则

(1)单条曲线:选择单条曲线。

(2)相连曲线:自动添加相连接的曲线。

(3)相切曲线:自动添加相切的线串。

(4)面的边缘:自动添加实体表面的所有边。

(5)片体边缘:自动添加片体的所有边界。

(6)特征曲线:自动添加特征的所有曲线。

(7)区域边界:允许选择用于封闭区域的轮廓。大多数情况下,可以通过单击鼠标进行选择。封闭区域边界可以是曲线和(或)边。

(8)自动判断曲线:任何类型的截面。

2. 选择意图选项

(1)在相交处停止:允许指定自动成链不仅在线框的端点停止,还会在线框的相交处停止。当选择一个链时,将检查在选择视图中可见的所有其他的曲线和边与当前的链的相交情况。在每个相交点(即两个或多个对象在某点相交,以及内部的点或端点)系统限制此链。

(2)跟随圆角:允许在剖面建立期间,自动跟随或离开圆角或任何曲线。可以使用它自动地将剖面链接到相切圆弧和与相切圆弧断开的链接。

　　如果同时选择"跟随圆角"和"在相交处停止",则跟随圆角将在应用它的分支处替代在相交处停止。

(3)特征内成链:允许限制成链仅从选定曲线的特征来收集曲线。可以指示成链的范围,并使用在相交处停止将交点的发现范围限制为仅种子的特征。

2.2.2 通过草图建模

1.拉伸

拉伸是将截面曲线按指定方向扫掠一个线性距离来生成片体或实体。

1）执行方式

选择"菜单"→"插入"→"设计特征"→"拉伸"命令，打开如图 2 – 36 所示对话框。

2）选项说明

（1）截面：选择已经绘制好的草图或空间曲线，或者点击绘制截面曲线。

（2）方向。

➤ 指定矢量：选择拉伸的方向。可根据其右边下拉菜单选择生成矢量的方法

➤ 反向：矢量与预期结果相反时，可通过反向更改。

（3）限制。

开始/结束：定义拉伸的起始位置和结束位置，也可通过移动动态箭头来调整。它有以下六个选项。

➤ 值：直接定义开始和结束的距离数值。

➤ 对称值：生成以截面为对称中心的几何体。

➤ 直至下一个：沿矢量拉伸至下一个几何对象。

➤ 直至选定：沿矢量拉升至选定表面、基准面或几何体。

➤ 直至延伸部分：裁剪扫掠至选中表面。

➤ 贯通：完全通过所有沿矢量方向上的实体。

（4）布尔。

➤ 无：创建单独的几何体。

➤ 求和：将创建的几何体与目标体合并。

➤ 求差：从目标体中移除拉伸体。

➤ 求交：创建目标体与拉伸体的公共部分。

（5）拔模：使拉伸体在矢量方向上产生斜度。

➤ 从起始限制：从起始点至结束点创建拔模。

➤ 从截面：从起始点至结束点创建的锥角与界面对齐。

图 2 – 36　"拉伸"对话框

不对称角：沿截面至起始点与结束点创建不对称锥角。

对称角：沿截面至起始点与结束点创建锥角，在端面处锥面一致。

（6）偏置：通过输入相对于截面的值来指定拉伸特征的偏置。

➢ 无：不偏置。

➢ 单侧：单侧偏置。

➢ 两侧：双侧偏置。

➢ 对称：对称偏置。

2. 旋转

旋转是通过绕指定轴旋转一定角度，使截面曲线生成片体或实体特征。

1）执行方式

选择"菜单"→"插入"→"设计特征"→"旋转"命令，打开如图2-37所示对话框。

2）选项说明

（1）截面。

选择已经绘制好的草图或空间曲线，或者点击绘制截面曲线。

（2）轴。

➢ 指定矢量：选择旋转轴的矢量方向。可根据右边下拉菜单选择生成矢量的方法

➢ 反向：矢量与预期结果相反时，可通过反向更改。

（3）限制：开始/结束。

➢ 值：定义旋转的起始和结束角度（-360°~ 360°），也可通过移动动态箭头来调整

➢ 直至选定：旋转至选定表面、基准面或几何体。

（4）布尔。

➢ 无：创建单独的几何体。

➢ 求和：将创建的几何体与目标体合并。

➢ 求差：从目标体中移除旋转体。

➢ 求交：创建目标体与旋转体的公共部分。

（5）偏置：通过输入相对于截面的值来指定拉伸特征的偏置。

无：以截面曲线生成旋转特征。

双侧：在截面两侧偏置形成旋转特征，偏置结束值与起始值之差为旋转特征的厚度。

图2-37 "旋转"对话框

3. 沿引导线扫掠

通过沿着单条或一系列曲线拉伸开放或者封闭的草图、曲线、边或面来生成体。

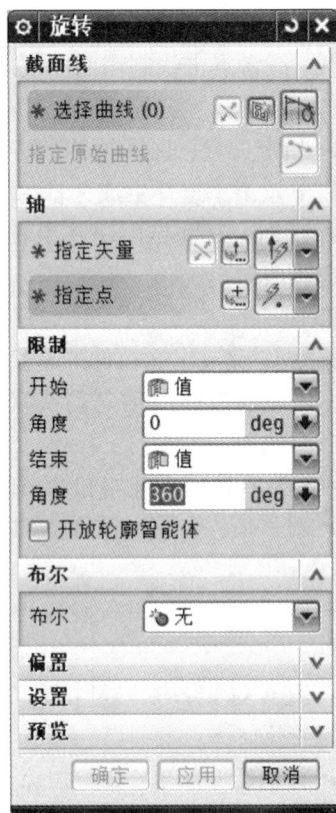

1）执行方式

选择"菜单"→"插入"→"扫掠"→"沿引导线扫掠"命令，打开如图 2 - 38 所示对话框。

2）选项说明

（1）截面：选择已经绘制好的草图或空间曲线，或者点击绘制截面曲线。

（2）引导线：选择曲线、边或曲线链（引导线必须是连续的）。

（3）偏置。

➤ 第一偏置：增加扫掠特征的厚度。

➤ 第二偏置：扫掠特征的基础偏离截面线串。

（4）布尔。

➤ 无：创建单独的几何体。

➤ 求和：将创建的几何体与目标体合并。

➤ 求差：从目标体中移除扫掠特征。

➤ 求交：创建目标体与扫掠特征的公共部分。

4．管道

通过引导线扫掠出简单管道对象。

1）执行方式

选择"菜单"→"插入"→"扫掠"→"管道"命令，打开如图 2 - 39 所示对话框。

图 2 - 38　"沿引导线扫掠"对话框

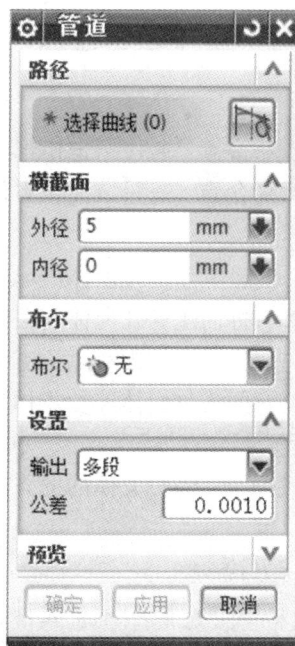

图 2 - 39　"管道"对话框

2）选项说明

（1）路径：指定管道的中心线路径。可以选择多条曲线或边，必须光滑并且连续。

（2）横截面。

➤ 外径：指定管道外径，不能为 0。

➤ 内径：指定管道内径，内径可以为 0。

（3）布尔。

➤ 无：创建单独的几何体。

➤ 求和：将创建的几何体与目标体合并。

➤ 求差：从目标体中移除管道特征。

➤ 求交：创建目标体与管道特征的公共部分。

（4）设置：输出。

➤ 单段：生成单段光滑管道。

➤ 多段：生成多段不光滑管道。

2.2.3　简单特征

1. 长方体

1）执行方式

选择"菜单"→"插入"→"设计特征"→"长方体"命令。打开如图 2-40 所示对话框。

2）选项说明

（1）类型。

➤ 原点。

➤ 两点和高度：通过指定矩形的对角两点和高度来定义长方体。

➤ 两个对角点：通过定义长方体的 3D 对角点来指定长方体。

（2）布尔。

➤ 无：创建单独的几何体。

➤ 求和：将创建的几何体与目标体合并。

➤ 求差：从目标体中移除长方体。

➤ 求交：创建目标体与长方体的公共部分。

（3）设置。

➤ 关联原点：使长方体的原点和任何偏置点与定位几何点相关联。

2. 圆柱体

1）执行方式

选择"菜单"→"插入"→"设计特征"→"圆柱体"命令，打开如图 2-41 所示对话框。

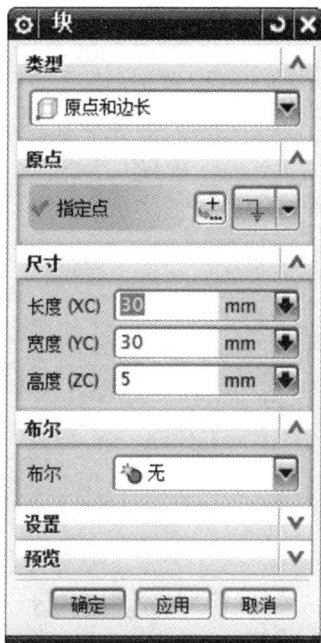

图 2-40 "长方体"对话框   图 2-41 "圆柱体"对话框

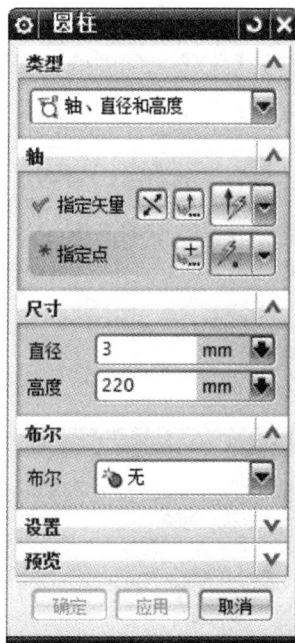

2）选项说明

（1）类型。

➢ 轴、直径和高度：通过定义圆柱的轴心矢量，圆柱直径和圆柱高度来创建圆柱体。

➢ 圆弧和高度：通过定义已有圆弧和高度来创建圆柱体。

（2）轴。

➢ 指定矢量：指定圆柱的轴心线方向。

➢ 指定点：指定圆柱的原点。

（3）尺寸。

➢ 直径：指定圆柱的直径。

➢ 高度：指定圆柱的高度。

3. 圆锥体

1）执行方式

选择"菜单"→"插入"→"设计特征"→"圆锥"命令，打开如图 2-42 所示对话框。

2）选项说明

（1）类型。

➢ 直径和高度：通过定义底部直径、顶部直径和高度生成实体圆锥。

➢ 直径和半角：通过定义底部直径、顶部直径和半角值生成圆锥。

➢ 半角：设置圆锥轴线与其母线之间的夹角值。

➢ 底部直径、高度和半角：通过定义底部直径、高度和半顶角值生成圆锥。

➢ 顶部直径、高度和半角：通过定义顶部直径、高度和半顶角值生成圆锥。

➢ 两个共轴的圆弧：通过选择两段弧生成圆锥，两段弧不一定平行。

（2）轴。

➢ 指定矢量：选择圆锥的轴。

➢ 指定点：指定圆锥的原点。

（3）尺寸。

➢ 顶部直径：设置圆锥顶面圆弧直径的值。

➢ 高度：设置圆锥的高度。

4. 球体

1）执行方式

选择"菜单"→"插入"→"设计特征"→"球"命令，打开如图 2-43 所示对话框。

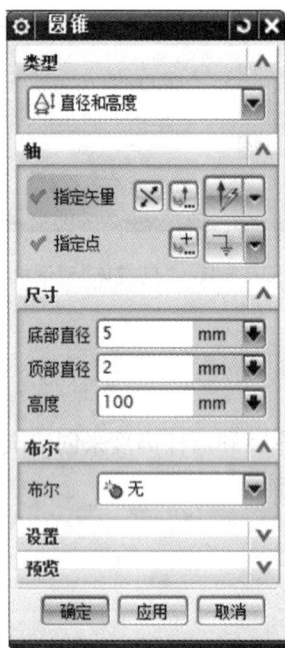

图 2-42 "圆锥"对话框

图 2-43 "球"对话框

2）选项说明

（1）中心点和直径：指定球心和直径生成球。

➢ 中心点：指定球心。

➢ 直径：输入球的直径。

（2）圆弧：通过选择圆弧生成球体。

2.2.4 设计特征

1. 孔

1）执行方式

选择"菜单"→"插入"→"设计特征"→"孔"命令，打开如图 2-44 所示对话框。

2）选项说明

（1）类型：指定孔的类型，包括常规孔、钻型孔、螺钉间隙孔、螺纹孔、孔系列。以常用的常规孔为例。

（2）位置：指定孔的起始位置，可以通过选择现有点或者创建草图点来指定。

（3）方向：指定孔的方向。有垂直于面或沿矢量两种方法来构成矢量。

（4）形状和尺寸。

①形状。

➤ 简单孔：创建具有指定直径、深度以及顶锥角的孔。

➤ 沉头孔：创建具有指定直径、深度、顶锥角、沉头直径和沉头深度的孔。

➤ 埋头孔：创建具有指定直径、深度、顶锥角、埋头直径和埋头深度的孔。

➤ 锥孔：创建具有指定锥角和直径的锥孔。

②尺寸。

➤ 直径：指定孔的直径。

➤ 深度限制：

　　值：输入深度值。

　　直至选定：深度为从起始到选定对象。

　　直至下一个：深度为从起始沿矢量方向到下一个对象为止。

➤ 贯通体：通过指定点与矢量方向上所有实体特征。

2. 凸台

1）执行方式

选择"菜单"→"插入"→"设计特征"→"凸台"命令，打开如图 2 - 45 所示对话框。

2）选项说明

（1）选择步骤。

➤ 放置面：指定定位凸台的平面。

➤ 过滤器：通过限制对象的类型来选取需要的对象。

（2）参数设置。

➤ 直径：输入凸台直径的值。

➤ 高度：输入凸台高度的值。

➤ 锥角：输入凸台锥角的值。

（3）反侧：当放置面为基准平面时，生成的凸台与预期方向相反，可使用反侧命令来精确定位凸台。

图 2 - 44　"孔"对话框

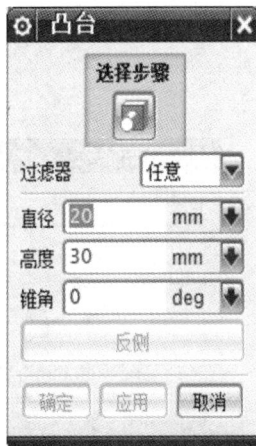

图 2 - 45　"凸台"对话框

3. 腔体

1）执行方式

选择"菜单"→"插入"→"设计特征"→"腔体"命令，打开如图 2-46 所示对话框。

2）选项说明

（1）圆柱坐标系：创建圆柱形腔体。

选定放置平面后，打开如图 2-47 所示对话框。用户可以自己定义圆柱形腔体的直径、深度、底面半径和锥角（底面半径和锥角必不小于零，且深度值必须大于底面半径）。

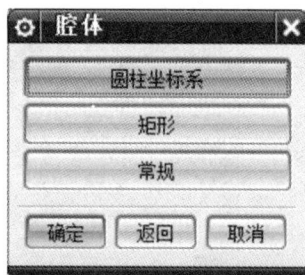

图 2-46　"腔体"对话框

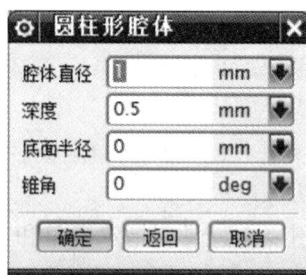

图 2-47　"圆柱形腔体"对话框

（2）矩形：创建矩形腔体。

选定放置平面后，打开如图 2-48 所示"水平参考"对话框，即矩形腔体的放置方向。选定水平参考后弹出如图 2-49 所示对话框。用户可以自己定义矩形腔体的长度、宽度和深度。

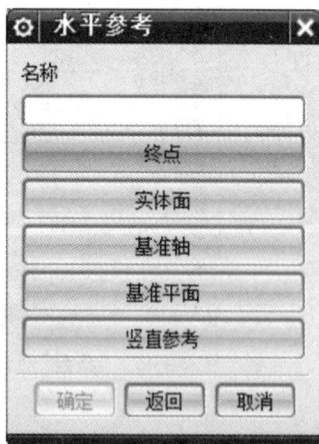

图 2-48　"水平参考"对话框

图 2-49　"矩形腔体"对话框

➢ 拐角半径:腔体竖直边的圆角半径。

➢ 底面半径:腔体底边的圆角半径(拐角半径不小于底面半径)。

➢ 锥角:腔体四壁的倾斜角度。

(3)常规:创建具有指定截面的腔体,如图 2-50 所示。

➢ 放置面:选择一个或多个基准平面作为腔体的放置面。

➢ 放置面轮廓曲线:在放置面上构成腔体顶部轮廓的曲线。

➢ 底面:选择一个或多个基准平面作为腔体的底面。

➢ 底面轮廓曲线:选择底面上腔体底部轮廓的曲线。

➢ 目标体:当腔体不属于选定放置面所在实体时,可以选择"目标体"。未选择时则默认以放置面所属实体定义。

➢ 放置面轮廓曲线投影矢量:如果放置面轮廓曲线不在放置面上,可用该选项指定方式将其投影到放置面上。

➢ 底面平移矢量:指定放置面或选中底面将平移的方向。

➢ 底面轮廓曲线投影矢量:如果底面轮廓曲线不在底面上,可用该选项指定方式将其投影到底面上。

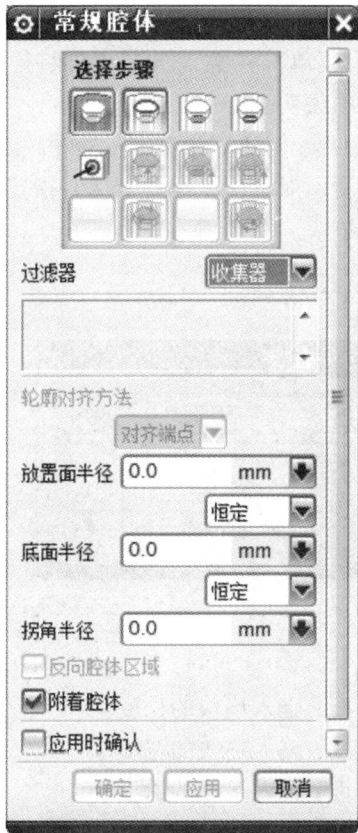

图 2-50 "常规腔体"对话框

➢ 放置面对齐点:在放置面轮廓曲线上选择的对齐点。

➢ 底面对齐点:在底面轮廓曲线上选择的对齐点。

➢ 轮廓对齐方法:如果选择了放置面轮廓和底面轮廓,则可以指定放置面轮廓曲线和底面轮廓曲线的对齐方式。

➢ 放置面半径:定义放置面(墙体顶部)与腔体侧面之间的圆角半径。

➢ 底面半径:腔体底面与侧面之间的圆角半径。

➢ 拐角半径:定义放置在腔体拐角处的圆角半径。

➢ 附着腔体:将腔体缝合到目标片体,或由目标实体减去腔体。如果未选择该项,则生成的腔体将成为独立的实体。

4. 垫块

1）执行方式

选择"菜单"→"插入"→"设计特征"→"垫块"命令，打开如图2－51所示对话框。

2）选项说明

（1）矩形：创建矩形垫块。单击"矩形"按钮，在选定放置面和水平参考之后，打开如图2－52所示对话框，可以定义有指定长度、宽度和深度，在拐角处指定半径，具有直面或斜面的垫块。

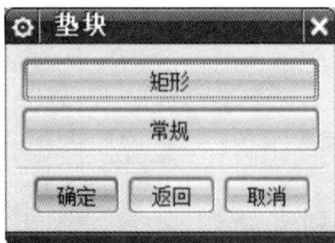

图2－51　"垫块"对话框

图2－52　"矩形垫块"对话框

➤ 长度：输入垫块的长度。

➤ 宽度：输入垫块的宽度。

➤ 深度：输入垫块的深度。

➤ 拐角半径：输入垫块竖直边的圆角半径。

➤ 锥角：输入垫块四周倾斜的角度。

（2）常规。单击"常规"按钮，打开如图2－53所示的"常规垫块"对话框。与常规腔体类似，此处略。

5. 键槽

1）执行方式

选择"菜单"→"插入"→"设计特征"→"键槽"命令，打开如图2－54所示"键槽"对话框。

2）选项说明

（1）矩形槽。选中"矩形槽"按钮，在选定放置面和水平参考之后，打开如图2－55所示"矩形键槽"对话框。

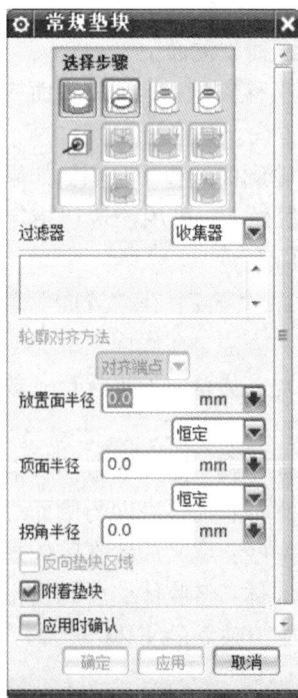

图2－53　"常规垫块"对话框

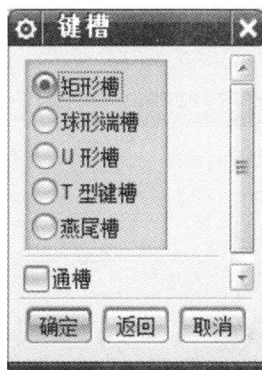

图 2-54 "键槽"对话框

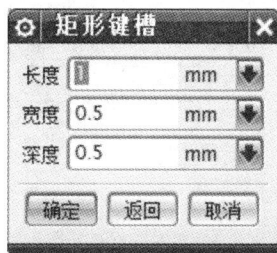

图 2-55 "矩形键槽"对话框

➢ 长度：槽沿水平参考方向上的长度。

➢ 宽度：槽的宽度。

➢ 深度：槽的深度，即从原点到槽底面的距离。

(2)球形端槽。选中"球形端槽"按钮，在选定放置面和水平参考之后，打开如图 2-56 所示"球形端槽"对话框。该选项可以生成一个有完整半径底面和拐角的槽。

(3)U 形槽。选中"U 形槽"按钮，在选定放置面和水平参考之后，打开如图 2-57 所示"U 形键槽"对话框。

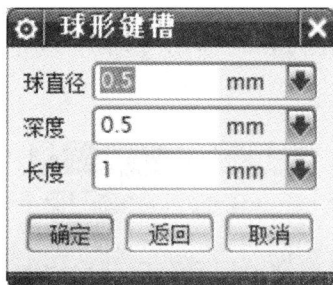

图 2-56 "球形端槽"对话框

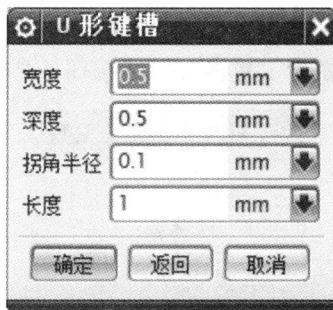

图 2-57 "U 型键槽"对话框

(4)T 型键槽。选中"T 型键槽"按钮，在选定放置面和水平参考之后，打开如图 2-58 所示"T 型键槽"对话框。该选项也可生成倒 T 型的槽。

➢ 顶部宽度：槽上部宽度。

➢ 顶部深度：槽顶部沿槽轴反方向上的深度。

➢ 底部宽度：槽下部宽度。

➢ 底部深度：槽顶部到槽轴底的距离。

➢ 长度：槽沿水平参考方向上的长度。

（5）燕尾槽。选中"燕尾槽"按钮，在选定放置面和水平参考之后，打开如图2-59所示"燕尾槽"对话框。该选项可生成"燕尾"形的槽。

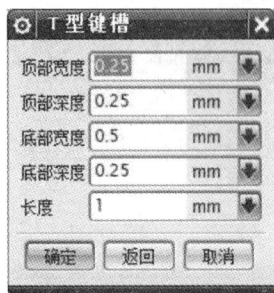

图2-58   "T型键槽"对话框

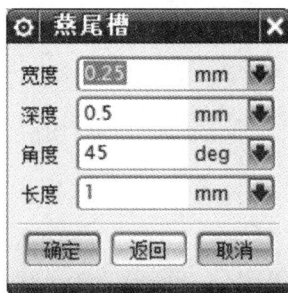

图2-59   "燕尾槽"对话框

➤ 宽度：实体表面上槽的开口宽度。

➤ 深度：槽的深度。

➤ 角度：槽底面与侧壁的夹角。

➤ 长度：槽沿水平参考方向上的长度。

（6）通槽。勾选"通槽"复选框可以创建一个贯通体的两个选定面的槽。

6. 槽

1）执行方式

选择"菜单"→"插入"→"设计特征"→"槽"命令，打开如图2-60所示"槽"对话框。

2）选项说明

（1）矩形。单击"矩形"按钮，选定放置面后，打开如图2-61所示"矩形槽"对话框。

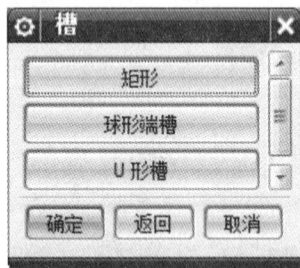

图2-60   "槽"对话框

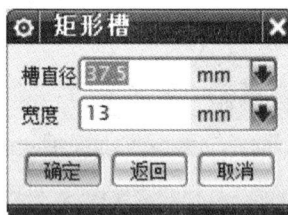

图2-61   "矩形槽"对话框

➤ 槽直径：生成外部槽时，指定槽的内径；生成内部槽时，指定槽的外径。

➤ 宽度：槽沿选定面轴向的宽度。

（2）球形端槽。单击"球形端槽"按钮，选定放置面后，打开如图2-62所示"球形端槽"对话框。该选项可生成底部有完整半径的槽。

➤ 槽直径：生成外部槽时，指定槽的内径；生成内部槽时，指定槽的外径。

➤ 球直径：槽的宽度。

（3）U 形槽。单击"U 形槽"按钮，选定放置面后，打开如图 2 - 63 所示"U 形槽"对话框。该选项可生成在拐角处有半径的槽。

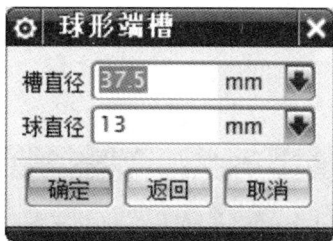

图 2 - 62　"球形端槽"对话框　　　　　图 2 - 63　"U 形槽"对话框

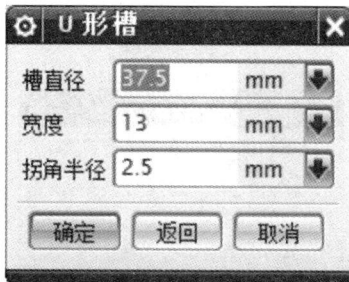

➢ 槽直径：生成外部槽时，指定槽的内径；生成内部槽时，指定槽的外径。
➢ 宽度：槽沿选定面轴向的宽度。
➢ 拐角半径：槽的内部圆角半径。

7. 三角形加强筋

1）执行方式

选择"菜单"→"插入"→"设计特征"→"三角形加强筋"命令，打开如图 2 - 64 所示"三角形加强筋"对话框。

2）选项说明

（1）步骤。
➢ 第一组：在绘图区域选择三角形加强筋的第一组放置面。
➢ 第二组：在绘图区域选择三角形加强筋的第二组放置面。
➢ 位置曲线：第二组放置面超过两个曲面时，该按钮被激活，用于选择两组面多条交线中的一条作为三角形加强筋的位置曲线。
➢ 位置平面：指定与工作坐标系或者绝对坐标系相关的平行平面或在视图指定平面位置来定位三角形加强筋。
➢ 方向平面：指定三角形加强筋倾斜方向的平面。

（2）方法。
➢ 沿曲线：用于通过两组面的交线位置来定位。可通过"弧长"和"弧长百分比"来定位。
➢ 弧长：输入相交曲线上的基点参数值。
➢ 弧长百分比：相交点与起始点间弧长所占曲线总长度之比。
➢ 位置：指定三角形加强筋中间平面的位置来定位。

（3）尺寸。
➢ 角度：三角形加强筋两侧面的夹角。
➢ 深度：三角形加强筋正面到定位曲线最近的距离。
➢ 半径：三角形加强筋正面到侧面的圆角半径。

8. 螺纹

1) 执行方式

选择"菜单"→"插入"→"设计特征"→"螺纹"命令，打开如图 2-65 所示"螺纹"对话框。

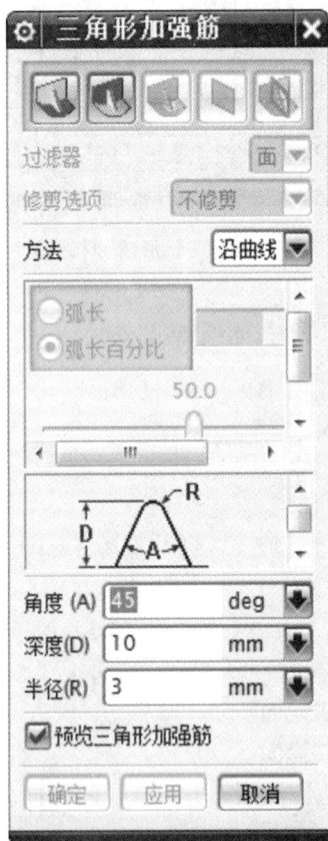

图 2-64 "三角形加强筋"对话框

图 2-65 "螺纹"对话框

2) 选项说明

(1) 螺纹类型。

➤ 符号：以虚线圆的形式显示在要攻螺纹的面上，如图 2-66 所示。

➤ 详细：生成实体螺纹，但由于几何形状复杂，生成时间和更新时间都比符号螺纹长得多。如图 2-67 所示。

(2) 大径：螺纹的最大直径。

(3) 小径：螺纹的最小直径。

(4) 螺距：螺纹上两相邻牙对应点之间的轴向距离。

(5) 角度：螺纹两个面之间的夹角。

(6) 标注：为符号螺纹提供默认值的螺纹表条目。

图 2-66 攻螺纹面上显示虚线圆

图 2-67 生成螺纹

(7) 螺纹钻尺寸：轴尺寸出现在外螺纹，丝锥尺寸出现在内螺纹。

(8) 方法：定义螺纹的加工方法。

(9) 螺纹头数：指定是单头还是多头螺纹。

(10) 锥孔：创建带锥度的符号螺纹。

(11) 完整螺纹：当柱面长度改变时，螺纹长度也会随之改变。

(12) 长度：指定螺纹的长度。

(13) 手工输入：手工输入螺纹的各个参数。

(14) 从表格中选择：对于符号螺纹，可从表格中选择标准。

(15) 旋转：指定螺纹的旋向。

(16) 选择起始：指定实体面作为螺纹的起始面。

2.2.5 特征操作

1. 抽壳

1) 执行方式

选择"菜单"→"插入"→"偏置/缩放"→"抽壳"命令，打开如图 2-68 所示"抽壳"对话框。

2) 选项说明

(1) 类型。

➢ 对所有面抽壳：选择实体，抽壳成空心实体。

➢ 移除面，然后抽壳：所选择的面作为抽壳面。

(2) 要穿透的面：从抽壳的实体中选择移除面。

(3) 厚度：设置壁厚。

2. 加厚

1) 执行方式

选择"菜单"→"插入"→"偏置/缩放"→"加厚"命令，打开如图 2-69 所示"加厚"对话框。

图 2-68   "抽壳"对话框

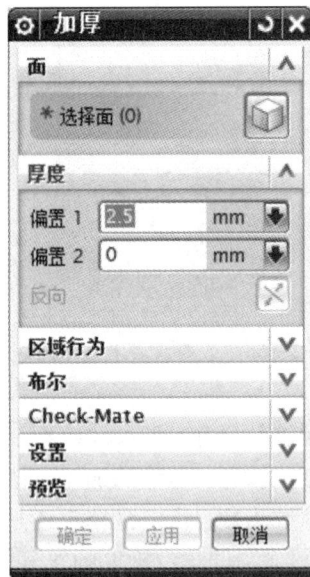

图 2-69   "加厚"对话框

2）选项说明

（1）面：选择要加厚的面。

（2）厚度。

➤ 偏置1：沿矢量方向的厚度。

➤ 偏置2：沿矢量反方向的厚度。

3. 缩放体

1）执行方式

选择"菜单"→"插入"→"偏置/缩放"→"缩放体"命令，打开如图 2-70 所示"缩放体"对话框。

2）选项说明

（1）均匀：在所有方向上按比例均匀缩放。

➤ 体：选择要缩放的体。

➤ 缩放点：指定缩放的中心。

➤ 比例因子：缩放的比例。

（2）轴对称：按指定比例沿指定对称轴缩放。

➤ 体：选择要缩放的体。

➤ 缩放轴：

指定矢量：选择缩放轴的方向。

指定轴通过点：指定缩放轴的原点。

图 2-70   "缩放体"对话框

➢ 比例因子：

沿轴向：沿轴向缩放的比例。

其他方向：沿其他方向缩放的比例。

（3）常规：在 X、Y、Z 方向上以不同的比例缩放。

➢ 体：选择要缩放的体。

➢ 缩放 CSYS：指定缩放的 X、Y、Z 轴。

➢ 比例因子：

X 向：沿 X 向缩放的比例。

Y 向：沿 Y 向缩放的比例。

Z 向：沿 Z 向缩放的比例。

4. 偏置面

1）执行方式

选择"菜单"→"插入"→"偏置/缩放"→"偏置"命令，打开如图 2-71 所示"偏置面"对话框。

2）选项说明

（1）要偏置的面：选择要偏置的面。

（2）偏置：输入偏置距离。

5. 边倒圆

1）执行方式

选择"菜单"→"插入"→"细节特征"→"边倒圆"命令，打开如图 2-72 所示"边倒圆"对话框。

2）选项说明

（1）要倒圆的边。

➢ 选择边：选择要倒圆的边。

➢ 形状：指定倒圆横截面的形状。

圆形：倒圆截面为圆弧。

二次曲线：倒圆截面为非圆二次曲线。

（2）可变半径点：在选中边缘创建不同半径的倒圆。

➢ 指定新位置：指定可变半径的点。

➢ V 半径：指定选定点的半径。

➢ 位置：

弧长：设置弧长的指定值。

弧长百分比：用总弧长的百分比设置可变半径点。

图 2-71 "偏置面"对话框

图 2-72 "边倒圆"对话框

通过点：指定可变半径点。

6.倒斜圆

1）执行方式

选择"菜单"→"插入"→"细节特征"→"倒斜角"命令，打开如图2-73所示"倒斜角"对话框。

2）选项说明

（1）选择边：选择要倒斜角的边。

（2）横截面

➤ 对称：生成两个面偏置相同的斜角。

➤ 非对称：生成两个面偏置不相同的斜角。

➤ 偏置和角度：用角度来定义简单倒角。

7.拔模

1）执行方式

选择"菜单"→"插入"→"细节特征"→"拔模"命令，打开如图2-74所示"拔模"对话框。

2）选项说明

（1）类型。

➤ 从平面或曲面：从用户设置的参考点坐标平面开始，对指定的实体表面进行拔模。

➤ 脱拔模方向：指定实体的拔模方向，系统默认 Z 轴为正向。

➤ 固定面：指定实体拔模的参考面或参考点。

➤ 要拔模的面：选取一个或多个要进行拔模操作的拔模平面。

（2）从边：沿选中的一组边按指定角度和参考点拔模。

➤ 固定边：指定实体的一条或多条实体边作为拔模的参考边。

➤ 可变拔模点：在参考边上设置拔模的一个或多个控制点，为各控制点设置相应的角度和位置来实现可变拔模。

（3）与多个面相切：按指定的拔模角进行拔模，拔模面与选中的面相切。

➤ 相切面：将一个或多个相切表面作为拔模面。

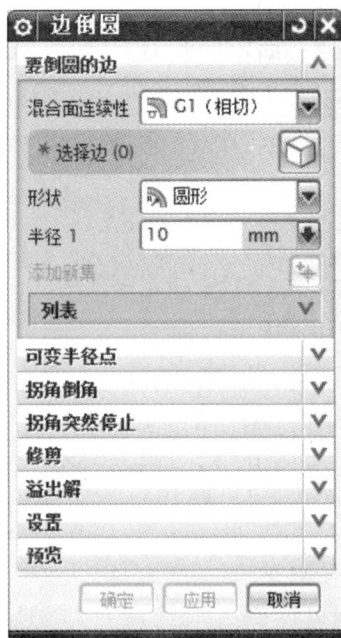

图2-73　"倒斜圆"对话框

图2-74　"拔模"对话框

（4）至分型面：沿选中的一组边用指定的角度和一个固定面生成拔模。

➤ 固定面：指定实体拔模的参考面。

➤ 分型面：选择一条或多条分割边作为拔模的参考边。

2.2.6　关联复制特征与修剪

1. 阵列特征

1）执行方式

选择"菜单"→"插入"→"关联复制"→"阵列特征"命令，打开如图 2-75 所示"阵列特征"对话框。

2）选项说明

（1）要形成阵列的特征。选择一个或多个要形成阵列的特征。

（2）参考点。在"点"对话框或"点"下拉列表中选择点为输入特征指定位置参考点。

（3）阵列定义。

①布局。

A. 线性：从一个或多个选定特征生成图样的线性阵列。线性阵列既可以是二维的，也可以是一维的。

➤ 方向 1：设置阵列第一方向的参数。

➤ 指定矢量：设置第一方向的矢量方向。

➤ 间距：指定间距方式。包括"数量和节距""数量和跨距""节距和跨距"3 种。

➤ 方向 2：设置阵列第二方向的参数。其他参数同上。

B. 圆形：从一个或多个选定特征生成圆形图样的阵列。其操作后示意如图 2-75 所示。

➤ 数量：输入阵列中成员特征的总数目。

➤ 节距角：输入相邻两成员特征之间的环绕间隔角度。

C. 多边形：选定一个或多个特征按照绘制好的多边形生成图样的阵列。

D. 螺旋式：选定一个或多个特征按照绘制好的螺旋线生成图样的阵列。

E. 沿：选定一个或多个特征按照绘制好的曲线生成图样的阵列。

F. 常规：选定一个或多个特征在指定点处生成图样。

②边界定义

➤ 无：不定义边界。

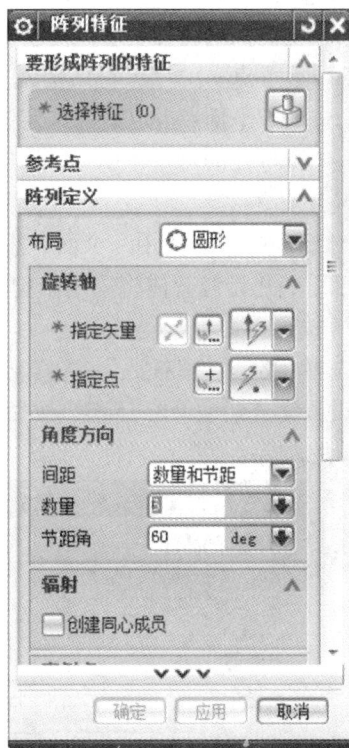

图 2-75　"阵列特征"对话框

➤ 面：选择面的边、片体边或区域边界曲线来定义阵列边界。

➤ 曲线：通过选择一组曲线或创建草图来定义阵列边界。

➤ 排除：通过选择曲线或创建草图来定义从阵列中排除的区域。

2. 镜像特征

通过基准平面或平面镜像选定特征的方法来生成对称的模型。

1）执行方式

选择"菜单"→"插入"→"关联复制"→"镜像特征"命令，打开如图 2 - 76 所示的"镜像特征"对话框。

2）选项说明

（1）要镜像的特征：选择需要进行镜像的部件中的特征。

（2）参考点：在"点"对话框或"点"下拉列表中选择点为输入特征指定位置参考点。

（3）镜像平面：指定镜像选定特征所用的平面或基准平面。设置完成后，进行镜像处理。

（4）源特征的可重用引用：已经选择的特征可在列表框中选择以重复使用。

3. 修剪体

"修剪体"可以使用一个面、基准平面或其他几何体修剪一个或多个目标体。选择要保留的体部分，并且修剪体将采用修剪几何体的形状。

1）执行方式

选择"菜单"→"插入"→"修剪"→"修剪体"命令，打开如图 2 - 77 所示"修剪体"对话框。设置完成后，单击"确定"按钮。

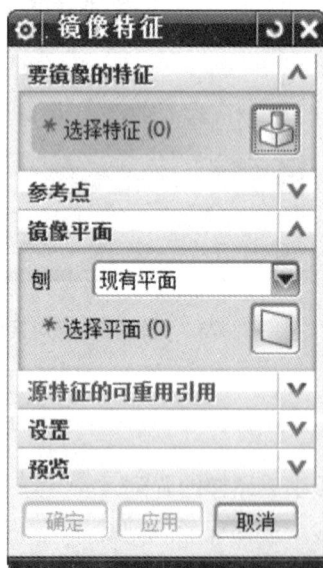

图 2 - 76   "镜像特征"对话框

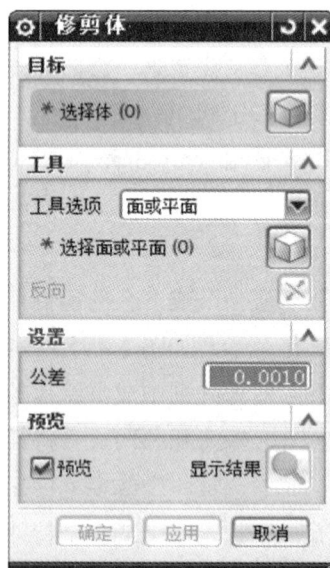

图 2 - 77   "修剪体"对话框

2）选项说明

（1）目标：选择要修剪的一个或多个目标体。

（2）工具：使用修剪工具的类型。从体或现有基准面中选择一个或多个面以修剪目标体。

4. 分割面

1）执行方式

选择"菜单"→"插入"→"修剪"→"分割面"命令，打开如图 2－78 所示"分割面"对话框。设置完成后，单击"确定"按钮。

2）选项说明

（1）要分割的面：选择一个或多个要分割的面。

（2）分割对象：选择曲线、边缘、面或基准平面作为分割对象。

（3）投影方向：指定一个方向用来将所选对象投影到分割的曲面上。

➤ 垂直于面：使分割对象的投影方向垂直于选定面。

➤ 垂直于曲线平面：使分割对象的投影方向垂直于曲线所在平面。

➤ 沿矢量：使分割对象的投影方向垂直于选定矢量。

（4）设置。

➤ 隐藏分割对象：勾选此复选框，执行分割线操作后将隐藏分割对象。

➤ 不要对面上的曲线进行投影：勾选此复选框，投影时不会将要投影的面上的曲线进行投影。

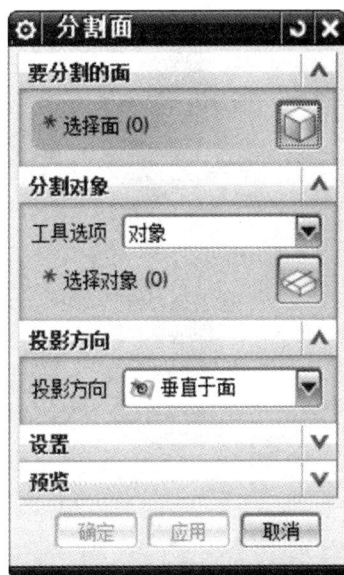

图 2－78 "分割面"对话框

2.2.7 综合实例

齿轮泵基座的绘制步骤如图 2－79 所示。

1. 创建块

①选择"菜单"→"插入"→"设计特征"→"长方体"命令，打开如图 2－80 所示对话框。

②选择"原点和边长"类型，并在"原点"选项组中点击点构造器，输入原点坐标（－28，－12，－42.38），单击"确定"按钮回到"块"对话框。

③在"尺寸"选项组的长度、宽度、高度中分别输入 56、24、84.76，单击"确定"按钮，完成如图 2－81 所示长方体的创建。

④在"原点"选项组中点击点构造器，输入原点坐标（－42.5，－8，－50），单击"确定"按钮回到"块"对话框。

⑤在"尺寸"选项组的长度、宽度、高度中分别输入 85、16、9，单击"确定"按钮，完成如图 2－82 所示长方体的创建。

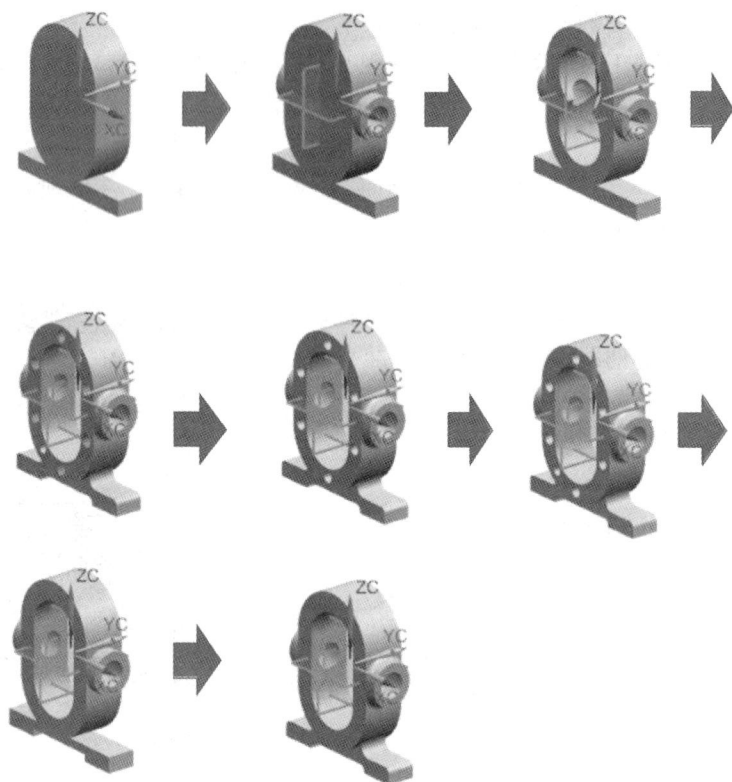

图 2 - 79　齿轮泵绘制流程

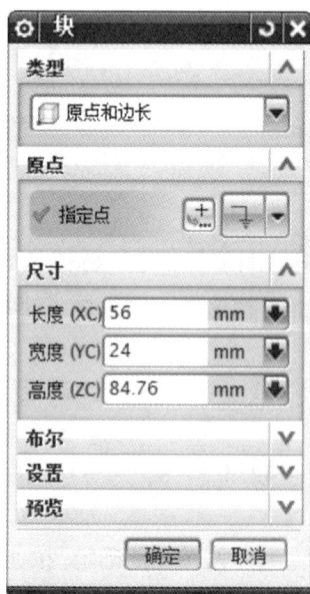

图 2 - 80　"块"对话框

图 2 - 81　创建长方体(1)

图 2 - 82　创建长方体(2)

2.创建边倒圆

①选择"菜单"→"插入"→"细节特征"→"边倒圆"命令,打开如图 2 – 83 所示"边倒圆"对话框。

②选择如图 2 – 84 所示的四条边,在"半径 1"文本框中输入 28,单击"确定"按钮,完成边倒圆操作。

3.求和

①选择"菜单"→"插入"→"组合"→"合并",打开如图 2 – 85 所示"求和"对话框。

②选择目标体为步骤 1 创建的长方体,选择工具体为步骤 1 创建的另一长方体,单击"确定"按钮,完成求和操作。

4.创建基准平面

①选择"菜单"→"插入"→"基准/点"→"基准平面"命令,打开"基准平面"对话框。

②在类型下拉列表中选择"XC – ZC"类型,单击"应用"按钮,创建基准平面 1。

③在类型下拉列表中选择"XC – YC"类型,单击"应用"按钮,创建基准平面 2。

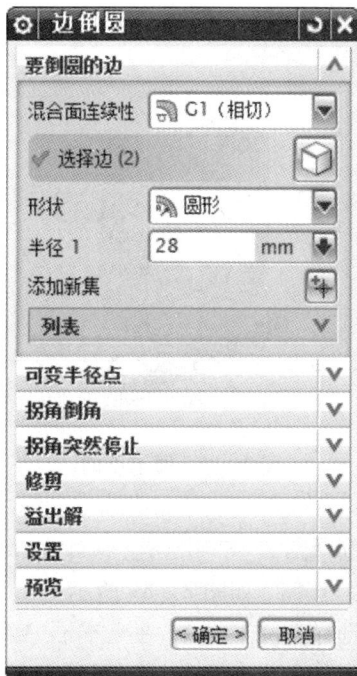

图 2 – 83　"边倒圆"对话框

图 2 – 84　"边倒圆"操作效果

图 2 – 85　"合并"对话框

④在类型下拉列表中选择"YC – ZC"类型,单击"确定"按钮,创建基准平面 3。生成的基准平面如图 2 – 86 所示。

5.创建凸台

①选择"菜单"→"插入"→"设计特征"→"凸台"命令,打开如图 2 – 87 所示"凸台"对话框。

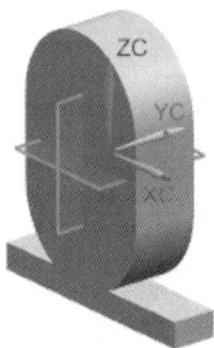

图 2-86 基准平面

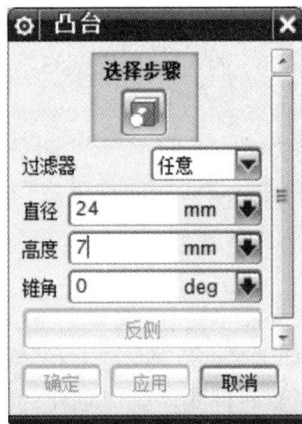

图 2-87 "凸台"对话框

②选择图 2-88 中亮色平面为凸台放置面，单击"确定"按钮，打开"定位"对话框。单击"垂直"按钮，如图 2-89 所示。

③选择基准平面 1，在文本框中输入距离为 0，单击"应用"按钮。在选择基准平面 2，在文本框中输入距离为 0，单击"确定"按钮，完成凸台的创建。

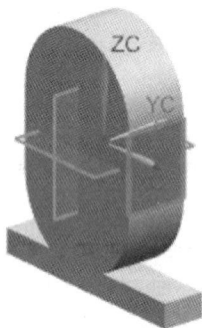

图 2-88 凸台放置面

图 2-89 "定位"对话框

6. 创建简单孔

①选择"菜单"→"插入"→"设计特征"→"孔"命令，打开如图 2-90 所示"孔"对话框。

②在"孔"对话框的"类型"下拉列表中选择"常规孔"，在"形状和尺寸"选项组中的"形状"下拉列表中选择"简单孔"。

③选择"位置"选项组中的点构造器，选择凸台的边线，捕捉圆心为孔位置。

④在"直径""深度""顶锥角"文本框中分别输入 14、70、0，单击"确定"按钮，完成简单孔的创建，如图 2-91 所示。

7. 镜像特征

①选择"菜单"→"插入"→"关联复制"→"镜像特征"命令，打开如图 2-92 所示"镜像特征"对话框。

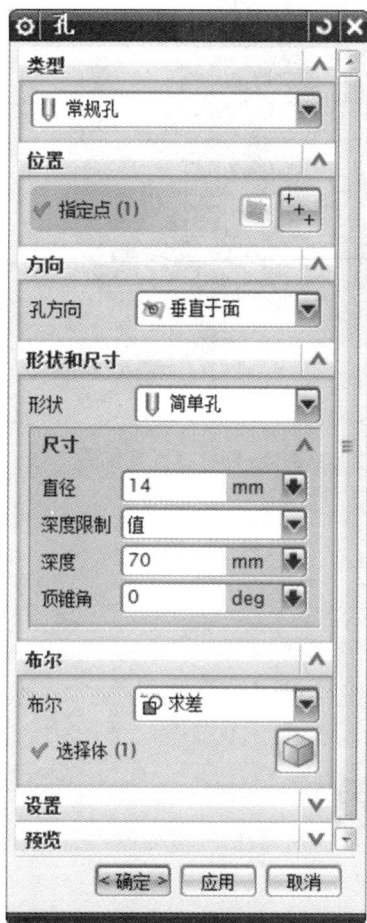

图 2 – 90　"孔"对话框

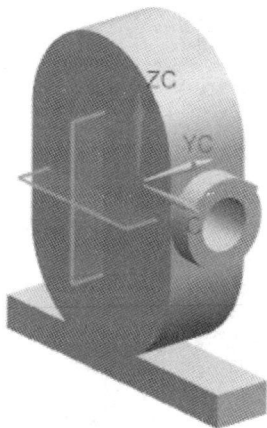

图 2 – 91　简单孔创建效果

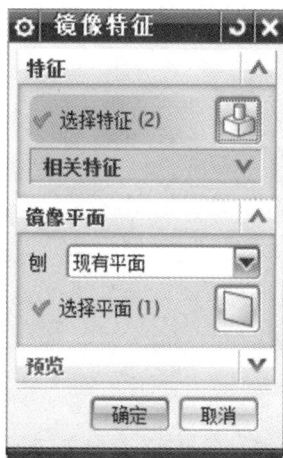

图 2 – 92　"镜像特征"对话框

②选择步骤 5 中创建的凸台和步骤 6 中创建的孔为特征，选择基准平面 3 为镜像平面，单击"确定"按钮，完成镜像特征操作，结果如图 2 – 93 所示。

8. 创建简单孔

①选择"菜单"→"插入"→"设计特征"→"孔"命令，打开如图"孔"对话框。

②在"孔"对话框的"类型"下拉列表中选择"常规孔"，在"形状和尺寸"选项组中的"形状"下拉列表中选择"简单孔"。

③选择"位置"选项组中的点构造器，选择如图 2 – 94 所示的边线，捕捉圆心为孔位置。

④在"直径""深度""顶锥角"文本框中分别输入 34.5、24、0，单击"确定"按钮，完成简单孔的创建，如图 2 – 95 所示。

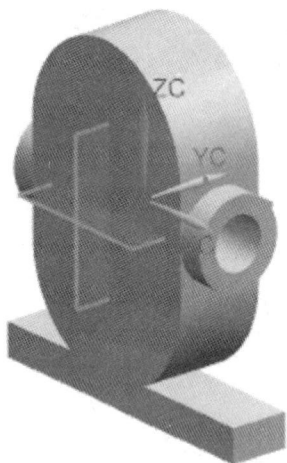

图 2 - 93　镜像特征操作结果

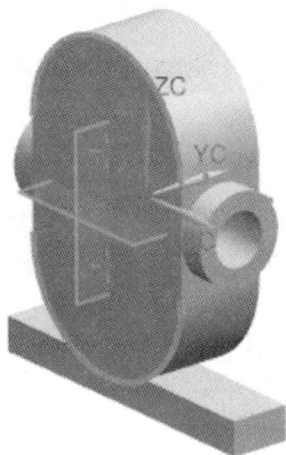

图 2 - 94　捕捉孔位置

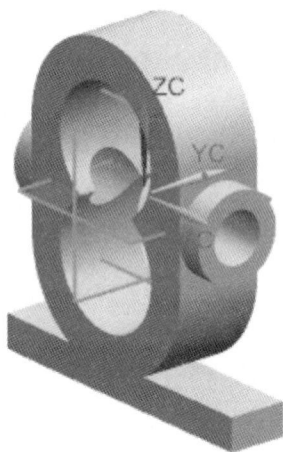

图 2 - 95　结果图

9. 创建腔体

①选择"菜单"→"插入"→"设计特征"→"腔体"命令，打开如图 2 - 96 所示"腔体"对话框。

②单击"矩形"按钮，打开如图 2 - 97 所示"放置面"对话框，选择如图 2 - 98 所示平面为腔体放置面。打开如图 2 - 99 所示"水平参考"对话框。

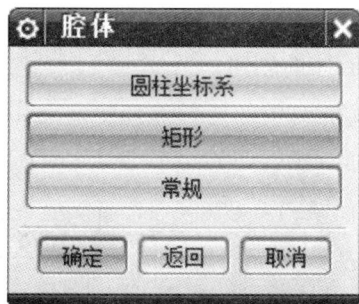

图 2 - 96　"腔体"对话框

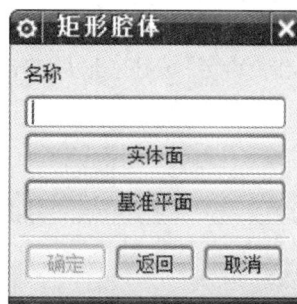

图 2 - 97　"放置面"对话框

图 2 - 98　腔体放置面

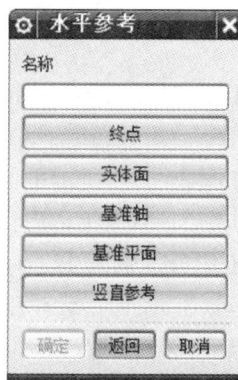

图 2 - 99　"水平参考"对话框

③选择如图 2 - 100 所示边为水平参考，打开如图 2 - 101 所示"矩形腔体"对话框。在"长度""宽度"和"深度"文本框中分别输入 28.76、34.5、24，单击"确定"按钮，打开如图 2 - 102 所示"定位"对话框。

图 2 - 100　水平参考

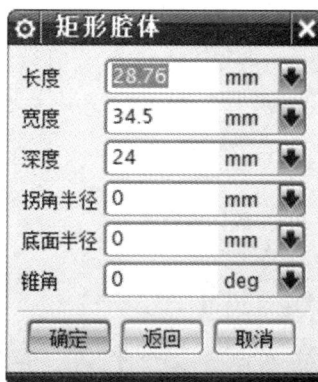

图 2 - 101　"矩形腔体"对话框

④单击"垂直"按钮，选择如图 2 - 103 所示基准平面 2 和中心线 1，在文本框中输入距离为 0，单击"确定"按钮；再单击"垂直"按钮，选择基准平面 3 和中心线 2，在文本框中输入距离为 0，单击"确定"按钮。最后单击"确定"按钮，完成腔体的创建。

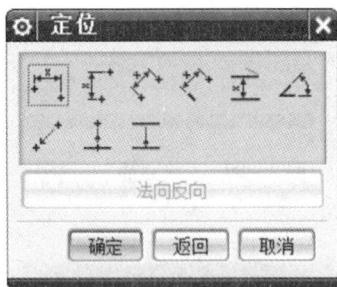

图 2 - 102   "定位"对话框

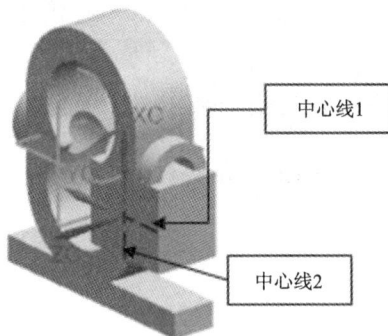

图 2 - 103   基准平面和中心线

⑤选择如图 2 - 104 所示平面为腔体放置面，打开"水平参考"对话框。

⑥选择如图 2 - 105 所示边作为水平参考，打开"矩形腔体"对话框。在"长度""宽度"和"深度"文本框中分别输入 44、4、16，单击"确定"按钮，打开"定位"对话框。

⑦单击"垂直"按钮，选择基准平面 3 和短中心线，在文本框中输入距离为 0，单击"确定"按钮；再单击"垂直"按钮，选择底边和长中心线，在文本框中输入距离为 2，单击"确定"按钮。最后单击"确定"按钮，完成如图 2 - 106 所示腔体的创建。

图 2 - 104   腔体放置面

图 2 - 105   水平参考

图 2 - 106   腔体创建效果图

10. 创建边倒圆

①选择"菜单"→"插入"→"细节特征"→"边倒圆"命令，打开"边倒圆"对话框。

②选择如图 2 - 107 所示的两条边，在"半径 1"文本框中输入 5，单击"应用"按钮。

③选择如图 2 - 108 所示的两条边，在"半径 1"文本框中输入 3，单击"确定"按钮，完成边倒圆操作。

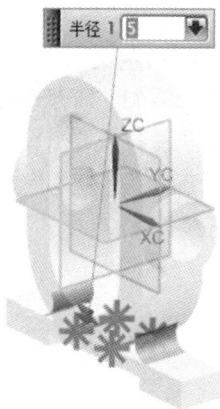

图 2 – 107　设置下侧边倒圆

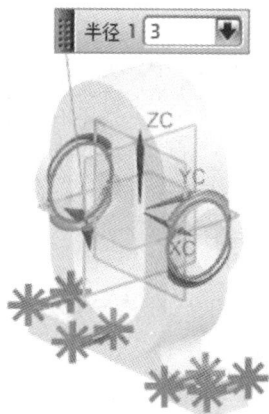

图 2 – 108　设置两侧边倒圆

11. 创建简单孔

①选择"菜单"→"插入"→"设计特征"→"孔"命令，打开如图"孔"对话框。

②在"孔"对话框的"类型"下拉列表中选择"常规孔"，在"形状和尺寸"选项组中的"形状"下拉列表中选择"简单孔"。

③选择"位置"选项组中的绘制截面按钮，选择"草图类型"为"在平面上"，在"草图平面"选项组的"平面方法"中选择"自动判断"，选择基准平面1，单击"确定"按钮，进入草图。

④选择"菜单"→"插入"→"基准/点"→"点"命令，打开如图 2 – 109 所示"草图点"对话框。

⑤单击"点"对话框，在"输出坐标"选项组的 X 轴、Y 轴、Z 轴的文本框中分别输入 22、0、14.4，单击"确定"按钮，再单击"关闭"按钮，最后单击"完成草图"按钮，完成草图点的绘制。

⑥在"直径""深度""顶锥角"文本框中分别输入 6、24、0，单击"确定"按钮，完成简单孔的创建，如图 2 – 110 所示。

图 2 – 109　"草图点"对话框

图 2 – 110　创建简单孔

12. 阵列特征

①选择"菜单"→"插入"→"关联复制"→"阵列特征"命令，打开"阵列特征"对话框。

②选择步骤 11 中创建的简单孔为要形成阵列的特征，在"阵列定义"的"布局"选项组下拉菜单中选择"圆形"。矢量方法为"面/平面法向"，选择如图 2-111 所示平面。捕捉点的方法选择"圆弧中心"，选择如图 2-112 所示的边。在"间距"下拉菜单中选择"数量和节距"，在数量文本框中输入 3，在节距文本框中输入 90。单击"确定"按钮，完成如图 2-113 所示阵列特征的创建。

图 2-111　选择阵列放置面　　　图 2-112　"圆弧中心"捕捉点　　　图 2-113　阵列特征创建效果

13. 镜像特征

①选择"菜单"→"插入"→"关联复制"→"镜像特征"命令，打开如图 2-114 所示"镜像特征"对话框。

②选择步骤 11 中创建的简单孔和步骤 12 中创建的阵列特征为镜像特征，选择基准平面 2 为镜像平面。单击"确定"按钮，完成如图 2-115 所示镜像特征的创建。

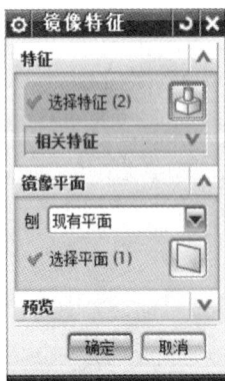

图 2-114　"镜像特征"对话框　　　　　图 2-115　镜像特征创建效果

14. 创建草图

①选择"菜单"→"插入"→"在任务环境中绘制草图"命令，打开如图 2 - 116 所示"创建草图"对话框。

②选择"草图类型"为"在平面上"，选择基准平面 1 为草图平面，单击"确定"按钮，进入草图环境。

③绘制如图 2 - 117 所示草图，绘制完成后单击"完成草图"按钮。

15. 创建简单孔

①选择"菜单"→"插入"→"设计特征"→"孔"命令，打开"孔"对话框。

②在"孔"对话框的"类型"下拉列表中选择"常规孔"，在"形状和尺寸"选项组中的"形状"下拉列表中选择"简单孔"。

③选择"位置"选项组中的点构造器，选择步骤 14 创建的草图曲线的端点。

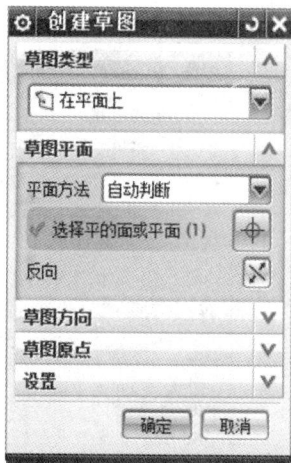

图 2 - 116　"创建草图"对话框

④在"直径""深度""顶锥角"文本框中分别输入 5、24、0，单击"确定"按钮，完成简单孔的创建，如图 2 - 118 所示。

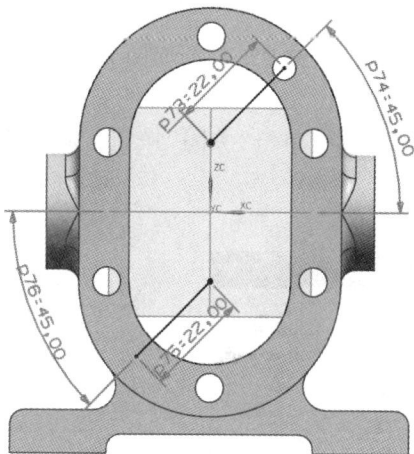

图 2 - 117　创建草图

图 2 - 118　创建孔

16. 创建螺纹

①选择"菜单"→"插入"→"设计特征"→"螺纹"命令，打开如图 2 - 119 所示"螺纹"对话框。

②选择"螺纹"对话框中的"详细"选项，选择步骤 11 ~ 13 中创建的 6 个简单孔的其中一个，打开如图 2 - 120 所示"编辑螺纹"对话框。

③在"长度"文本框中输入长度 17.75，其他采用默认设置。单击"确定"按钮。

④重复上述步骤，将剩余五个简单孔创建详细螺纹。

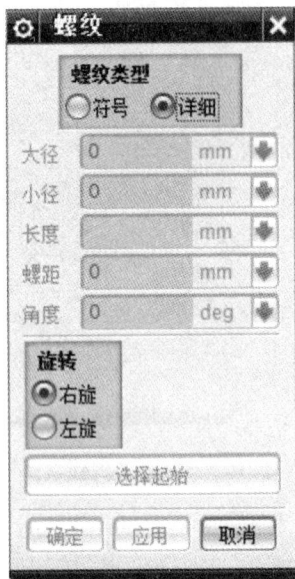

图 2-119 "螺纹"对话框

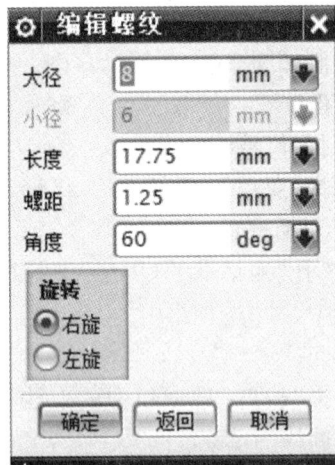

图 2-120 "编辑螺纹"对话框

17. 隐藏多余特征

①选择"菜单"→"编辑"→"显示和隐藏"→"显示和隐藏"命令，打开如图 2-121 所示对话框。

②单击"类型"中"小平面体""基准"所对应的隐藏符号，单击"关闭"按钮，完成多余特征的隐藏。

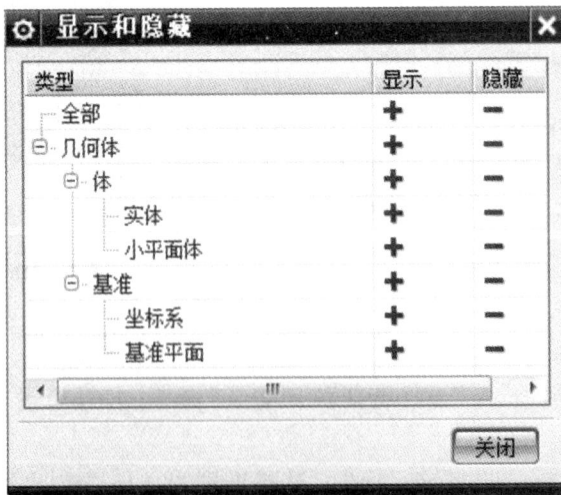

图 2-121 "显示和隐藏"对话框

2.3　曲面建模

UG NX 10.0 不仅提供了基本的非曲面建模模块，同时提供了强大的自由曲面特征建模。UG NX 10.0 中提供了 20 多种自由曲面造型的快捷方式，用户可以利用它们完成各种复杂曲面及非规则实体的创建。

UG NX 10.0 曲面建模，一般来讲，首先通过曲线构造方法生成主要或大面积曲面，然后进行曲面的过渡和连接、光顺处理、曲面的编辑等方法完成整体造型。在使用过程经常会遇到以下一些常用概念。

➢ 行与列：行定义了曲面的 U 方向，列是大致垂直于曲面行方向的纵向曲线方向（V 方向）。

➢ 曲面的阶次：阶次是一个数学概念，是定义曲面的三次多项式方程的最高次数。建议用户尽可能采用三次曲面，阶层过高会使系统计算量过大，产生意外结果，在数据交换时容易使数据丢失。

➢ 公差：一些自由形状曲面建立时采用近似方法，需要使用距离公差和角度公差，分别反映近似曲面和理论曲面所允许距离误差和法向角度允许误差。

➢ 截面线：是指控制曲面 U 方向的方位和尺寸变化的曲线组。可以是多条或者是单条曲线。其不必光顺，而且每条截面线内的曲线数量可以不同，一般不超过 150 条。

➢ 引导线：用于控制曲线 V 方向的方位和尺寸。可以是样条曲线、实体边缘和面的边缘，可以是单条曲线，也可以是多条曲线。最多可选择 3 条，并且需要 G1 连续。

2.3.1　直纹面

如果曲面方程为

$$r(u, v) = a(u) + v \times l(u)$$

其中 $l(u)$ 为单位向量，则称此曲面为直纹面（ruled surface）。柱面和锥面都是直纹面。二次曲面中的单叶双曲面和双曲抛物面（马鞍面）也是直纹面。过柱面和锥面上每一点有一条直纹面模型直母线，而过单叶双曲面和双曲抛物面上每一点有两条直母线。这就是说，柱面和锥面各由一簇直母线组成，而单叶双曲面和双曲抛物面各由两簇直母线分别组成。此外，由一条空间曲线的全体切线组成的切线曲面也是直纹面。

使用直纹命令可在两个界面之间创建体，其中直纹形状是截面之间的线性过渡。直纹面可用于创建曲面，该曲面无须拉伸和撕裂便可展开在平面上。

1. 执行方式

选择"菜单"→"插入"→"曲面"→"直纹"命令，打开如图 2 - 122 所示"直纹"对话框。先选择截面线串 1 和截面线串 2，然后选择对齐方法，最后单击"确定"按钮，创建直纹面如图 2 - 123 所示。

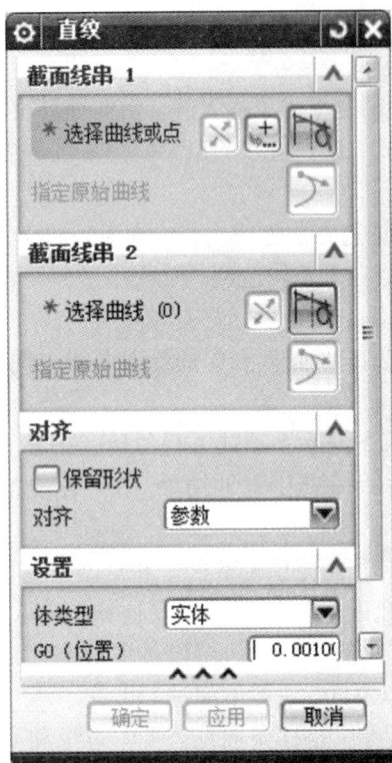

图 2-122 "直纹"对话框

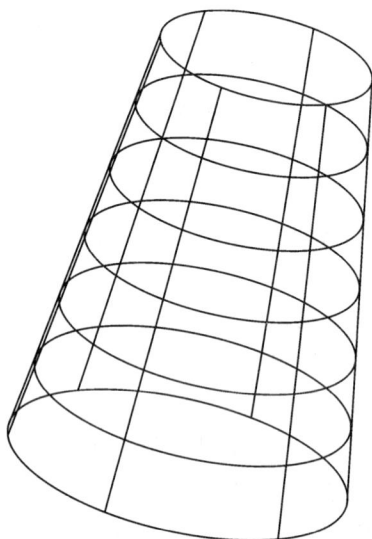

图 2-123 直纹面

2. 选项说明

(1)截面线串 1：选择第一组截面曲线。

(2)截面线串 2：选择第二组截面曲线。

(3)对齐。

➤ 参数：在构建曲面特征时，两条截面曲面上所对应的点是根据截面曲线的参数方程进行计算的，所以两组截面曲线所对应的直线部分，是根据等距离来划分连接点的；两组截面曲线所对应的曲线部分，是根据等角度来划分连接点的。

➤ 根据点：在两组截面线串上选取对应的点(同一点允许重复选取)作为强制的对应点，选取的顺序决定着片体的路径走向。一般在截面线串中含有端点时选择应用"根据点"方式。

(4)体类型：为直纹特征指定片体或实体。

此外，还有"过渡"以及"修补开口"的曲面绘制方法，与"直纹"的方法类似，这里不再赘述。

2.3.2 通过曲线组

"通过曲线组"可通过同一方向上的一组曲线轮廓线生成体，这些曲线轮廓称为截面线串。用户选择的截面线串定义体的行。截面线串可以由单个对象或多个对象组成。每个对象可以是曲线、实体或实面。

1. 执行方式

选择"菜单"→"插入"→"网格曲面"→"通过曲线组"命令，打开如图 2 – 124 所示"通过曲线组"对话框。选择曲线并单击鼠标中键以完成第一个截面的选择，再选择其他曲线并添加为新截面。单击"确定"按钮，创建曲面如图 2 – 125 所示。

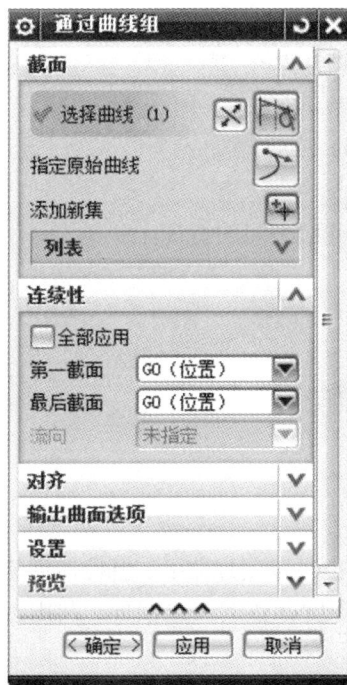

图 2 –124　"通过曲线组"对话框

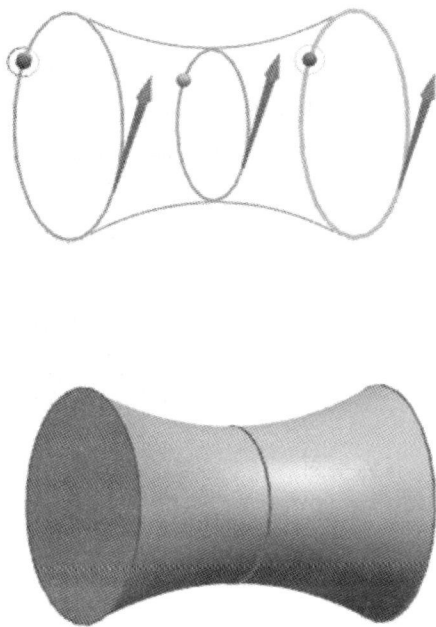

图 2 –125　通过曲面组所创建曲面

2. 选项说明

（1）截面。

➢ 选择曲线：选择截面线串时，一定要注意选择的次序，而且每选择一条截面线，都要单击鼠标中键，直到所选择线串出现在"截面线串"列表框中为止，也可以对该列表框中的所选截面线串进行删除、上移、下移等操作，以改变选择次序。

➢ 指定原始曲线：更改闭环中的原始曲线。

➢ 列表：向模型中添加截面集时，列出这些截面集。

（2）连续性。

➢ 全部应用：将为一个截面选定的连续性约束施加于第一个和最后一个截面。

➢ 第一截面：选择约束面并指定所选截面的连续性。

➢ 最后截面：指定连续性。

➢ 流向：指定与约束面相关的流动方向。

（3）对齐。

通过定义 NX 沿截面隔开新曲面的等参数曲线的方式，可以控制特征的形状。

➤ 参数：沿截面以相等的参数间隔来分隔等参数曲线连接点。

➤ 根据点：对齐不同形状的截面线串之间的点。

➤ 弧长：沿截面以相等的弧长间隔来分隔等参数曲线连接点。

➤ 距离：在指定方向上沿每个截面以相等的距离隔开点。

➤ 角度：在指定的轴线周围沿每条曲线以相等的角度隔开点。

➤ 脊线：将点放置在所选截面与垂直于所选脊线的平面相交处。

（4）输出曲面选项。

➤ 补片类型：指定 V 方向的补片是单个还是多个。

➤ V 向封闭：沿 V 方向的各个封闭第一个与最后一个截面之间的特征。

➤ 垂直于终止截面：使输出曲面垂直于两个终止截面。

➤ 构造：指定创建曲面的构建方法。

➤ 法向：使用标准步骤创建曲线网格曲面。

➤ 样条点：使用输入曲线的点及这些点处的相切值在创建体。

➤ 简单：创建尽可能简单的曲线网格曲面。

2.3.3 有界平面

“有界平面”命令可以用于创建平整的曲面。利用拉伸也可以创建曲面，但拉伸创建的是有深度参数的二维或三维曲面，而有界平面创建的是没有深度参数的二维曲面，利用这种方法创建的就是有界平面。

“有界平面”的执行方式为选择“菜单”→“插入”→“曲面”→“有界平面”命令来创建有界平面，打开如图 2 - 126 所示“有界平面”对话框，创建如图 2 - 127 所示有界平面。

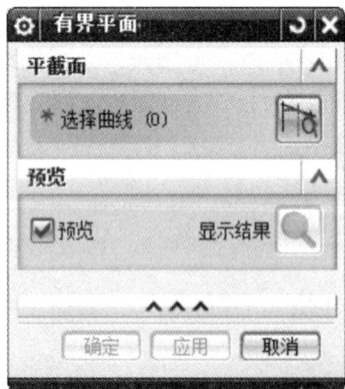

图 2 - 126　“有界平面”对话框

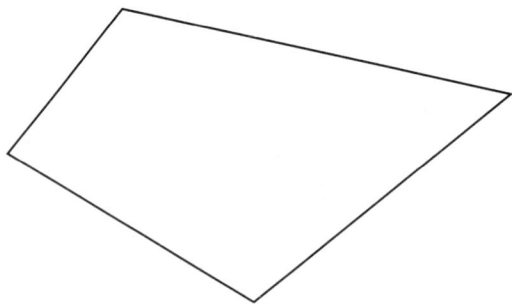

图 2 - 127　有界平面

2.3.4　扫掠

扫略曲面就是用规定的方式沿一条空间路径(引导线串)移动一条曲线轮廓线(截面线串)而生成的轨迹称为扫掠。

1. 执行方式

选择"菜单"→"插入"→"扫掠"→"扫掠"命令,打开如图 2 - 128 所示"扫掠"对话框。先选择截面线串,单击鼠标确认,然后选择引导线串,单击鼠标确认,单击"确定"按钮创建扫掠曲面。如图 2 - 129 所示。

图 2 - 128 　"扫掠"对话框

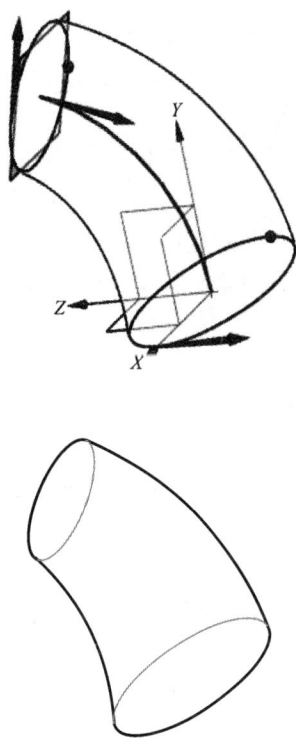

图 2 - 129 　扫掠曲面

2. 扫掠规则

(1)一个完全连续、封闭的截面线串沿引导线扫掠时将创建一个实体。

(2)一个开放的截面线串沿一条开放的引导线扫掠时将创建一个片体。

(3)一个开放的截面线串沿一条封闭的引导线扫掠时将创建一个实体。系统自动封闭开放的截面线串两端面而形成实体。

(4)当使用偏置扫描时,将创建有厚度的实体。

(5)每次只能选择一条截面线串和一条引导线串。

（6）对于封闭的引导线串允许含有尖角，但截面线串应位于远离尖角的地方，而且需要位于引导线串的端点位置。

3. 选项说明

（1）截面。

➢ 选择曲线：选择截面线串。

➢ 指定原始曲线：更改闭环中的原始曲线。

（2）引导线：最多选择3条线串来引导扫掠操作。

（3）脊线：可以控制截面线串的方位，并避免在导线上不均匀分布参数导致的变形。

2.3.5 缝合

"缝合"命令可将两个或多个片体连接成单个片体。如果选择的片体包围一定的体积，则成为一个实体。缝合是指把曲面缝合成实体，在使用UG做曲面造型时，其最先应绘制曲面，在曲面绘制完成后，还需要把其缝合成实体才能转换成零件。

1. 执行方式

选择"菜单"→"插入"→"组合"→"缝合"命令，打开如图2-130所示"缝合"对话框。选择一个片体或实体为目标体，选择一个或多个要缝合到目标的片体或实体。单击"确定"按钮，缝合曲面。

2. 选项说明

（1）类型。

➢ 片体：选择曲面作为缝合对象。

➢ 实体：选择实体作为缝合对象。

（2）目标。

➢ 选择片体：当类型为片体时目标为选择片体，用来选择目标片体，但只能选择一个片体作为目标片体。

图 2-130 "缝合"对话框

➢ 选择面：当类型为实体时目标为选择面，用来选择目标实体面。

（3）设置。

➢ 输出多个片体：勾选此复选框，缝合的片体为封闭时，缝合后生成的是片体；不勾选此复选框，缝合后生成的是实体。

➢ 公差：设置缝合公差。

2.3.6 加厚

使用"加厚"命令可将一个或多个相连面或片体偏置实体。加厚是通过将选定面沿着其法向进行偏置然后创建侧壁而生成。加厚命令可以使一个平面或者曲面（UG中面的厚度默认为0）变成实体。

1. 执行方式

选择"菜单"→"插入"→"偏置/缩放"→"加厚"命令,打开如图 2-131 所示"加厚"对话框,选择要加厚的面,在"偏置 1"/"偏置 2"文本框中输入厚度值,单击"确定"按钮创建加厚特征。

2. 选项说明

(1)面:选择要加厚的面或者片体。

(2)偏置 1/偏置 2:指定一个或两个偏置值。

(3)如果要加厚几个相连片体,必须先将那几个片体缝合。

2.3.7　偏置曲面

"偏置曲面"是沿选定面的法向偏置点的方法来生成正确的偏置曲面。指定的距离称为偏置距离,已有面称为基面。可以选择任何类型的面作为基面。如果选择多个面进行偏置,则会产生多个偏置体。所以偏置曲面就是对原面进行复制,并且复制面保持一定的关系。

图 2-131　"加厚"对话框

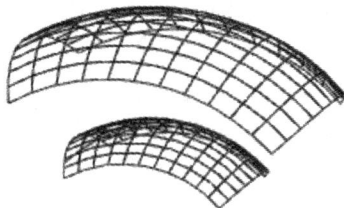

1. 执行方式

菜单:选择"菜单"→"插入"→"偏置/缩放"→"偏置曲面"命令,打开如图 2-132 所示"偏置曲面"对话框。选择要偏置的面,在"偏置 1"文本框中输入偏置值,单击"确定"按钮,创建的偏置曲面如图 2-133 所示。

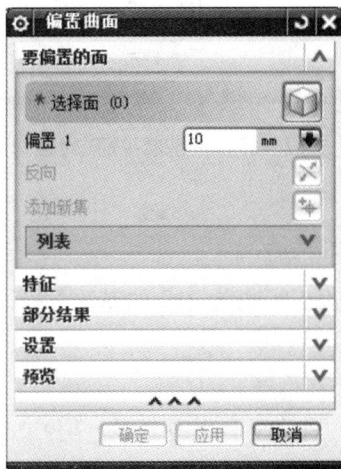

图 2-132　"偏置曲面"对话框

图 2-133　偏置曲面

2. 选项说明

(1)选择面:选择要偏置的面。

(2)特征。

➢ 输出：确定输出特征的数量。

➢ 所有面对应一个特征：为所有选定并相连的面创建单个偏置曲面特征。

➢ 每个面对应一个特征：为每个选定的面创建偏置曲面的特征。

（3）相切边。

➢ 在相切边添加支撑面：在以有限距离偏置的面和以零距离偏置的相切面之间的相切边创建支撑面。

➢ 不添加支撑面：不在相切边处创建任何支撑面。

另外，还有"大致偏移"以及"可变偏移"的曲面编辑方法，与"偏移曲面"的方法类似，这里不再赘述。

2.3.8 综合实例

在本实例中，我们需要绘制一个茶壶。绘制流程如下。

1. 创建新文件

①选择"菜单"→"文件"→"新建"选项，或单击"主页"选项卡，选择"标准"→"新建"命令，弹出"新建"对话框。

②单位设置为毫米，在"模板"中单击"模型"选项，在"新文件名"→"名称"中输入文件名"曲面练习"，然后在"新文件名"→"文件夹"中选择文件存盘的位置，完成后单击"确定"按钮进入建模模式。

2. 创建圆

①选择"菜单"→"插入"→"基准/点"→"基准平面"命令，打开如图 2 - 134 所示"基准平面"对话框。

②在"类型"中选择"按某一距离"，在"平面参考"中选择 X - Y 平面为参考平面，在"距离"中输入180，单击"确定"按钮完成基准平面 1 的创建。

图 2 - 134　"基准平面"对话框

③按照以上步骤再创建一个以 X - Y 平面为参考平面、距离为210的基准平面 2。生成的两个基准平面如图 2 - 135 所示。

3. 创建草图

①选择"菜单"→"插入"→"在任务环境中创建草图"命令，打开如图 2 - 136 所示"创建草图"对话框。

②选择 X - Y 平面，单击"确定"按钮，进入绘制 X - Y 平面上的草图界面。

③选择"菜单"→"插入"→"曲线"→"圆"，打开"圆"对话框，并以原点为圆心、直径为184创建圆。

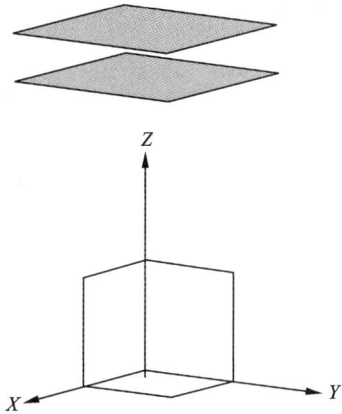

图 2 – 135 基准平面

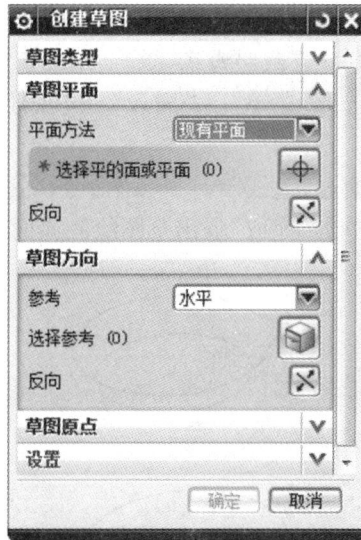

图 2 – 136 "创建草图"对话框

④点击"完成"退出草图绘制界面。用同样的方法在基准平面 1 中以原点为圆心，绘制一个直径为 141 的圆。在基准平面 2 中以原点为圆心，绘制一个直径为 180 的圆 1、两个半径为 28 的圆 2 和圆 3、一个半径为 13 的圆 4。并通过相切约束使圆 2 和圆 3 分别与圆 1 相切，圆 4 分别与圆 2 和圆 3 相切。生成的曲线模型如图 2 – 137 所示。

4.修剪曲线

①选择"菜单"→"编辑"→"曲线"→"快速修剪"命令，或单击"曲线"选项卡，选择"编辑曲线"组，单击"快速修剪"按钮，打开"快速修剪"对话框，如图 2 – 138 所示。

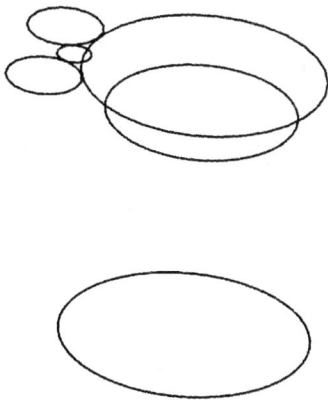

图 2 – 137 曲线模型

图 2 – 138 "快速修剪"对话框

②选择要修剪的曲线,并单击"确定"按钮完成对基准平面 2 上草图的修剪。

③按照以上的步骤修剪出来的曲线如图 2 - 139 所示。

5. 创建直线和曲线

①选择"菜单"→"插入"→"在任务环境中创建草图"命令,在 X - Z 平面上进行草图绘制。

②通过"直线"与"圆弧"命令,在 X - Z 平面上绘制如图 2 - 140 所示草图。

③单击"完成"退出草图绘制界面,曲线模型如图 2 - 140 所示。

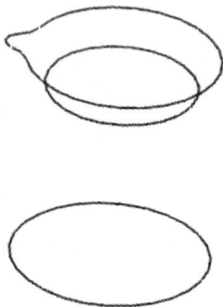

图 2 - 139　曲线模型

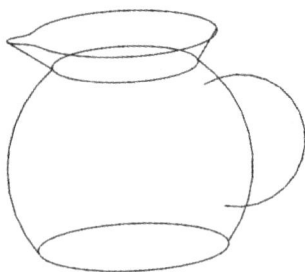

图 2 - 140　曲线模型

6. 创建通过曲线网格曲面

①选择"菜单"→"插入"→"网格曲面"→"通过曲线网格"命令,或者单击"曲面"选项卡,选择"曲面"组,单击"网格曲面"中的"通过曲线网格"按钮,打开如图 2 - 141 所示的"通过曲线网格"对话框。

②选择"主线串"和"交叉线串"如图 2 - 141 所示,其余选项保持默认状态,单击"确定"按钮生成曲面,结果如图 2 - 142 所示。

7. 扫掠

①选择"菜单"→"插入"→"扫掠"→"扫掠"命令,打开如图 2 - 143 所示"扫掠"对话框。

②选择"截面"以及"引导线"如图 2 - 143 所示,其余选项保持默认状态,单击"确定"按钮生成曲面,结果如图 2 - 144 所示。

8. 创建镜像几何体

①选择"菜单"→"插入"→"关联复制"→"镜像几何体"命令,打开如图 2 - 145 所示"镜像几何体"对话框。

②选择"要镜像的几何体"如图 2 - 145 所示,"镜像平面"选择 Y - Z 平面,其余选项保持默认状态,结果如图 2 - 146 所示。

图 2 - 141　"通过曲线网格"对话框

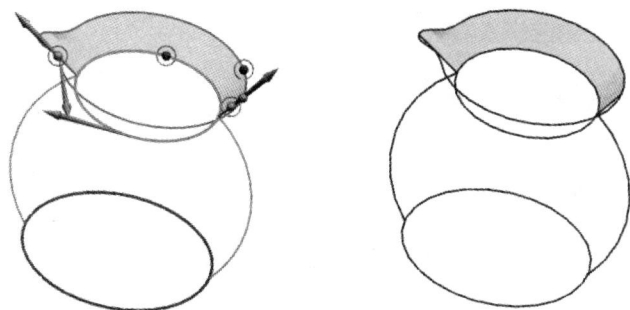

图 2－142　曲面模型

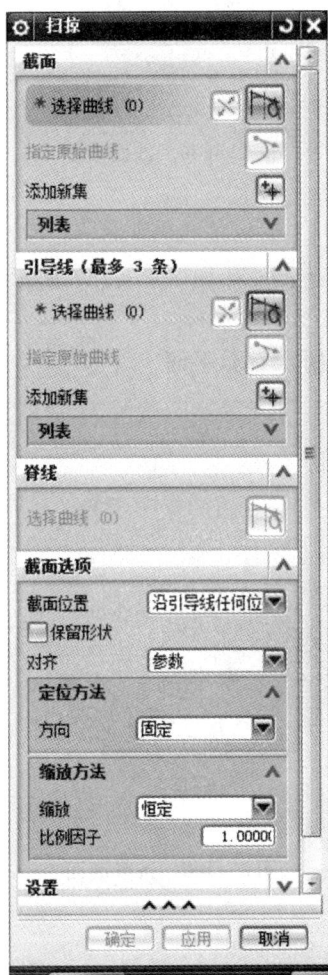

图 2－143　"扫掠"对话框

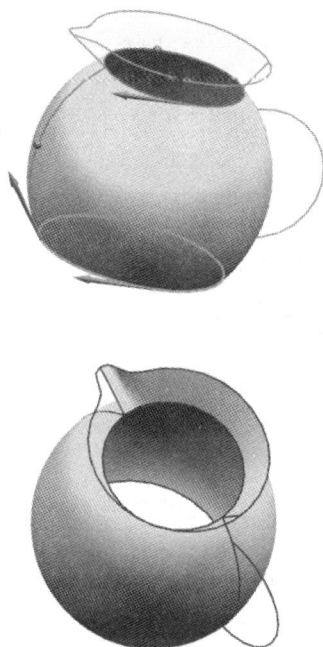

图 2－144　曲面模型

图 2 - 145　"镜像几何体"对话框

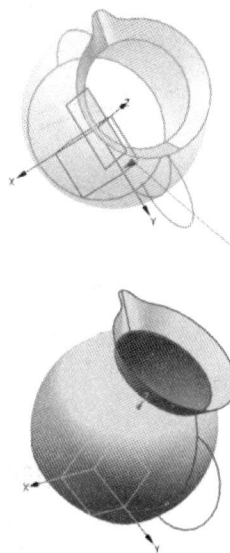

图 2 - 146　曲面模型

9.创建有界平面

①选择"菜单"→"插入"→"曲面"→"有界平面"命令,打开如图 2 - 147 所示"有界平面"对话框。

②选择"平截面"为底面,创建如图 2 - 148 茶壶底面所示有界平面。

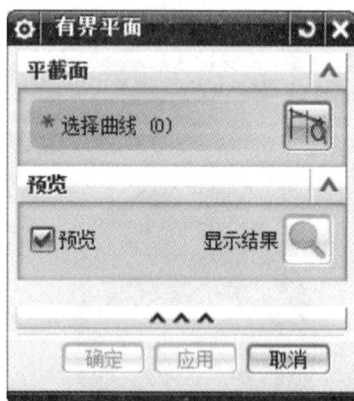

图 2 - 147　"有界平面"对话框

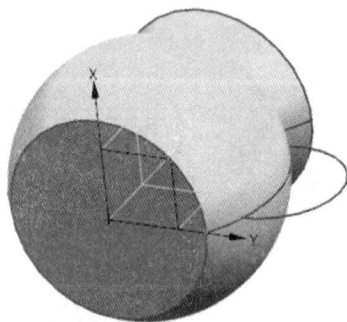

图 2 - 148　茶壶底面

10.缝合

①选择"菜单"→"插入"→"组合"→"缝合"命令,打开"缝合"对话框。

②将上述 4 个片体依次缝合起来。

注:此步骤必不可少,可以有效地防止下一步加厚所导致的体的交叉。

11.加厚并删除片体

①选择"菜单"→"插入"→"偏置/缩放"→"加厚"命令，或单击"主页"选项卡，选择"特征"组，单击"更多"→"偏置/缩放"→"加厚"按钮，打开如图 2－149 所示"加厚"对话框。

②选择加厚面为刚刚缝合的面，"偏置 1"设置为 2，"偏置 2"设置为 0，如图 2－149 所示，单击"确定"按钮生成模型。

③选择"菜单"→"插入"→"修剪"→"删除体"命令，将刚刚缝合好的片体删除，并点击确定按钮生成模型如图 2－150 所示。

图 2－149　"加厚"对话框　　　　　　　　图 2－150　曲面模型

12.沿引导线扫掠

①选择"菜单"→"插入"→"扫掠"→"扫掠"命令，打开"扫掠"对话框如图 2－151 所示。

②选择"截面"以及"引导线"如图 2－151 所示，其余选项保持默认状态，单击"确定"按钮生成曲面，结果如图 2－152 所示。

13.替换面

①选择"菜单"→"插入"→"同步建模"→"替换面"命令，打开如图 2－153 所示"替换面"对话框。

②选择"要替换的面"以及"替换面"。重复一次，将壶柄多余部分去掉。结果如图 2－154、图 2－155 所示。

图 2 – 151   "扫掠"对话框

图 2 – 152   曲面模型一

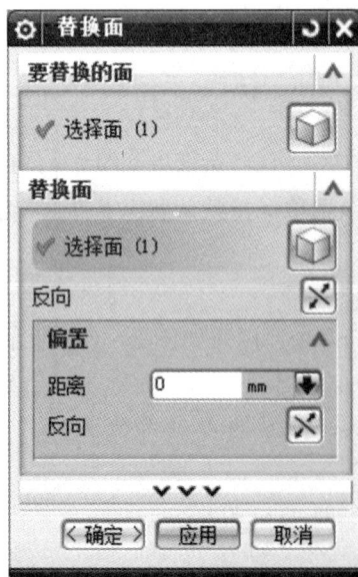

图 2 – 153   "替换面"对话框

图 2 – 154   曲面模型二

图 2 – 155   曲面模型三

14. 合并操作

①选择"菜单"→"插入"→"组合"→"合并"命令，或单击"主页"选项卡，选择"特征"组，单击"组合"中的"合并"按钮，打开如图 2 - 156 所示"合并"对话框。

②选择"目标"为壶把手实体，选择"工具"为壶实体，单击"确定"按钮，完成绘制。

以上就是绘制茶壶实体模型的具体流程，其利用了有界平面、扫掠、通过曲线网格、缝合、加厚等曲面建模功能，最终创建的模型如图 2 - 157 所示。

图 2 - 156　"合并"对话框

图 2 - 157　茶壶模型

2.4　GC 工具箱

GC 工具箱是 UG NX 中逐步增加的一些建模工具集，用于创建一些常见但用一般建模方法创建相对麻烦的零件，比如弹簧、齿轮等。本节主要讲述齿轮和弹簧两种常用零件的创建工具。

2.4.1　齿轮建模

齿轮是能互相啮合的有齿的机械零件，它在机械传动及整个机械领域中的应用极其广泛。

模数 m——齿距除以圆周率 π 所得到的商，以毫米计。

齿厚 s——在端面上一个轮齿的两侧齿廓之间的分度圆弧长。

槽宽 e——在端面上一个齿槽的两侧齿廓之间的分度圆弧长。

齿顶高 ha——齿顶圆与分度圆之间的径向距离。

齿根高 hf——分度圆与齿根圆之间的径向距离。

全齿高 h——齿顶圆与齿根圆之间的径向距离。

齿宽 b——轮齿沿轴向的尺寸。

端面压力角 at—— 过端面齿廓与分度圆的交点的径向线与过该点的齿廓切线所夹的锐角。

GC 工具箱可以让你快速地创建圆柱齿轮、锥齿轮和准双曲面齿轮的参数化几何模型，并且可以编辑齿轮和保留其他实力的几何关系，也可以显示齿轮的几何信息，转换、啮合、删除和显示齿轮。这里我们主要介绍圆柱齿轮建模。

1. 执行方式

选择"菜单"→"GC 工具箱"→"齿轮建模"→"圆柱齿轮建模"命令，打开"渐开线圆柱齿轮建模"对话框，如图 2-158 所示。

2. 操作示例

本例绘制直齿圆柱齿轮。首先利用 GC 工具箱中的圆柱齿轮命令创建圆柱齿轮的主体。然后创建轴孔，再创建减速孔，最后创建键槽。绘制过程如下所示：

1）创建齿轮基体

①选择"菜单"→"GC 工具箱"→"齿轮建模"→"圆柱齿轮建模"命令，打开"渐开线圆柱齿轮建模"对话框。

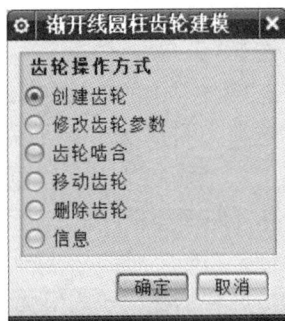

图 2-158

②选择"创建齿轮"单选按钮，单击"确定"按钮，打开如图 2-159 所示"渐开线圆柱齿轮类型"对话框。选择"直齿轮""外啮合齿轮"和"滚齿"单选按钮，单击"确定"按钮。

③打开如图 2-160 所示的"渐开线圆柱齿轮参数"对话框。选择"标准齿轮"选项卡，在"模数""牙数""齿宽"和"压力角"文本框中分别输入 3、80、60 和 20，单击"确定"按钮。

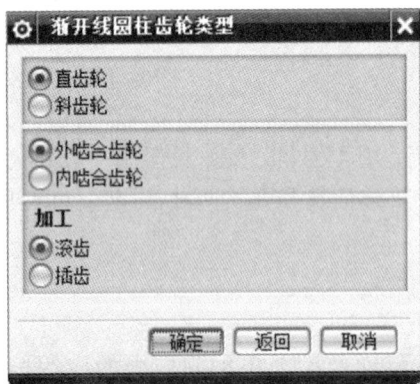

图 2-159　"渐开线圆柱齿轮类型"对话框

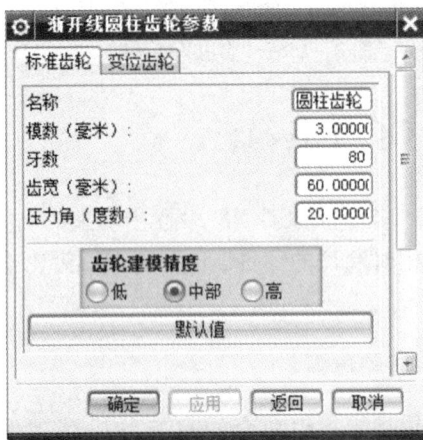

图 2-160　"渐开线圆柱齿轮参数"对话框

④打开如图 2-161 所示"矢量"对话框。在"类型"下拉列表中选择"ZC 轴"，单击"确定"按钮，打开如图 2-162 所示"点"对话框。输入坐标点为(0,0,0)，单击"确定"按钮，生成圆柱直齿轮如图 2-163 所示。

2）创建孔

①选择"菜单"→"插入"→"设计特征"→"孔"命令，打开如图 2-164 所示"孔"对话框。

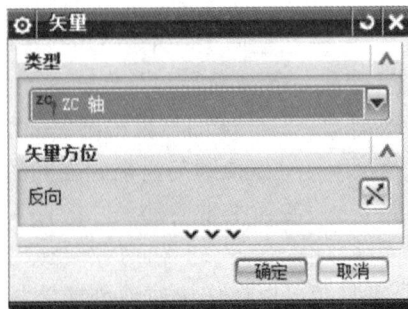

图 2-161　"矢量"对话框

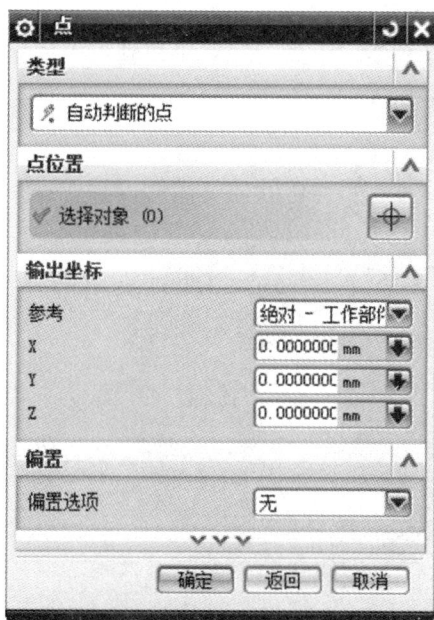

图 2-162　"点"对话框

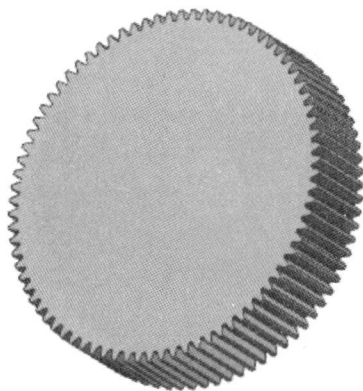

图 2-163　圆柱直齿轮

②在"类型"下拉列表中选择"常规孔",在"形状"下拉列表中选择"简单孔",在"直径"文本框中输入 58,在"深度限制"下拉列表中选择"贯通体"。

③捕捉齿根圆圆心为孔位置,单击"确定"按钮,完成孔的创建,如图 2-165 所示。

3)绘制草图

①选择"菜单"→"插入"→"在任务环境中绘制草图"命令,或者单击"曲线"选项卡中的"在任务环境中绘制草图"按钮,进入草图绘制界面,选择圆柱齿轮的外表面为工作平面绘制草图。

②绘制后的草图如图 2-166 所示。单击"主页"选项卡,选择"草图"组,单击"完成"按钮,草图绘制完毕。

4)创建轴孔

①选择"菜单"→"插入"→"设计特征"→"拉伸"命令,或者单击"主页"选项卡,选择"特征"组,单击"拉伸"按钮,打开如图 2-167 所示"拉伸"对话框。

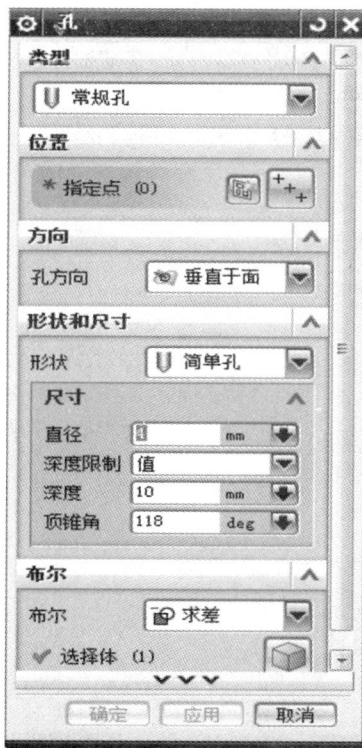

图 2-164　"孔"对话框

②选择步骤3)绘制的草图为拉伸曲线，在"指定矢量"下拉列表中选择"ZC 轴"为拉伸方向，在"开始"和"结束"的"距离"文本框中分别输入0 和22.5，在"布尔"下拉列表中选择"求差"，单击"确定"按钮，生成如图2 –168 所示圆柱齿轮。

图 2 –165   齿轮中心孔

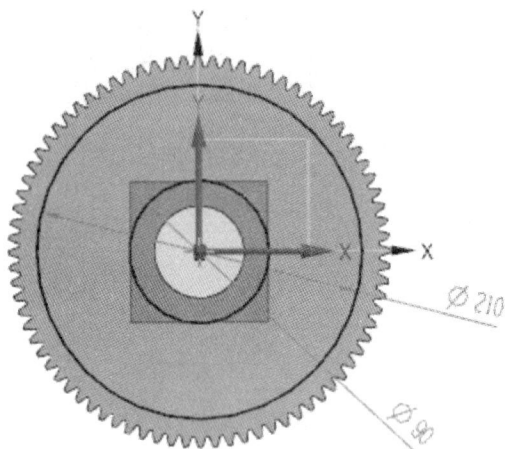

图 2 –166   绘制草图

图 2 –167   "拉伸"对话框

图 2 –168   圆柱齿轮

5）创建孔

①选择"菜单"→"插入"→"设计特征"→"孔"命令，或单击"主页"选项卡，选择"特征"组，单击"孔"按钮，打开如图 2 - 169 所示"孔"对话框。

②在"类型"下拉列表中选择"常规孔"，在"形状"下拉列表中选择"简单孔"，在"直径"文本框中输入 35，在"深度限制"下拉列表中选择"贯通体"。

③单击"绘制截面"按钮，打开"创建草图"对话框，选择长方体的上表面为孔放置面，进入草图绘制环境。打开"草图点"对话框，创建点，单击"主页"选项卡，选择"草图"组，单击"完成"按钮，草图绘制完毕。

④返回到"孔"对话框，单击"确定"按钮，完成孔的创建，如图 2 - 170 所示。

图 2 - 169　"孔"对话框

图 2 - 170　孔的创建

6）阵列特征

①选择"菜单"→"插入"→"关联复制"→"阵列特征"命令，打开如图 2 - 171 所示"阵列特征"对话框。

②选择步骤 4）创建的简单孔为需要阵列的特征。

③在"布局"下拉列表中选择"圆形",在"指定矢量"下拉列表中选择"ZC 轴",指定坐标原点为旋转点。

④在"间距"下拉列表中选择"数量和节距",在"数量"和"节距角"文本框中分别输入 6 和 60,单击"确定"按钮,结果如图 2 – 172 所示。

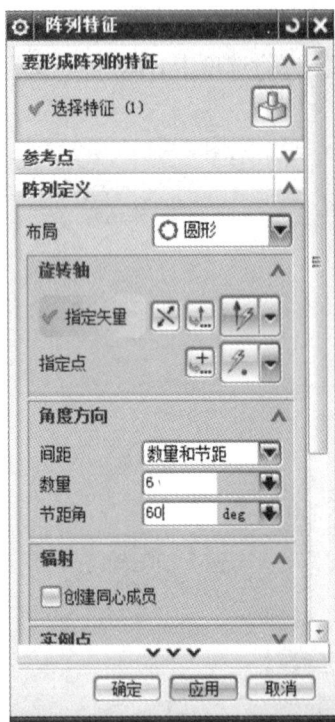

图 2 – 171 "阵列特征"对话框

图 2 – 172 创建阵列孔

7)边倒圆

①选择"菜单"→"插入"→"细节特征"→"边倒圆"命令,打开如图 2 – 173 所示"边倒圆"对话框。

②在"半径 1"文本框中输入 3,选择如图 2 – 173 所示的边,单击"确定"按钮,结果如图 2 – 174 所示。

8)创建倒角

①选择"菜单"→"插入"→"细节特征"→"倒斜角"命令,打开如图 2 – 175 所示"倒斜角"对话框。

②在"横截面"下拉列表中选择"对称",选择如图 2 – 175 所示的倒角边。在"距离"文本框中输入 2.5。

③单击"确定"按钮,生成倒角特征,如图 2 – 176 所示。

图 2 - 173　"边倒圆"对话框

图 2 - 174　创建边倒圆

图 2 - 175　"倒斜角"对话框

图 2 - 176　生成倒角

9）镜像特征

①选择"菜单"→"插入"→"关联复制"→"镜像特征"命令，打开如图 2 - 177 所示"镜像特征"对话框。

②在设计树中选择拉伸特征，边倒圆和倒斜角为镜像特征。

③在"创"下拉列表中选择"新平面"，在指定平面中选择"XC - YC 平面"，在"距离"文

本框中输入30，如图2-178所示，单击"确定"按钮，镜像特征如图2-179所示。

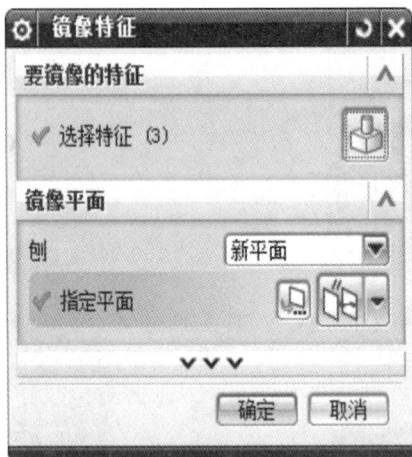

图2-177   "镜像特征"对话框

图2-178   镜像特征距离设置

图2-179   镜像特征创建效果

以上就是利用 UG 自带的 GC 工具箱进行直齿轮的建模步骤。

3. 特殊选项说明

1）创建齿轮

创建新的齿轮。选择该单选按钮，单击"确定"按钮，打开"创建齿轮"对话框。

➢ 直齿轮：创建齿轮平行于齿轮轴线的齿轮。

➢ 斜齿轮：创建齿轮与轴线成一角度的齿轮。

➢ 外啮合齿轮：创建齿顶圆直径大于齿根圆直径的齿轮。

➢ 内啮合齿轮：创建齿顶圆直径小于齿根圆直径的齿轮。

2）加工齿轮

➢ 滚齿：用齿轮滚刀按展成法加工齿轮的齿面。

➢ 插齿：用插齿刀按展成法或成形法加工内、外齿轮或齿条等的齿面。

3）修改齿轮参数

选择此选项，单击"确定"按钮，打开"选择齿轮进行操作"对话框，选择要修改的齿轮。

4）齿轮啮合

选择此选项，单击"确定"按钮，打开"选择齿轮啮合"对话框，选择要啮合的齿轮，分别设置为主动齿轮和从动齿轮。

5）移动齿轮

选择要移动的齿轮，将其移动到适合位置。

6）删除齿轮

删除不必要的齿轮。

7）信息

选择所选择齿轮的信息。

2.4.2 弹簧建模

弹簧是一种利用弹性来工作的机械零件。用弹性材料制成的零件在外力作用下发生形变，除去外力后又恢复原状。一般用弹簧钢制成。弹簧的种类复杂多样，按形状分，主要有螺旋弹簧、涡卷弹簧、板弹簧、异型弹簧等。

利用 GC 工具箱可以快速地创建弹簧的参数化几何模型，并且可以编辑齿轮和保留其他实体的几何关系，还可以转换、删除和显示弹簧的几何信息。这里我们主要介绍圆柱压缩弹簧建模。

1. 执行方式

选择"菜单"→"GC 工具箱"→"齿轮建模"→"圆柱压缩弹簧"命令，打开"圆柱压缩弹簧"对话框，如图 2 – 180 所示。选择类型和创建方式，并输入弹簧名称。单击"下一步"按

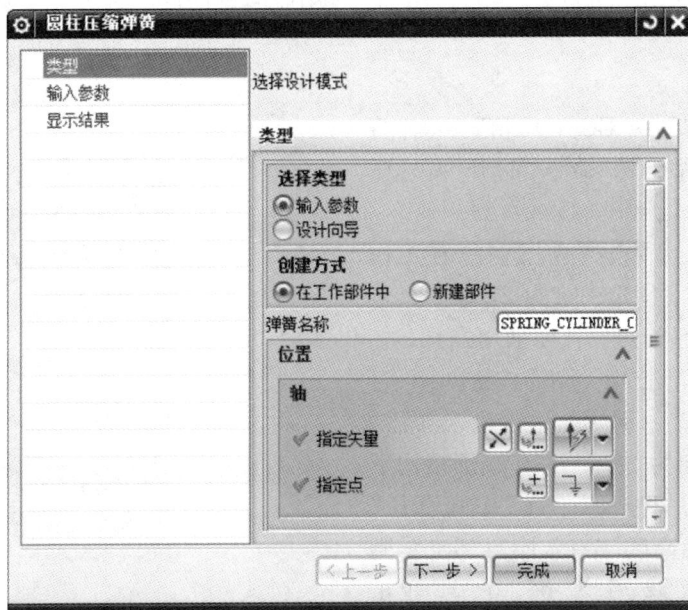

图 2 – 180 "圆柱压缩弹簧"对话框（一）

钮，输入弹簧参数，如图 2 – 181 所示。单击"下一步"按钮，显示结果。单击"完成"按钮，创建圆柱压缩弹簧。

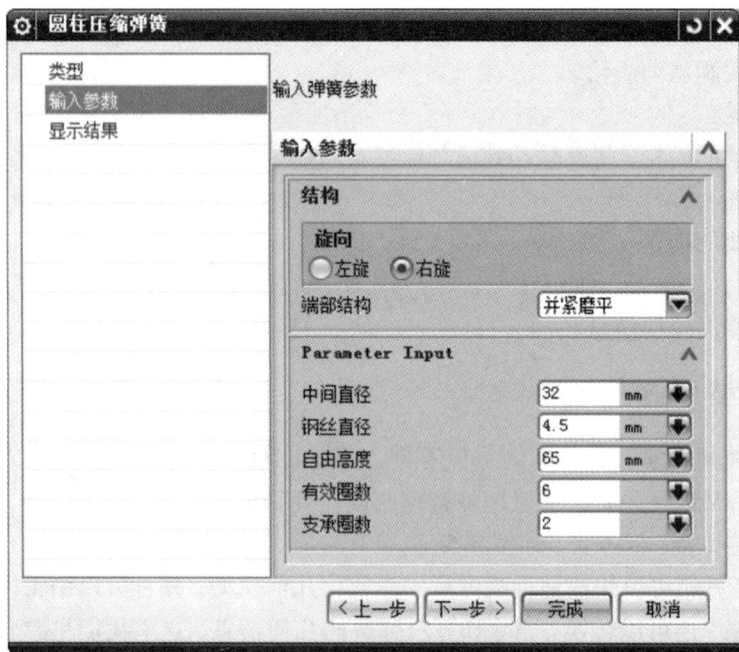

图 2 – 181 "圆柱压缩弹簧"对话框(二)

2. 操作示例

利用 GC 工具箱中的圆柱压缩弹簧命令，在相应的对话框中输入弹簧参数，直接创建弹簧，如图 2 – 182 所示。

1) 创建弹簧

① 选择"菜单"→"GC 工具箱"→"弹簧设计"→"圆柱压缩弹簧"命令，打开"圆柱压缩弹簧"对话框。

② 选择"输入参数"类型，选择"在工作部件中"创建方式，指定矢量为 ZC 轴，指定坐标原点为弹簧起始点，名称采用默认，如图 2 – 183 所示，单击"下一步"按钮。

③ 打开如图 2 – 184 所示的"输入参数"选项页，选择旋向为"右旋"，在端部结构下拉列表中选择"并紧磨平"，在"中间直径""钢丝直径""自由高度""有效圈数""支承圈数"文本框中输入 32、4.5、65、6、2，单击"下一步"按钮。

图 2 – 182 弹簧

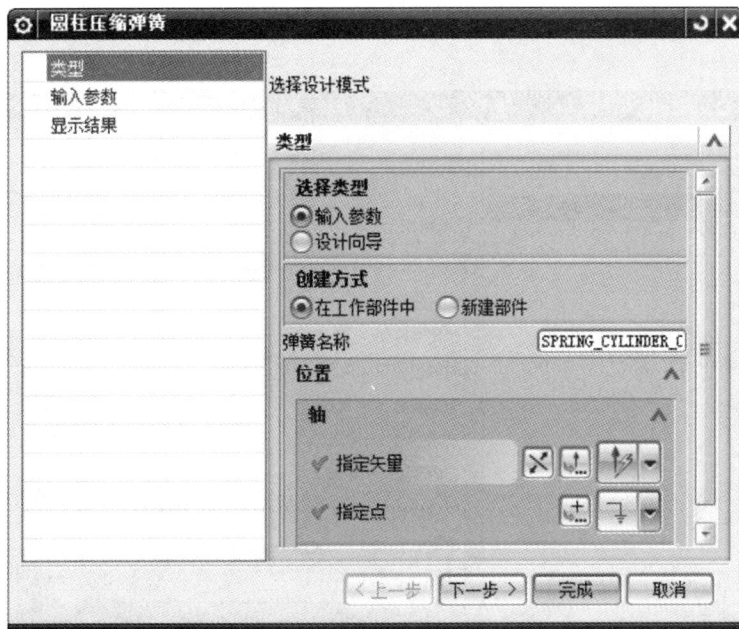

图 2 – 183　"圆柱压缩弹簧"对话框

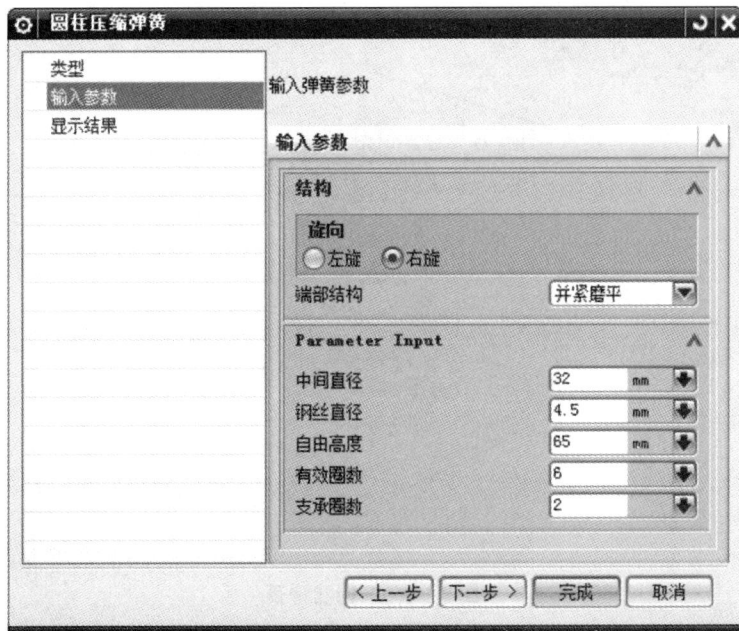

图 2 – 184　"输入参数"选项页

④打开如图 2-185 所示的"显示结果"选项页，显示弹簧的参数，单击"完成"按钮，生成的弹簧如图 2-186 所示。

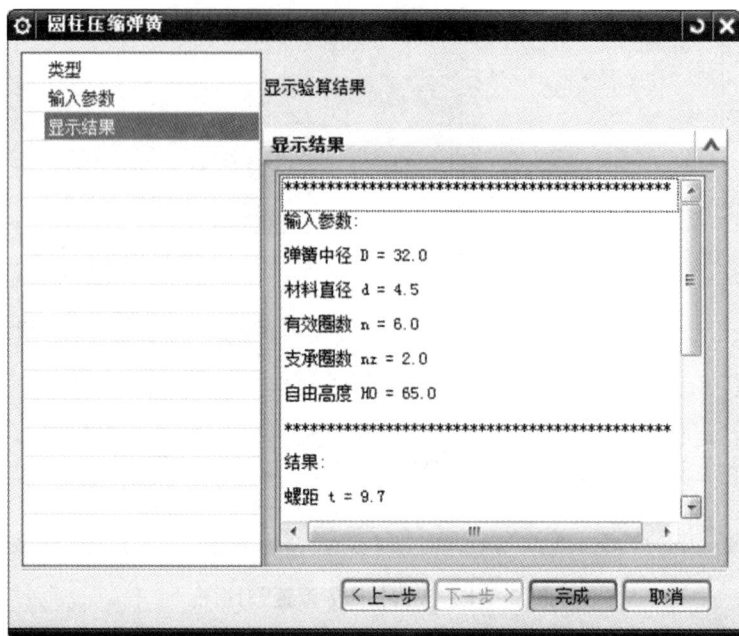

图 2-185 "显示结果"选项页

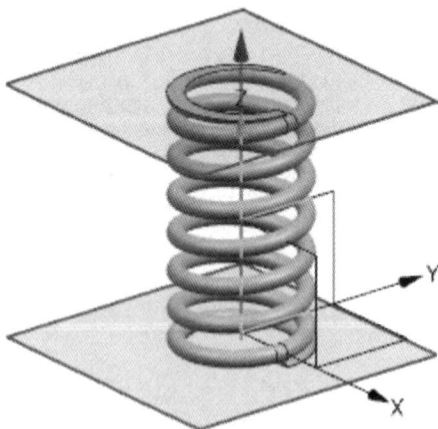

图 2-186 创建弹簧

利用 UG 中 GC 工具箱创建圆柱压缩弹簧如上所述，绘制完毕。

2.5　上机练习

1. 在 UG NX 10.0 中绘制如图 2 – 187 ~ 图 2 – 191 所示图形。

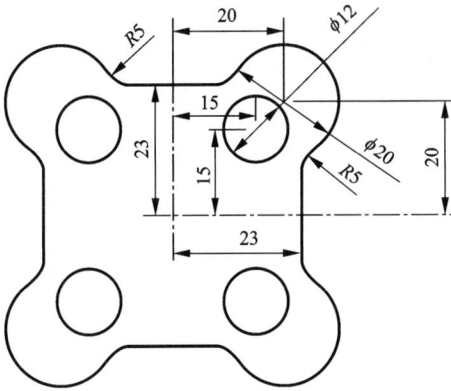

图 2 – 187

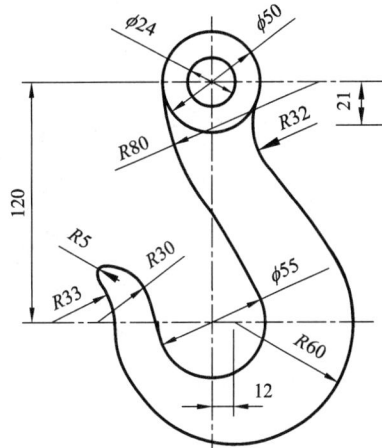

图 2 – 188

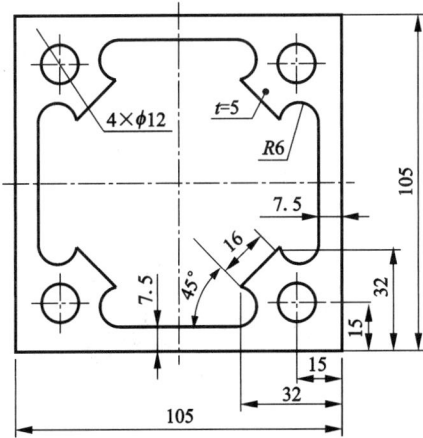

图 2 – 189

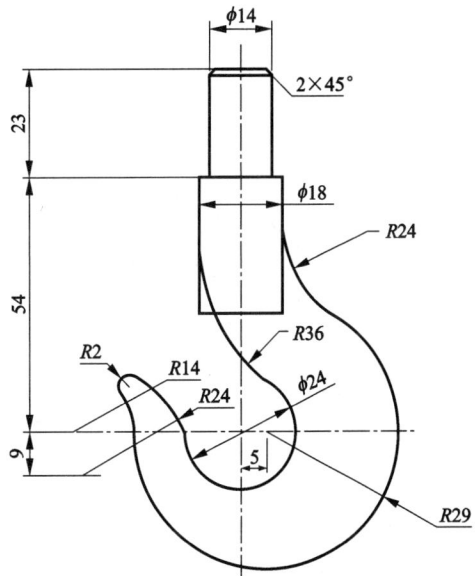

图 2 – 190

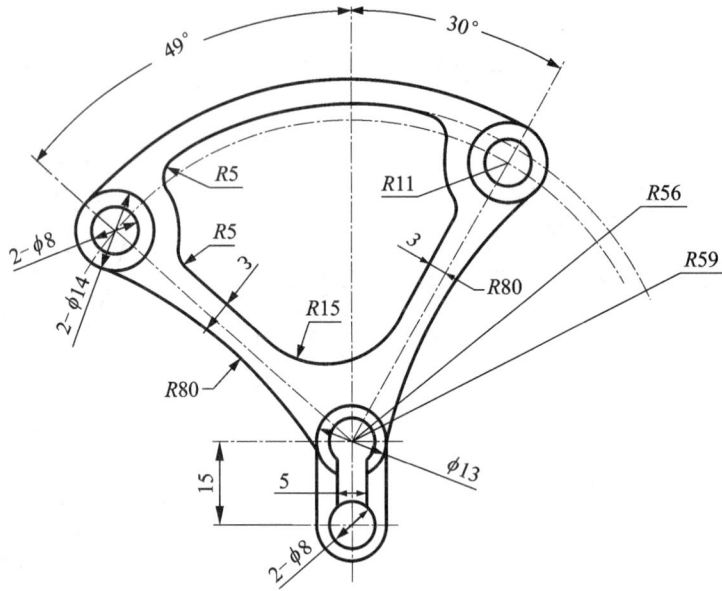

图 2 – 191

2. 在 UG NX 10.0 中绘制如图 2 – 192 ~ 图 2 – 198 所示零件。

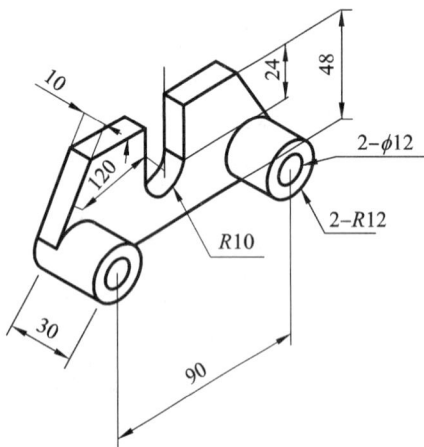

图 2 – 192

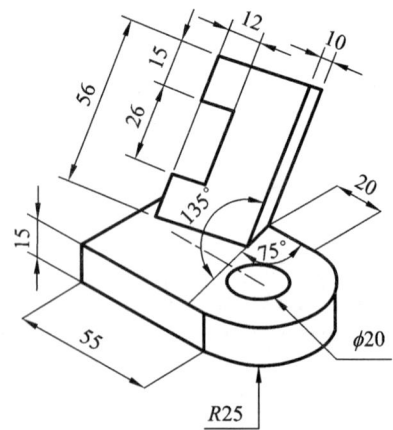

图 2 – 193

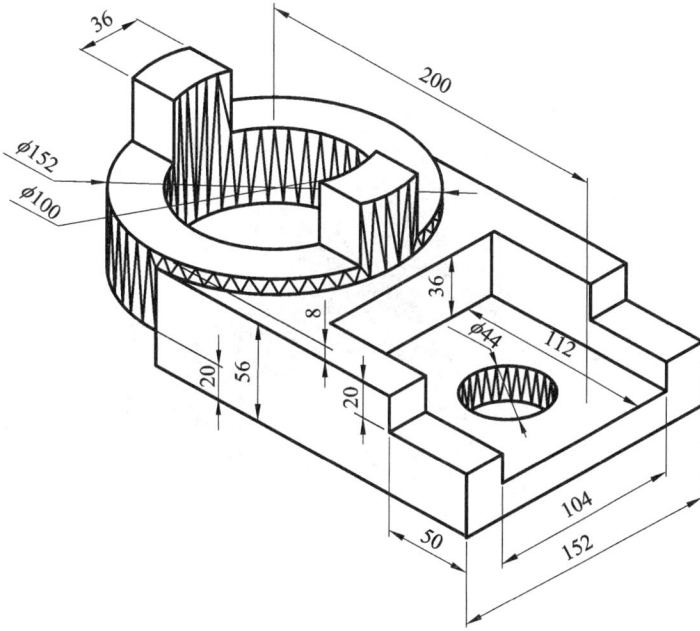

图 2 – 194

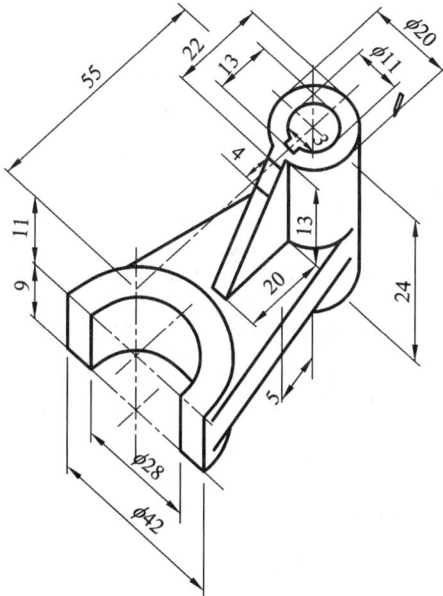

图 2 – 195

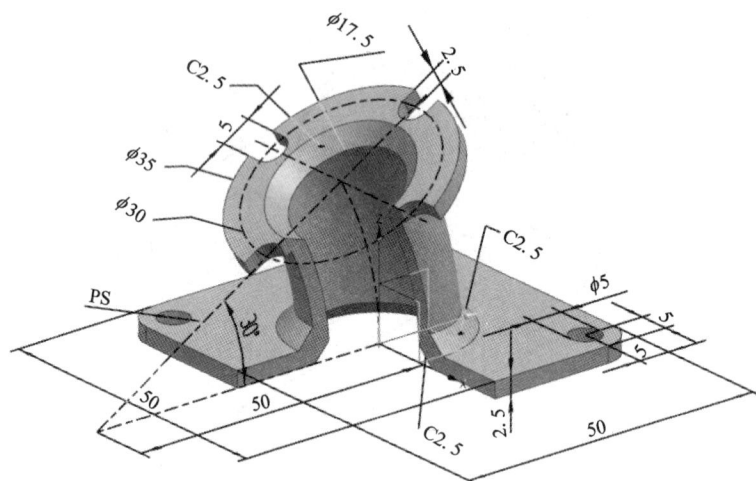

图 2 – 196

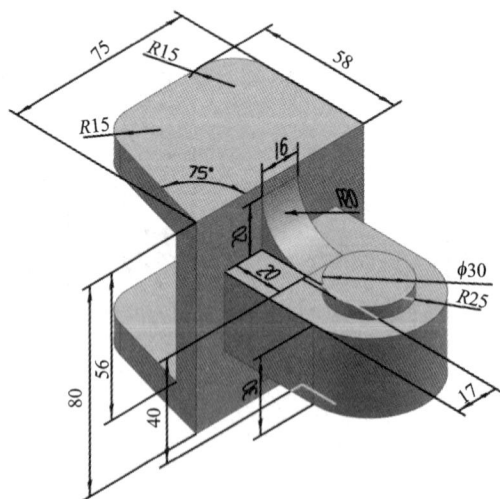

图 2 – 197

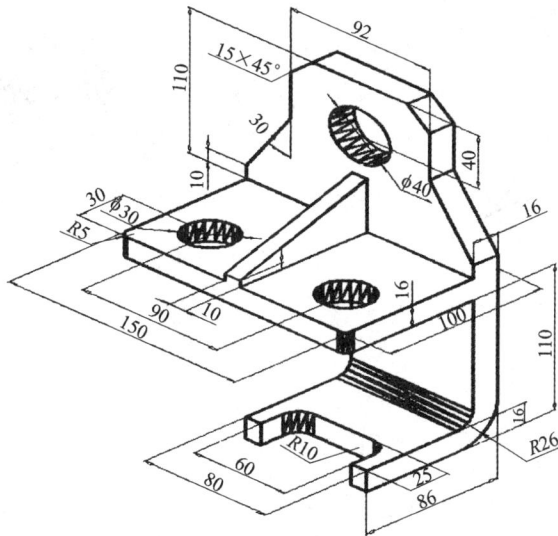

图 2-198

3. 按照图 2-199 给出的尺寸创建图 2-200 曲面造型。

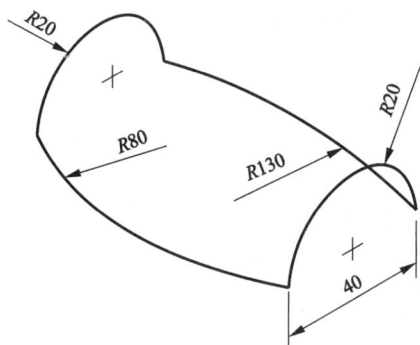

图 2-199

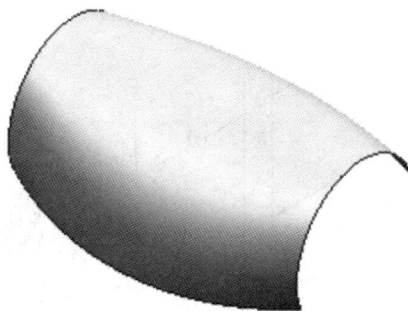

图 2-200

4. 按照图 2-201 给出的尺寸创建如图 2-202 和图 2-203 所示曲面造型。

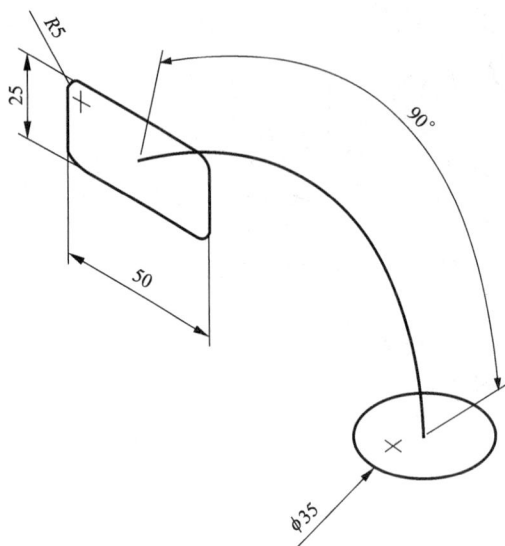

图 2-202

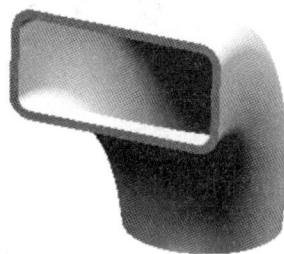

图 2-201

图 2-203

5. 按照图 2-204 给出图纸创建如图 2-205 和图 2-206 所示曲面模型。

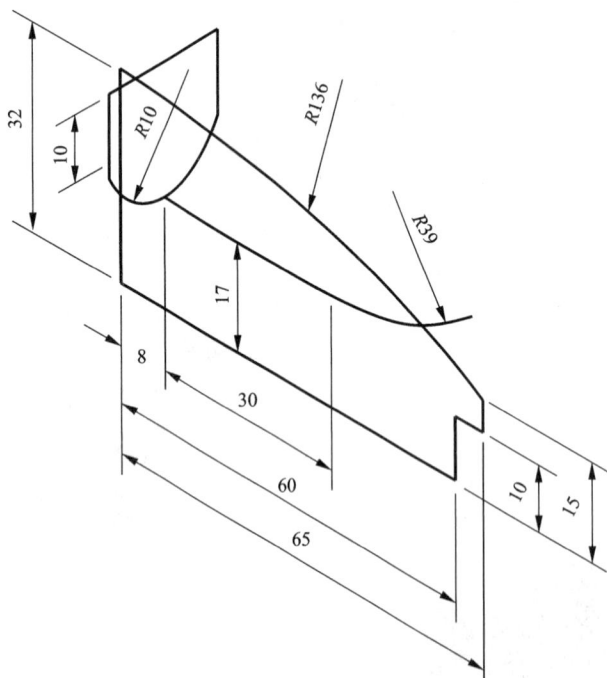

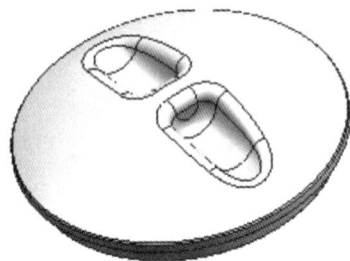

图 2-205

图 2-204

图 2-206

6. 按照图 2 – 207 给出的尺寸图纸创建如图 2 – 208 所示曲面模型。

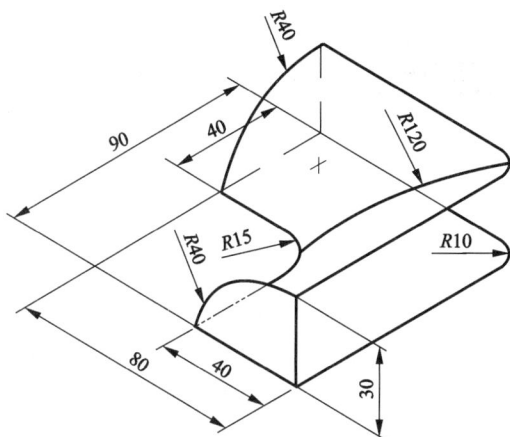

图 2 – 207

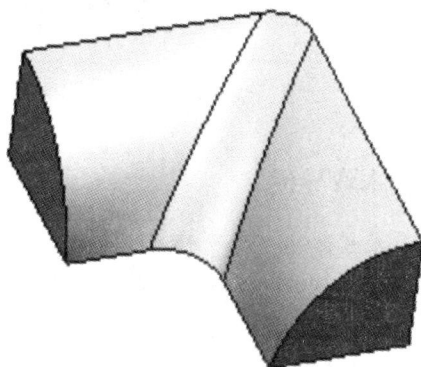

图 2 – 208

7. 按照图 2 – 209、图 2 – 210 给出图纸创建如图 2 – 211 ~ 图 2 – 213 所示曲面模型。

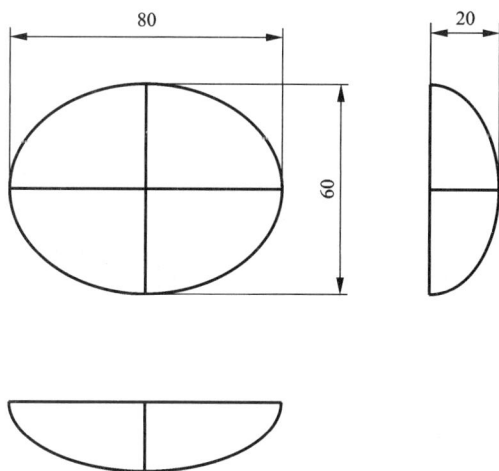

图 2 – 209

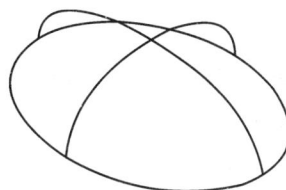

图 2 – 210

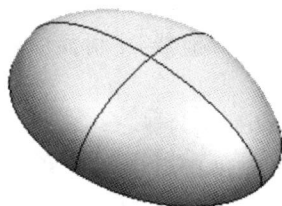

图 2 – 211

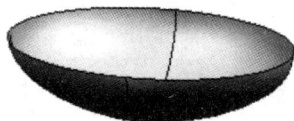

图 2 – 212

图 2 – 213

第3章 产品装配建模

本章导读

本章详细介绍了 UG NX 10.0 软件中装配功能模块的使用。通过本章的学习，了解装配的概念和分类、如何实现零部件的装配、如何管理装配对象、如何生成装配爆炸图和装配工程图等功能应用。应该说用户使用 UG 软件的最终目的都是利用它完成一个复杂机构的设计，所以在应用实体建模功能建立了零部件模型后，需要对其进行装配，这样才能进行后续的仿真和分析优化等功能操作。

本章要点

- 装配概述。
- 装配的约束。
- 装配组件操作功能。
- 装配爆炸图操作。

3.1 装配概述

装配就是把加工好的零件按一定的顺序和技术连接到一起，使其成为一部完整的机械产品，并能够可靠地实现产品设计的功能。装配是机械设计和生产中的重要环节，处于产品制造所需的最后阶段，产品的质量最终通过装配得到检验和保证。因此，装配是决定质量的关键环节。在装配中使用的装配图是制订装配工艺规程、进行装配和检验的技术依据。

下面，在前面章节的基础上，继续介绍如何利用 UG 强大的装配功能将多个部件或零件装配成完整的组件。

3.1.1 装配界面

打开 UG NX 10.0 软件，通过"新建"→"装配"创建装配文件，进入如图 3-1 所示界面。

图 3-1 的界面中包含"部件导航器"与"添加组件"工具栏。"部件导航器"中可显示装配信息。利用"添加组件"工具栏可以添加零部件模型到装配体中。

在开始装配前可以对装配界面进行一些设置，使其更符合自己的使用习惯。

通过"菜单"→"用户界面首选项"→"用户界面环境"来对界面进行设置，如图 3-2 所示。

通过"菜单"→"用户界面首选项"→"编辑背景"来对界面背景颜色进行设置，如图 3-3 所示。对于背景颜色，仅如此设置下次新建文件时会还原。一劳永逸的做法是替换模板。

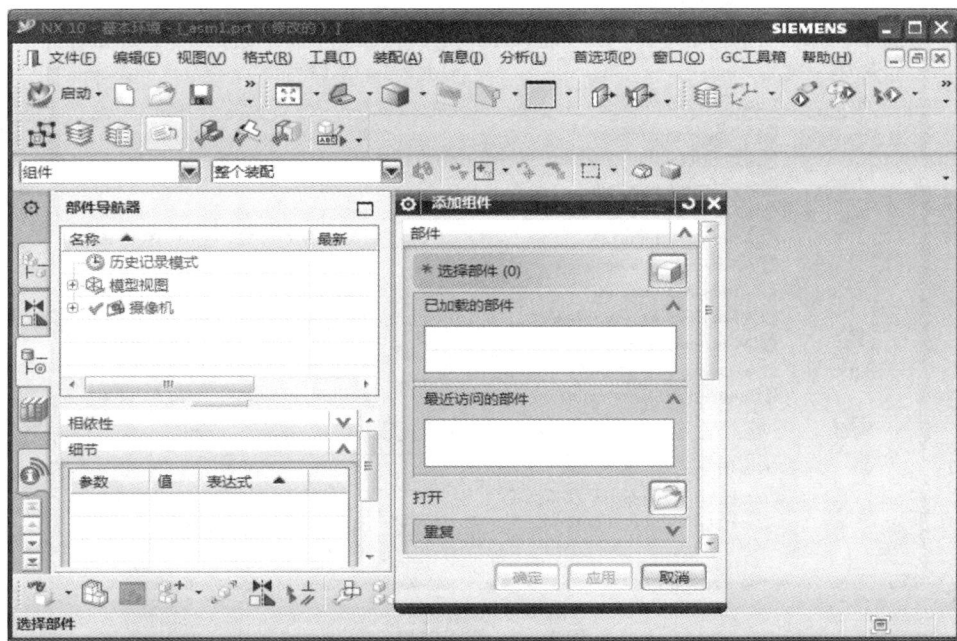

图 3 - 1　基本环境界面

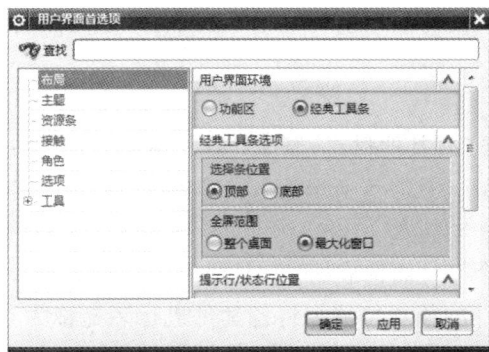

图 3 - 2　用户界面首选项

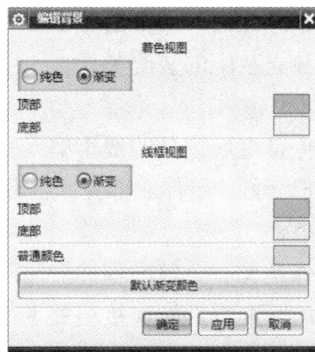

图 3 - 3　编辑背景

模板路径如图 3 - 4 所示。用"另存"的方式分别覆盖模板目录下的"assembly - mm - template"模板文件和"model - plain - 1 - mm - template"模板文件,由于是只读权限,所以要选中后先删除再点"OK"。

模板位置:

D: \ Siemens\NX 10. 0\LOCALIZATION\prc\simpl_chinese\startup

完成替换后通过"菜单"→"用户界面首选项"→"用户界面环境"→"角色"→"加载角色"进行加载。

图3-4　模板路径

3.1.2　机械装配的基本概念

机械装配是根据规定的技术条件和精度,将构成机器的零件结合成组件、部件或产品的工艺过程。任何产品都由若干个零件组成。为保证有效地组织装配,必须将产品分成若干个能进行独立装配的装配单元。

1.零件

零件是组成产品的最小单元,它由整块金属(或其他材料)制成。在机械装配中,一般将零件装成套件、组件或部件,然后再装配成产品。图3-5所示为齿轮零件。

2.套件

套件是在一个基准零件上装配一个或若干个零件而构成的,它是最小的装配单元。套件中唯一的基准零件能连接相关零件和确定各零件的相对位置。将各套件进行装配称为套装。套件的主体因工艺或材料问题分成一个套件,但在以后的装配中作为一个一个零件,不可以拆分。图3-6为摩托车的减震器。

3.部件

部件是将一个基准零件装上若干组件、套件和零件而构成的。部件中唯一的基准零件用来连接各个组件、套件和零件,并决定它们之间的相对位置。

4.组件

为形成组件而进行的装配称为组装。组件中可以没有套件,即只由一个基准零件和若干个零件组成。组件与套件的区别在于其在装配中可以拆分。

5.装配体

在一个基准零件上装配若干部件、组件、套件和零件就成为整个产品。为形成产品而进行的装配称为总装。

图 3 - 5　齿轮

图 3 - 6　减震器

3.1.3　装配术语及其定义

在学习装配操作之前，首先要熟悉 UG 中的一些术语和基本概念。在装配中用到的术语很多，下面介绍在装配中经常用到的一些术语。

1. 装配部件

装配部件是指由零件和子装配构成的组件，在 UG 中可以向任何一个 .prt 文件中添加部件构成装配，因此任何一个 .prt 文件都可以作为装配部件。在学习 UG 软件时，零件和部件不必严格区分。需要注意的是，当存储一个装配部件文件时，各部件的实际几何数据并没有存储在装配部件文件中，而是存储在相应的部件文件或零件文件中。

2. 子装配

子装配是指在高一级被用作组件的装配。子装配也拥有自己的组件。子装配是一个相对的概念，任何一个装配部件可在更高级部件中用作子装配。

3. 组件

组件是指按特定的位置和方向在装配中使用的部件。组件可以是由其他较低级的组件组成的子装配。装配中每个组件仅包含一个指向其主几何体的指针。在修改组件的几何体时，会话中使用相同主几何体的所有其他组件将自动更新。

4. 主模型

主模型是指供 UG 模块共同引用的部件模型。同一主模型，可同时被工程图、装配、加工、机构分析、有限元分析等模块引用。当主模型修改时，相关应用自动更新。

5. 约束条件

约束条件又称配对条件，即一个装配中的定位组件。通常规定在装配中两个组件的相对位置。例如，规定在一个组件的圆柱面应与在另一个组件的圆柱面同轴。

可以使用不同的约束组合完全固定一个组件在装配中的位置。系统默认其中一个组件在装配中的位置是被固定在一个恒定位置中，再对另一个组件进行计算，即得到一个满足规定约束的位置。两个组件之间的关系是相关的，如果移动固定组件的位置，当更新时，与它互为约束关系的组件也会移动。例如，如果约束一个螺栓到螺栓孔，若螺栓孔移动，则螺栓也随之移动。

3.2 装配过程及实例

3.2.1 组件的添加

机械装配是根据规定的技术条件和精度，将构成机器的零件组合成组件、部件或产品的工艺过程。任何产品都由若干个零件组成。我们可通过"菜单"→"装配"→"组件→"添加组件"或者直接在提示行工具条中找到"添加组件"按钮，弹出如图 3 - 7 所示界面。这时我们可以通过"打开"命令选择零件模型进行装配。

3.2.2 装配约束

装配约束是通过定义两个组件之间的约束条件来确定组件在装配体中的位置。在添加零件到装配体中时需要对其位置进行约束，这有些类似于前面所讲的草图约束。当打开新的零件文件时，可以通过"添加组件"任务栏下面的"定位"选项来选择装配约束。单击"确定"则弹出"装配约束"对话框。

"装配约束"对话框的"类型"下拉列表中包括 10 种约束类型，分别为角度约束、中心约束、胶合约束、适合约束、接触对齐约束、同心约束、距离约束、固定约束、平行约束和垂直约束。下面对几种比较常用的约束进行介绍。

1．接触对齐约束

在 UG NX 10.0 软件中，将对齐约束和接触约束合并为一个约束类型，这两个约束方式都 可指定关联类型，使两个同类对象对齐。该约束类型的 4 种约束方式的具体设置方法如下。

（1）首选接触和接触。

选择"接触对齐"约束类型后，系统默认接触方式为"首选接触"方式，首选接触和接触属于相同的约束类型，即指定定位类型为两个同类对象相一致。其中指定两平面对象为参照时，两平面共面且法线方向相反；对于锥体，系统首先检查其角度是否相等，如果相等，则对齐轴线；对于曲面，系统首先检验两个面的内外直径是否相等，如果相等，则对齐两个面的轴线和位置；对于圆柱面，要求相配组件直径相等才能在轴线对齐的条件下使边缘、线和圆柱表面接触。

（2）对齐约束。

使用对齐约束可对齐相关对象。当对齐平面时，两个表面共面并且法线方向相同；当对齐圆柱、圆锥和圆环面等直径相同的轴类实体时，轴线应保持一致；当对齐边缘和线时，两者应共线。

提示：对齐约束与接触约束的不同之处在于：执行对齐约束，对齐圆柱、圆锥和圆环面时，并不要求相关联对象的直径相同。

（3）自动判断中心/轴。

自动判断中心/轴约束方式是指对于选取的两回转体对象，系统将根据选取的参照判断，从而获得接触对齐约束效果。选择约束方式为"自动判断中心/轴"方式后，依次选取两个组件对应参照，即可获得该约束效果。

2. 同心约束

同心约束是指定两个具有同转体特征的对象，使其在同一条轴线位置上。选择约束类型为"同心"，然后选取两对象回转体边界轮廓线，即可获得同心约束效果。

3. 垂直约束

设置垂直约束使两组件的对应参照在矢量方向上垂直。垂直约束是角度约束的一种特殊形式，可单独设置也可以按照角度约束设置。选取两组件的对应轴线和边界线设置垂直约束。

4. 距离约束

该约束类型用于指定两个组件对应参照面之间的最小距离。距离可以是正值也可以是负值，正负号确定相配组件在基础组件的那一侧。

5. 平行约束

在设置组件和部件、组件和组件之间的约束方式时，为定义两个组件保持平行对立的关系，可选取两组件对应参照面，使其面与面平行；为更准确地显示组件间的关系，可定义面与面之间的距离参数，从而显示组件在装配体中的自由度。

设置平行约束使两组件的装配对象的方向矢量彼此平行。该约束方式与对齐约束相似，不同之处在于：平行约束操作使两平面的法矢量同向，但对齐约束操作不仅使两平面法矢量同向，并且能够使两平面位于同一个平面上。

3.2.3　装配实例练习(齿轮泵)

通过前面的建模练习，应掌握如何绘制具体的模型。下面的装配练习便是基于前面所创建的模型来进行的。

1. 创建装配

通过"新建"→"装配"，设置好文件名与保存路径(文件要与装配时所用零件在同一个文件夹)，单击"确定"。这时我们就创建了一个装配文件。接下来通过添加组件依次对齿轮泵进行装配。

在添加组件中单击"打开"按钮，找到装有齿轮泵的文件夹。选择 96base. prt 零件，将"定位"设置为"绝对原点"，如图 3 - 7 所示。点击"确定"。图 3 - 8 为效果图。

2. 添加后厢盖

通过"装配"→"组件"→"添加组件"或者直接在下面的工具条中找到"添加组件"选项，如图 3 - 9 所示。单击"打开"，选择 96back_cover. prt 零件，这里将"定位"设置为"通过约束"，如图 3 - 10 所示。

单击"确定"，出现"装配约束"对话框。可以在下面的"预览"选项中勾选"预览窗口"和"在主窗口中预览组件"，会出现如图 3 - 11 所示的预览窗口，并且主窗口上也会有预览组件生成。通过同心约束命令，选中一对圆心相重合的圆(同心圆)。这里选择零件的螺纹孔。通过任意两对螺纹孔对后箱盖进行定位，即先选中后箱盖上的一个螺纹孔边缘圆弧，并在箱体上找到与其对应的螺纹孔边缘圆弧。再采取同样步骤找到下一对。在这里要注意几个问题：

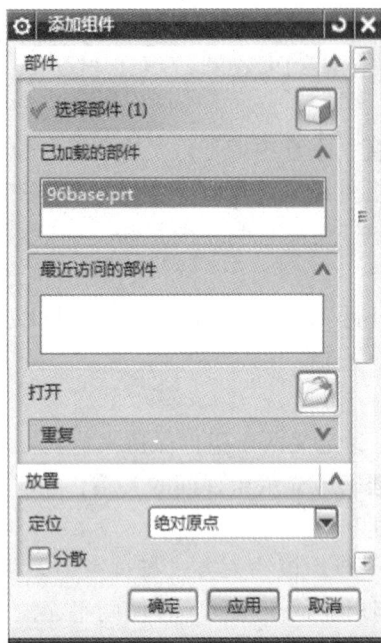

图 3 - 7　"添加组件"对话框

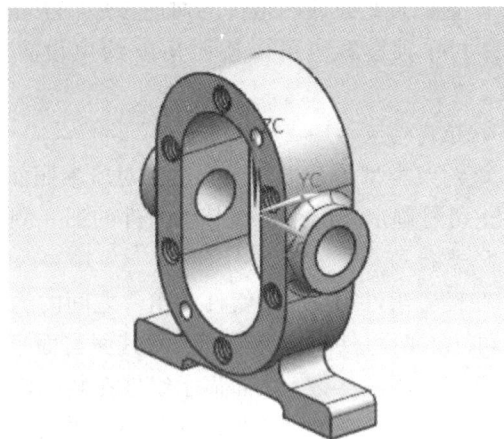

图 3 - 8　效果图

图 3 - 9　"添加组件"对话框

图 3 - 10　"装配约束"对话框

（1）同心约束是让两个零件上的同心圆具有同一轴心，且圆心相互重合。我们在使用同心约束选择特征时一定要注意所选两特征圆弧的圆心必须重合的特点。

（2）装配约束如全部生效时会出现蓝色符号。如果在约束位置处出现红色符号，则说明装配时所定义的约束之间存在冲突。这时我们应该换一种方式进行约束。

（3）注意图中一对定位孔要相互对应，不要反装。

（4）装配的方法是不唯一的，也可以尝试通过其他方法进行约束。

最后结果如图 3－12 所示。

3. 添加齿轮轴 1

使用"添加组件"任务栏添加文件 96gear_shaft1.prt 到装配体中，并在定位选项中找到装配约束。我们在先前的绘制过程中规定了零件的尺寸，如果忘记可以通过测量距离选项（"分析"→"测量距离"）进行测量，经测量齿厚为 24 mm，箱体厚也是 24 mm，所以可以直接运用同心约束对其进行定位，即在齿轮侧面选择一对与箱盖上轴孔轮廓圆弧同心的圆特征进行同心约束。在实际应用中，齿轮表面与箱盖是不能直接接触的，这里不作讨论。

另外，也可以通过"接触对齐"，选择"自动判断中心/轴"来定义一对轴孔（齿轮轴与箱盖上的孔）。然后再通过距离来定义一对平行面间距离完成装配，结果如图 3－13 所示。

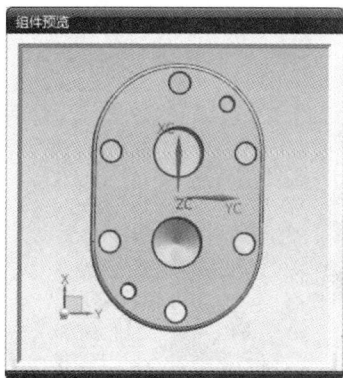

| 图 3－11　"组件预览"窗口 | 图 3－12　效果图 | 图 3－13　添加齿轮轴 1 |

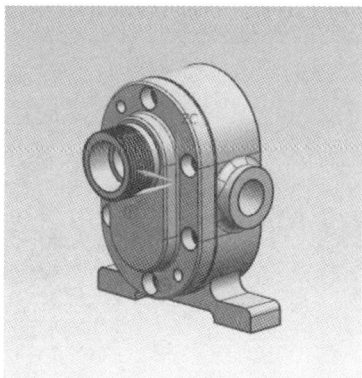

4. 添加齿轮轴 2

齿轮轴 2 的添加同齿轮轴 1 类似，这里不做赘述。

可以尝试用不同的方法进行装配。如零件过大挡住其余零件，导致选不到对应特征，可以在空白处按住鼠标右键向右下方移动，找到"面分析"图标，将鼠标放至上面并松开鼠标。这样可以更好地选择轮廓曲线。装配完成后再次按住鼠标右键向上移动，选择带边着色来进行还原。

当装配好后，两齿轮间可能出现重叠现象，如图 3－14 所示。这时可以在工具栏中找到"装配约束"按钮，点击"装配约束"。选择一对相邻齿面，设置一个首选接触约束，可以使齿面贴合且不出现重叠现象，结果如图 3－15 所示。

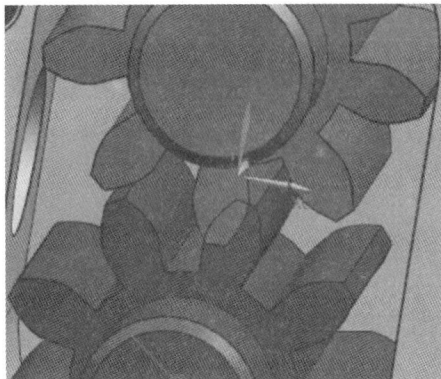

图 3 - 14　齿轮重叠

图 3 - 15　首选接触约束效果

5. 添加前箱盖

前箱盖的添加与后箱盖类似。装配时应注意定位孔方向。

添加文件 96front_cover.prt 到装配体上，设置定位方式为"通过约束"。通过同心约束定义两对螺纹孔，也可以在两个齿轮上各找一对同心圆，与箱盖上的轴孔边缘重合。结果如图 3 - 16、图 3 - 17 所示。

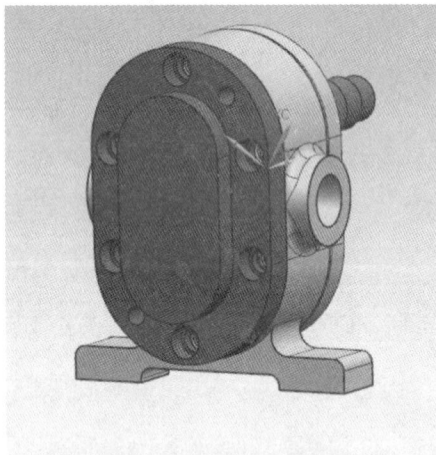

图 3 - 16　添加前箱盖

图 3 - 17　添加前箱盖效果图

6. 添加轴套

在文件夹中找到 96dust_cloak.prt 文件，添加到装配体中。轴套的装配方法有很多，最简单的是定义一对同心约束。找到轴套与箱体共圆心的一对轮廓线，即轴套切面上的轮廓圆与箱体内部与轴套内圈配合的轮廓圆，按照之前的操作设置同心约束，如图 3 - 18 所示。

7. 添加键

键的装配中,"类型"选择"接触对齐"约束,"方位"选择"首选接触"。添加文件96key. prt 到装配体中。

依次定义键的底面、键的一个侧曲面和一个侧平面与轴上键槽之间的关系,这里需要我们完全掌握接触对齐约束的使用方法。效果如图 3 - 19 所示。

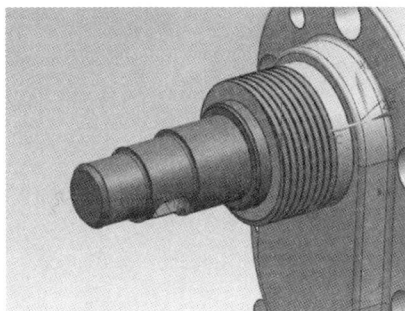

图 3 - 18　添加轴套

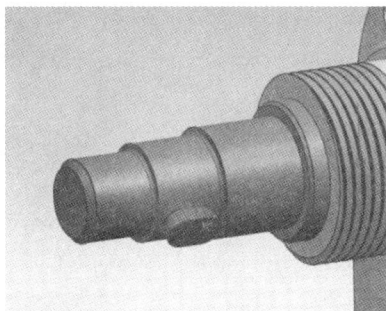

图 3 - 19　添加键

8. 添加齿轮

添加文件 96gear. prt 到装配体中。"定位"方式选择"通过约束"。这时在"类型"中选择"接触对齐","方位"选择"自动判断中心/轴"。依次按如下步骤进行操作:

(1)选择齿轮孔上的曲面与齿轮轴 2 上的曲面,定义一对自动判断中心/轴约束,单击"应用"。

(2)将"方位"改为"接触",选择齿轮侧面和阶梯轴上的与之接触的切平面,单击"应用"。

(3)将"类型"改为"平行",选择齿轮上的键槽上平面,在装配导航器中点击 96gear. prt 将其隐藏,如图 3 - 20 所示。然后选择键的顶面,使二者平行。接着在装配导航器中勾选 96gear. prt 文件,使其显示并通过装配约束中的反向按钮调整方向。最后完成装配。效果如图 3 - 21 所示。

图 3 - 20　隐藏零件

图 3 - 21　添加齿轮

9. 添加螺栓

选择 96sercw. prt 文件,使用同心约束,将其装配成如图 3 – 22 所示。可以通过 Ctrl + W 调出显示与隐藏任务栏,将装配约束隐藏,使模型更清晰可见。

图 3 – 22   最终效果图

通过上面的练习,同学们应能灵活掌握对装配约束的使用。其他未使用到的约束可以自行练习。另外建议大家采用不同的方法重新装配以上组件以巩固练习效果。这里有一些小技巧跟大家分享,同学们在选择装配约束时可以参考:

(1)固定约束同时约束了零件的三个自由度,在进行装配时一定要谨慎使用。因为当对零件或组件设置了固定约束时,就意味着这一部分是不能移动的,这样很有可能造成过约束现象。过约束即约束之间相互冲突。

(2)同心约束、自动判断中心/轴、中心约束可约束零件的两个自由度,应多选择这些类型。在装配时此类约束往往最方便也最不容易出现问题。另外,当轴与轴、轴与孔配合时,可以优先考虑同心约束。

(3)在添加约束时我们应该注意方向。有时候方向错误会导致出现过约束,这时我们需要将错误的装配约束删除掉,并重新进行约束。当使用对齐/锁定约束时,有时正确地进行约束也会出现过约束现象,这时我们要把这个部分最先使用的对齐/锁定约束删除并重新进行约束。当然,也可以使用其他类型的约束代替对齐/锁定约束。

(4)要有良好的装配习惯。如果我们装配的是一个很大的机器,那么应当分清主次关系,且多分几个小单元进行装配。以汽车底盘为例,汽车底盘由传动系、行驶系、转向系和制动系四部分组成。这里要考虑怎样使其装配简单且便于修改。应分模块进行装配,例如先创建一个发动机(制动系)的装配体保存,再分别创建其他各部分的装配体。将以上装配并保存好的文件再次调入新的装配文件中进行装配。这样就会在装配导航器中出现树状结构,后一级为前一级装配的子装配。可以通过双击装配导航器中的模块来对模型进行修改,十分方便。

3.3　爆炸图与装配序列

爆炸图是当今的三维 CAD、CAM 软件中的一项重要功能。如今这项功能不仅用在工业产品的装配使用说明中，而且还越来越广泛地应用到机械制造中，使加工操作人员可以一目了然，而不再像以前一样把装配图看明白要花上半天的时间。

下面以二级齿轮减速器的装配体来制作爆炸图。

3.3.1　爆炸图创建实例

1. 爆炸图的建立

在 UG 主界面中打开一个装配文件，选择命令"开始"→"装配"，打开 UG 装配的主界面，此时界面上会弹出装配工具栏。在"装配"工具栏中点击"爆炸图"按钮，系统会自动打开爆炸图编辑工具栏。在该工具栏中点击"新建爆炸图"按钮，会弹出"新建爆炸图"对话框，要求用户为新建爆炸图命名。输入新的爆炸图的名称后单击"确定"键，即完成了一个新爆炸图的建立，如图 3 - 23 所示。

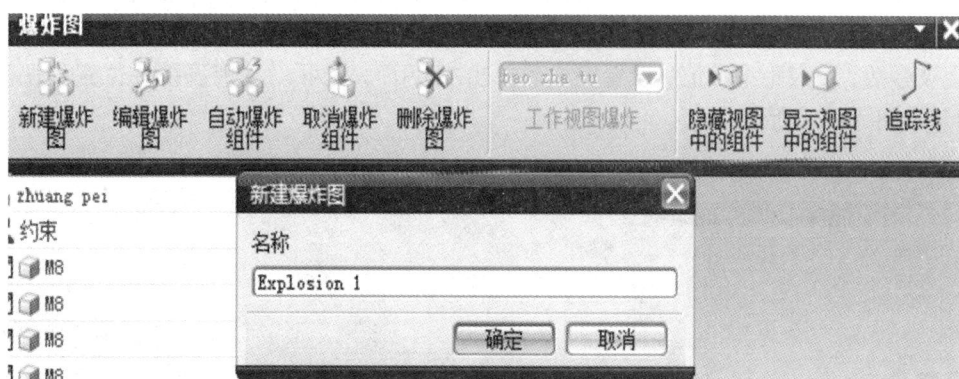

图 3 - 23　"新建爆炸图"对话框

2. 产生爆炸效果

在新创建了一个爆炸图后视图并没有发生什么变化，接下来就必须使组件炸开。UG 装配中组件爆炸的方式为自动爆炸，即基于组件关联条件，沿表面的正交方向自动爆炸组件。选择菜单命令"装配"→"爆炸视图"→"自动爆炸组件"，或者在爆炸图编辑工具栏中点击"自动爆炸组件"，系统将打开一个类选择对话框，在该对话框中点击"全选"按钮选择所有组件，就可对整个装配进行爆炸图的创建。若利用选择球选择则可以连续地选择任意多个组件，实现这些组件的炸开。

完成了组件的选择后将会弹出一个"距离"对话框，用于指定自动爆炸参数，如图 3 - 24 所示。

3. 爆炸效果调整

采用自动爆炸,一般不能得到理想的爆炸效果,通常还需要对爆炸图进行调整。在 UG 装配中选择命令"装配"→"爆炸视图"→"编辑爆炸图",或者在爆炸图编辑工具栏中点击图标"编辑爆炸图"(图 3 – 25)。

图 3 – 24 "自动爆炸组件"对话框

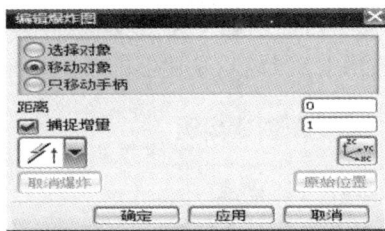

图 3 – 25 "编辑爆炸图"对话框

4. 爆炸距离调整

在"编辑爆炸图"对话框中点击"移动对象"选项,系统将会自动出现坐标系控制手柄,用鼠标选择坐标系控制手柄的 Z 轴方向(要在 Z 轴的箭头位置点选),则对话框中的"距离"对话框会被激活,输入距离数值,设置完成后单击"应用",就可以实现该组件位置的调整,如图 3 – 26、图 3 – 27 所示。

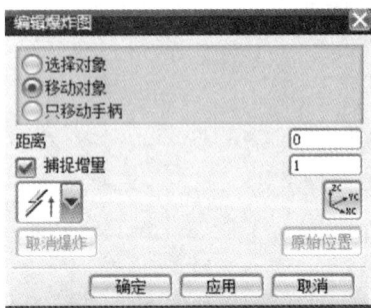

图 3 – 30 爆炸距离调整

图 3 – 31 爆炸距离调整效果

"编辑爆炸图"对话框中各个选项具体说明如下:

(1)选择对象。该选项用于选择要编辑的爆炸组件。

(2)移动对象。该选项用于定义组件爆炸移动的方向和距离。

(3)只移动手柄。该选项用于控制坐标控制手柄的移动。

(4)距离。该选项用于指定爆炸的距离。

3.3.2　编辑爆炸图

1．复位组件

在 UG 装配中选择命令"装配"→"爆炸视图"→"取消爆炸组件"，或者在爆炸图编辑工具栏中点击图标"取消爆炸组件"，选择该图标后系统弹出类选择对话框。选择要复位的组件后，单击"确定"即可使已爆炸的组件回到其原来的位置。

➤ 删除爆炸图：选择命令"装配"→"爆炸视图"→"删除爆炸图"，或者在爆炸图编辑工具栏中点击图标"删除爆炸图"，选择该图标后系统弹出"爆炸图"对话框，其中列出了所有爆炸图的名称，可在列表框中选择要删除的爆炸图，删除已建立的爆炸图，如图 3 – 28 所示。

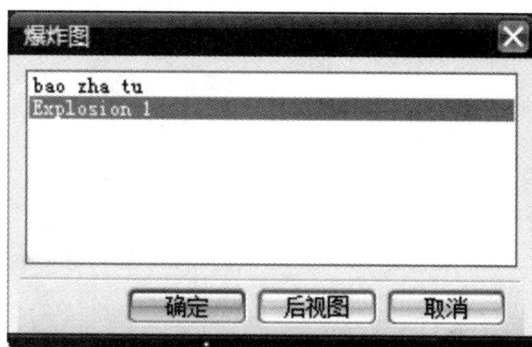

图 3 – 28　"爆炸图"对话框

2．切换爆炸图

在爆炸图编辑工具栏中有一个下拉菜单，其中的选项为用户所创建的和正在编辑的爆炸图。用户可以根据自己的需要，在该下拉菜单中选择要在图形窗口中显示的爆炸图，以进行爆炸图的切换。

3．隐藏组件

隐藏组件是将当前图形窗口中的组件隐藏。

选择命令"装配"→"关联控制"→"隐藏组件"，或者在爆炸图编辑工具栏中点击图标"隐藏视图中的组件"，系统将会打开"选择组件"对话框。选择组件的方法有多种，既可在组件列表框中选择组件，也可通过输入组件名称来选择组件，还可在图形窗口中直接选择组件。选择的组件将以高亮度显示。完成组件选择后，单击"确定"，则所选组件在图形窗口中隐藏。

4．显示组件

显示组件是将已隐藏的组件重新显示在图形窗口中。

选择命令"装配"→"关联控制"→"显示组件"，或者在爆炸图编辑工具栏中点击图标"显示视图中的组件"，系统将会打开"选择组件"对话框。选择组件的方法有多种，既可在组件列表框中选择组件，也可通过输入组件名称来选择组件。完成组件选择后，单击"确定"，则所选组件重新显示在图形窗口中。如果没有组件隐藏，执行此项操作时，会出现信息提示窗口，说明不能进行本项操作。

按照上述操作方法,对位置不合适的组件都进行进一步的调整,直至得出最理想的爆炸效果。

本例为齿轮二级减速器的爆炸图实例,最后得到的结果如图 3 - 29 所示。

图 3 - 29 二级减速器爆炸图

3.3.3 装配序列

除了爆炸图,还可以用动态的装配序列来更直观地表现机器的装配过程。下面介绍一些相应的功能。

单击下拉菜单的"装配"→"序列"选项或者直接点击快捷工具栏中的装配序列按钮(如找不到可在工具栏中单击右键调出),进入图 3 - 30 界面。

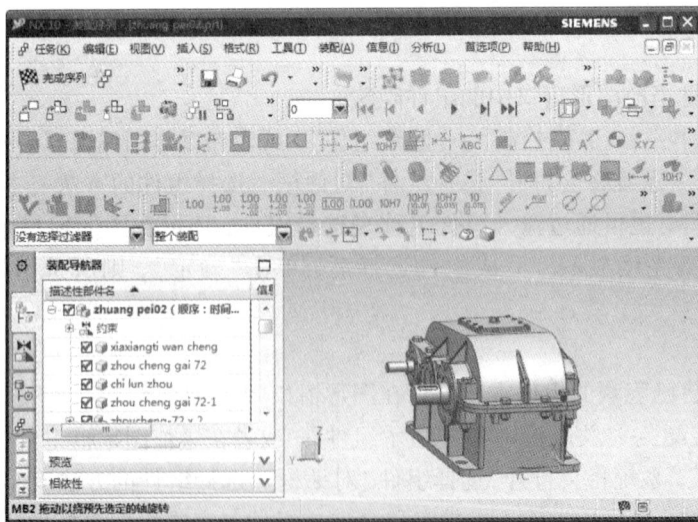

图 3 - 30 装配序列

1. 插入运动

单击下拉菜单"插入"→"运动"或者直接在快捷工具栏中找到插入运动按钮，出现如图 3 - 31 所示任务栏。

图 3 - 31　"录制组件运动"任务栏

任务栏中有许多按钮是不能选择的，为灰色，这时任意选择一个零件就可以激活。选择孔盖零件，这时灰色的按钮被激活。单击移动对象，可以对路径进行设置。这时要注意，零件的拖动路径就是最后装配序列运动的路径。最后点击"√"确定。如图 3 - 32 所示。

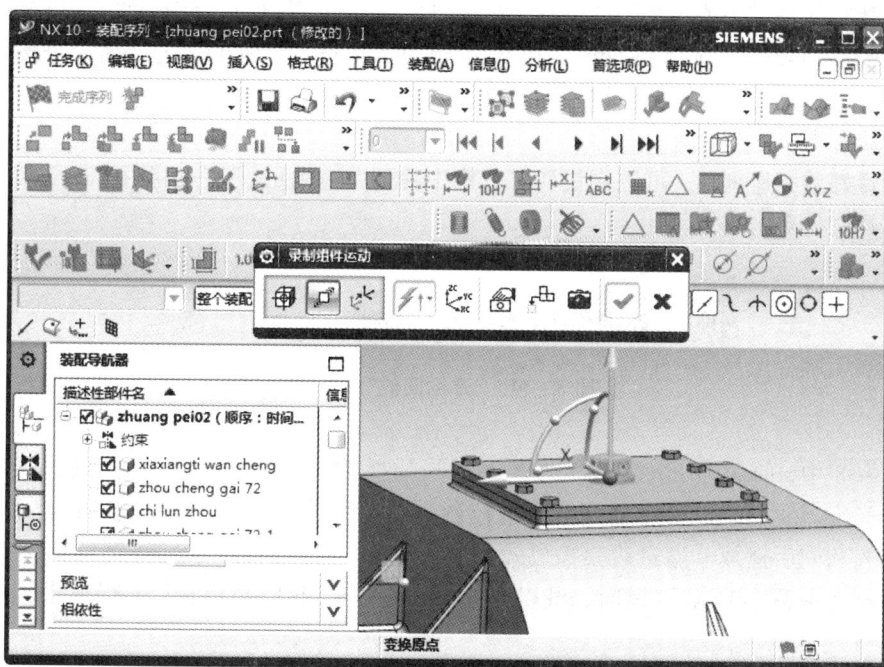

图 3 - 32　建立装配序列运动路径

在设置装配序列时按照装配顺序对零件进行拆分，在导航器中可以找到装配序列的步骤并进行修改，装配的顺序是按照从上到下的顺序进行的，如图 3 - 33 所示。

2. 拆卸零件

如果零件过多且过于密集，可以通过点击图 3 - 32 中的"拆卸"按钮来对零件进行拆卸，使表达更为直观。

图 3 – 33　装配序列导航器

3.摄像机

由于某些零件过小或过大，在设置装配序列时需要将视角拉近或拉远。具体操作步骤为先将视角调整到合适位置，然后点击"摄像机"按钮，再进行后续的拆分。播放是按照序列顺序一步一步进行的，插入摄像机按钮即为记录当前位置。

4.播放与导出电影

在设置好装配序列后，可以在快捷工具栏中找到"序列回放"工具栏（图 3 – 34）。如没有可以在工具栏处单击右键调出。

图 3 – 34　"序列回放"工具栏

图 3 – 38 中，前面的下拉菜单为步数，即当前播放到第几步；后面的下拉菜单为帧数，即装配的速度。我们可以通过调整帧数来控制其装配的快慢。要注意这里的"播放"按钮分为向前播放和向后播放。通过观察播放效果进行修改。

当播放效果符合预期效果时，可以点击"工具"→"导出至电影"进行导出，使其变为动画。

3.4　装配模型的外观造型设计

装配好的模型往往不能给人以逼真的效果，这时，我们需要通过渲染来实现。UG NX 10.0 本身的渲染功能很强大，足够满足我们日常使用的需求。当然，还有许多专业的渲染软件也可供我们选择，以进行更深层次的渲染操作。

下面以齿轮泵为例进行渲染演示。

3.4.1　进入外观造型设计界面

打开 3.2 节装配好的齿轮泵文件，单击"启动"，在里面找到"外观造型设计"选项，点击"进入"，如图 3 – 35 所示。

图 3 – 35　"外观造型设计"界面

在背景处点击右键→"渲染样式"→"着色"去掉边框。

在背景处点击右键→"渲染样式"→"艺术外观"使渲染得以显现。

3.4.2　背景的设置

单击"视图"→"可视化"→"视觉效果"可以进行前景及背景的设置。这里把"背景"改为渐变，"顶部颜色"设为"黑色"，"底部颜色"设为"白色"，单击"确定"，如图 3 – 36、图 3 – 37 所示。

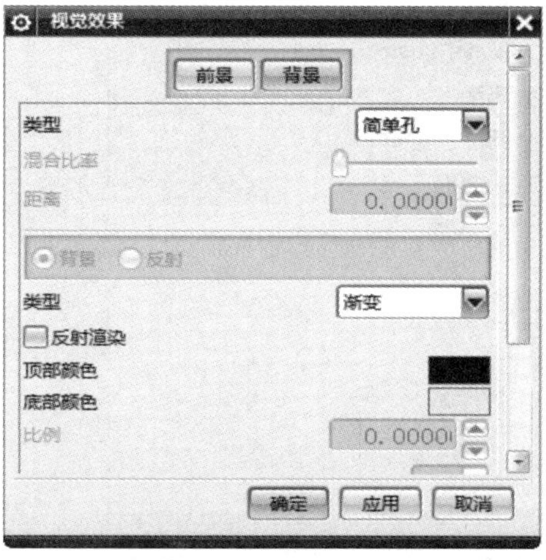

图 3 – 36　视觉效果

图 3 – 37　渐变视觉效果

3.4.3 艺术外观任务的创建

通过点击"视图"→"可视化"→"艺术外观任务"进入界面。第一次打开会弹出如图 3－38、图 3－39 所示对话框。它分别为是否应用默认设置与默认系统场景，我们可根据情况进行选择，这里都可选择"否"。关闭弹出的光线追踪艺术外观图框。

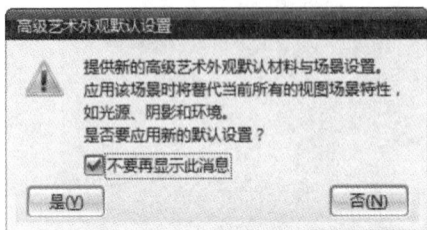

图 3－38　高级艺术外观默认设置

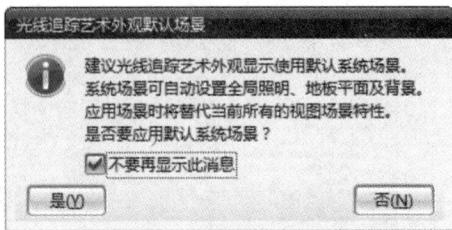

图 3－39　光线追踪艺术外观默认场景

进入界面后能够发现齿轮泵的视觉效果得到了改良，这是因为加入了灯光和材料特征。下面逐一对齿轮泵指派材料。

3.4.4 指派材料

在导航器中找到系统材料按钮(注意：不是快捷栏中的系统材料选项)点击进入。

UG 自带的材料库存储了一些常见的材料种类(图 3－40)。考虑到齿轮泵的材质，打开"金属"材料一栏，在里面找到"铁(Iron)"，通过拖动图标到零件身上。除螺栓外其他零件全部渲染为"铁"。

因为没有找到合适的渲染材料，可以去下载更多的材料存入材料库，这里打开"汽车"材料一栏，选用第一个黑色材料对螺栓进行渲染。渲染的方法依然是拖动图标到螺栓上。

在快捷栏中找到"光亮金属颜色/塑料对象颜色/黏土/塑泥/铬"选项，将其设为"光亮金属颜色"。这样做的目的是使齿轮泵更具金属光泽。

打开快捷栏中的"环境阴影""显示地板反射""显示舞台"。加入阴影、显示反射是为了使其更加

图 3－40　系统材料

真实。

通过点击"艺术外观"→"高级光"进行光线上的调整，这里只需要微调一下强度，使其更为美观即可。

将快捷栏中的渲染方式"完全渲染/改进渲染/预览渲染"改为预览渲染。完全渲染是将所有的渲染效果全部显示；改进渲染只显示一部分，使组件更加美观；预览渲染则是消除很多渲染效果。我们在应用时可视具体情况进行选择。

渲染效果如图 3 - 41 所示。

图 3　41　渲染效果

3.4.5　图片的生成与保存

将齿轮泵调整到合适的角度，通过点击快捷栏中的"光线追踪艺术外观"，进入"光线追踪艺术外观"界面，如图 3 - 42 所示。

图 3 - 42　"光线追踪艺术外观"界面

在"光线追踪艺术外观"界面也可用鼠标滚轮调整位置，当感觉位置合适时，点击启动静态图片生成静态图，生成完成后，通过点击"保存"即可生成高品质的渲染图片。图片经过后期 PS 处理就极为真实了。

保存完图片，我们可关闭"光线追踪艺术外观"界面。点击完成艺术外观即可得到渲染效果。这个渲染效果只在右键点击背景→"渲染样式"→"艺术外观"中显示，点击带边着色则可隐藏。渲染后的组件可在装配序列与运动仿真中显示，效果更为真实。

第 4 章　工程图操作

本章导读

本章详细介绍了 UG NX 10.0 工程图模块中的常用功能。作为传统的 CAD/CAM 软件，工程图模块的功能无疑是一个用户较为关心的问题，因为它与生产加工的环节密切相关。通过本章的学习，我们应该掌握工程图纸的创建、视图操作、尺寸和工程图符号的标注以及工程图中对象的编辑等主要的操作。在平时的应用中，用户还要多注意将工程图模块与实体建模模块结合起来。因为工程图中的模型参数与实体模型参数是相互关联的，用户可以通过修改实体模型参数来更改工程图中的相关参数信息。

本章要点

- 工程图纸的创建。
- 各种视图的创建操作。
- 工程图的标注操作。
- 工程图的编辑操作。

UG NX 10.0 系统提供的工程图应用模块，可以将实体建模后的产品模型转换为二维工程图纸。在该模块中，用户可以创建、修改工程图纸的视图、几何体、尺寸和其他各类制图注释对象等，并且该模块还支持许多国际制图标准。工程图应用模块提供了与在建模模块中创建实体模型完全相关的参数数据，实体模型的任何改变都会立即反映在该模型的二维工程图纸上。例如尺寸和文本注释等，都基于它们所创建的几何形状并与之相关，只要图纸上的几何形状发生变化，由这些几何形状产生的所有尺寸和制图对象也随之相应地改变。用户在工程图模块的主要工作是在设置好投影视图布局之后，完成工程图图纸所需要的其他信息的绘制、标注和说明等。

本章将根据 UG NX 10.0 系统工程图应用模块的操作特点，详细介绍如何创建和管理工程图纸以及各种视图对象，并说明如何对工程图纸进行标注和相关编辑操作。

4.1　工程图的创建与视图操作

4.1.1　工程图的创建

创建工程图的基本步骤为：

(1) 新建图纸，设置图纸格式，进行制图预设置。

(2) 创建一般视图。

（3）根据设计需要，创建其他视图，如投影视图、辅助视图、详细视图、旋转视图以及剖视图等，表达方法可以采用全视图、半视图以及局部视图等。

（4）进行尺寸及其他技术指标的标注。

（5）对工程图进行编辑。

（6）填写明细栏。

提示：可在"首选项"→"视图"中设置"视图首选项"（图4-1）。

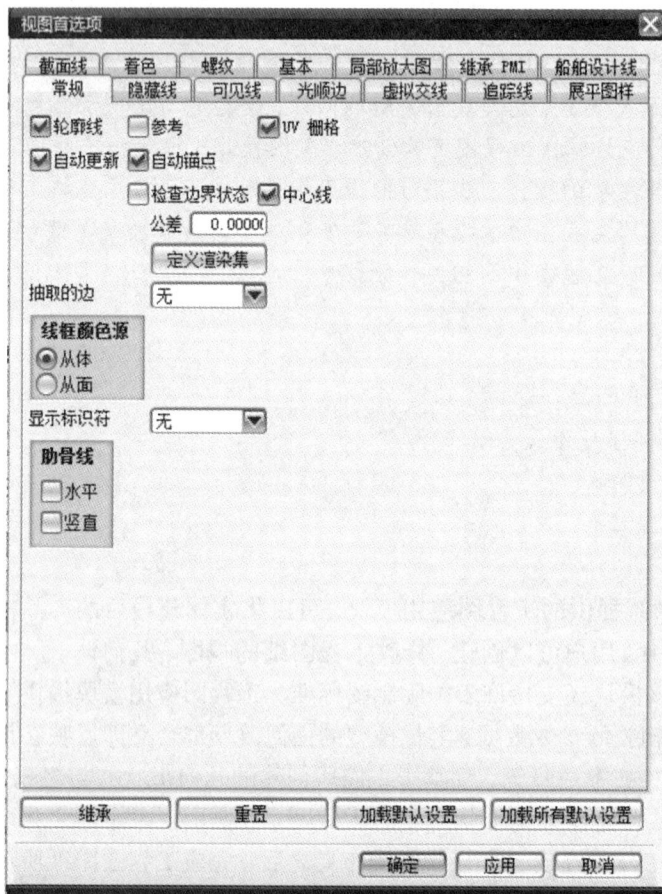

图4-1 "视图首选项"对话框

4.1.2 工程图创建与视图操作实例

创建如图4-2所示的三视图和正等侧视图。

1.新建图纸

（1）单击菜单"开始"→"制图"选项，或者单击工具栏上的图标，进入"制图"模块。

（2）在"纸图页名称"中设定图纸名称（SHT1），在其下拉列表中选择图纸的尺寸（A4）。

（3）在"比例"文本框中设定比例值。

（4）设定图纸单位为毫米。

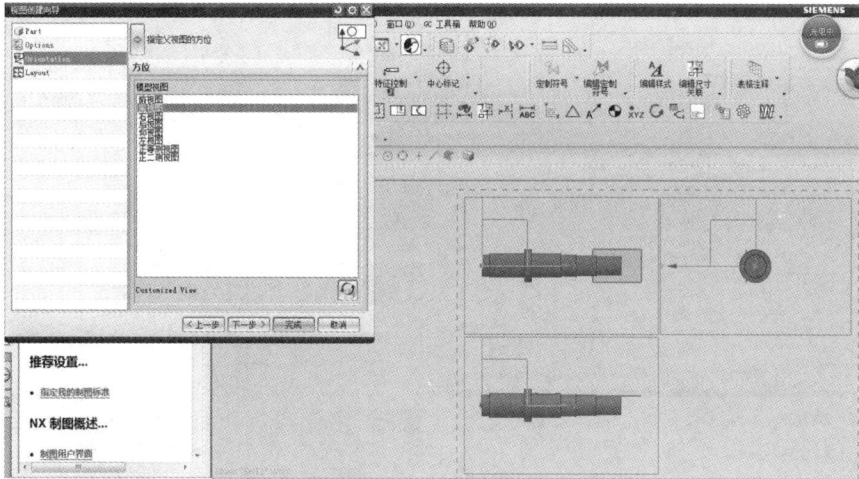

图 4 - 2 创建三视图

（5）设定投影角度为"第一象限角投影"。

（6）单击"确定"。单击"完成"。

2. 创建正等侧视图

（1）点击"视图创建向导"，出现如图 4 - 3 所示对话框。

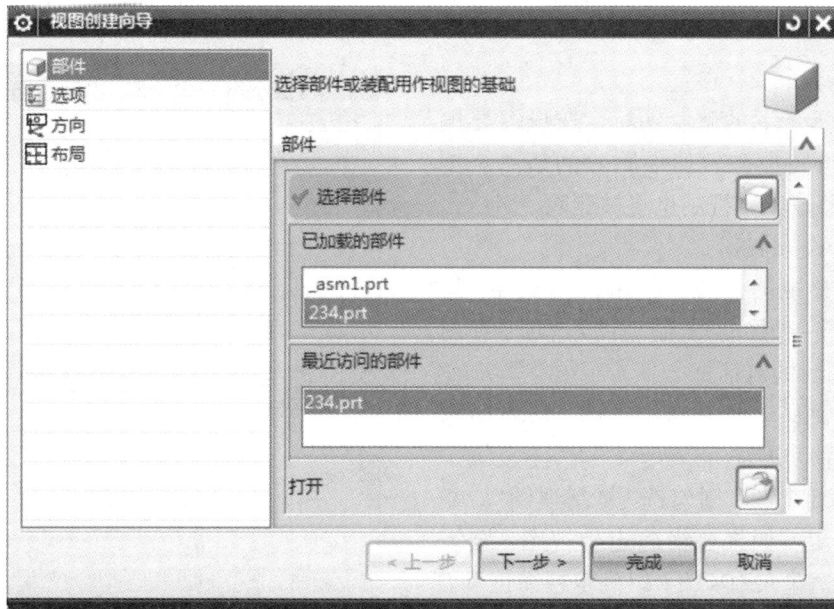

图 4 - 3 "视图创建向导"对话框

（2）在"布局"选项中，除已有的三视图外，选择"正等侧视图"，单击"完成"，即可创建正等侧视图，如图 4 - 4 所示。同理可选择其他需要显示的视图。

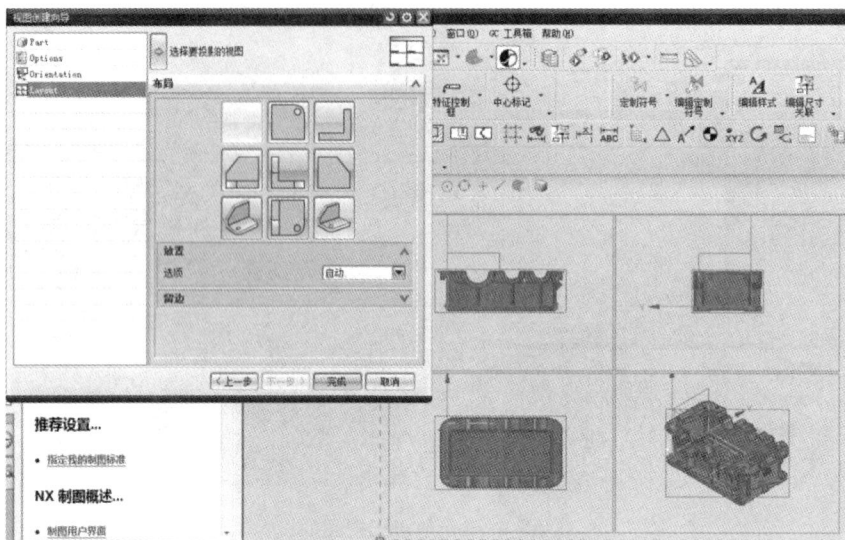

图 4-4　创建正等侧视图

4.2　视图管理

视图生成后，需要调整视图的位置、删除视图、改变视图的参数等，这些内容可归结为视图管理。

1. 删除视图

单击工具条下的删除图标，选择需要删除的视图，即可删除。如果删除的是一个剖视图的父视图，则剖视图也将被删除。

2. 移动/复制视图

用来调整视图位置。单击下拉菜单"编辑"→"视图"→"移动/复制视图"选项，弹出如图 4-5 所示的对话框。

选择需要移动或复制的视图，从对话框中选择一种移动方法。

如果复制视图，则勾选"复制视图"，复制到指定位置。如果要精确定位视图，则需勾选"距离"，输入距离值，以确定视图位置。

3. 编辑视图

编辑视图的功能主要包括修改视图比例、旋转视图、添加视图标号和比例标号等。

单击下拉菜单"编辑"→"属性"选项，弹

图 4-5　"移动/复制视图"对话框

出"类选择"对话框，选择需要编辑名称的视图边界，单击"确定"。弹出如图 4 – 6 所示对话框，在"名称"文本框中输入视图名称，单击"应用"。

　　单击下拉菜单"编辑"→"式样"选项，弹出"类选择"对话框，选择需要编辑的视图边界，单击"确定"。弹出"视图首选项"对话框。如图 4 – 7 所示，设定要编辑的内容和参数，单击"应用"按钮即可。

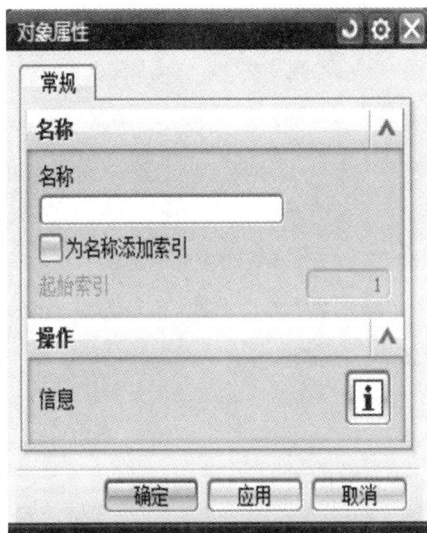

图 4 – 6　对象属性

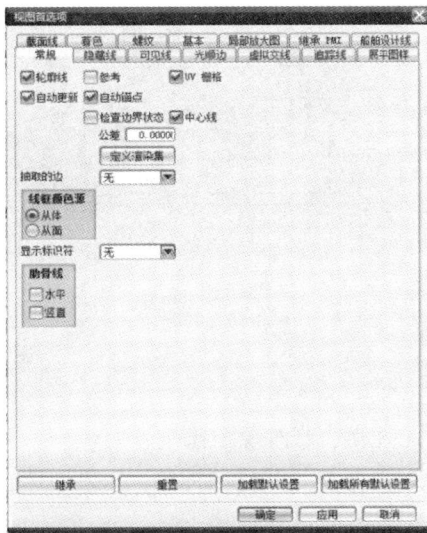

图 4 – 7　视图首选项

编辑视图主要内容及含义如下。

➤ 参考：参考视图仅以视图边框显示视图。勾选"参考"，视图为参考视图，如图 4 – 8 所示。取消勾选"参考"，视图恢复为正常视图。

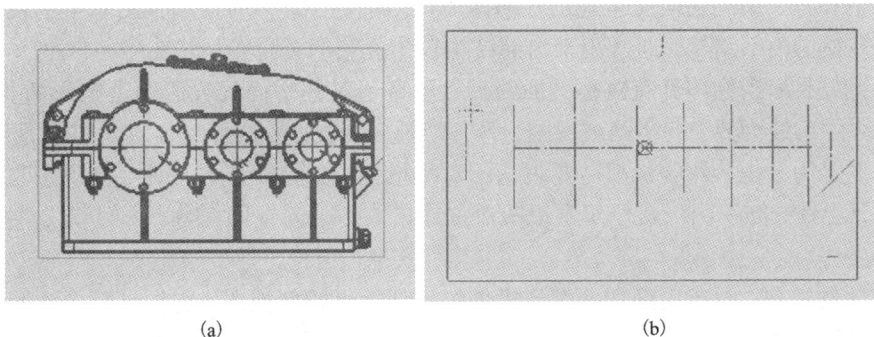

(a)　　　　　　　　　　　　　　　　　(b)

图 4 – 8　参考视图

➤ 角度：即视图旋转角，它只能相对制图空间进行平面内的旋转，如图 4 – 9 所示，视图（b）为将视图（a）旋转 –45°得到的视图。

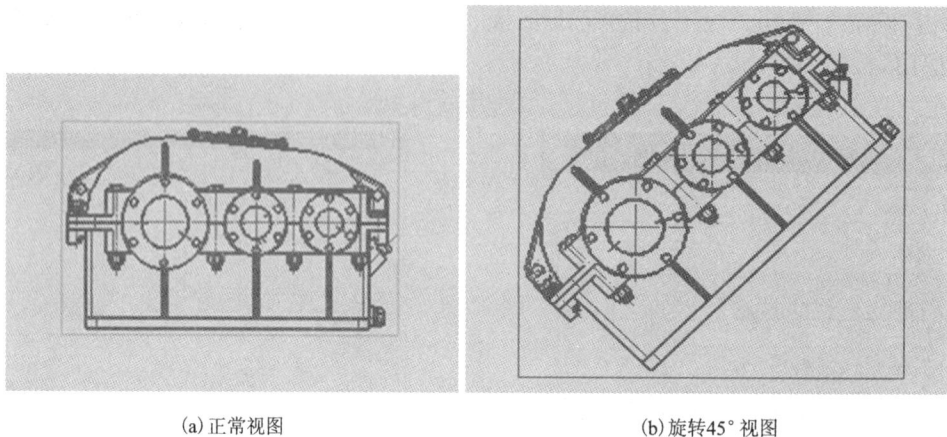

(a)正常视图　　　　　　　　　　　　　(b)旋转45°视图

图 4 – 9　视图旋转

➤ 比例：修改视图比例。
➤ 视图符号和比例标签：如果勾选，则在视图中显示视图符号和比例标记。

4.3　剖视图

剖视图是假想用一剖切面（平面或曲面）剖开机件，将处在观察者和剖切面之间的部分移去，而将其余部分向投影面上投影。它主要用于表达机件内部的结构形状。如图 4 – 10 ～图 4 – 13 所示。

按剖切范围的大小，剖视图可分为全剖视图、半剖视图和局部剖视图三种。

➤ 全剖视图：用剖切面完全地剖开物体所得的剖视图，称为全剖视图。全剖视图是为了表达机件完整的内部结构，通常用于内部结构较为复杂的场合。

➤ 半剖视图：当物体具有对称平面时，向垂直于对称平面的投影面上投影所得的图形，可以以对称中心线为界，一半画成视图，另一半画成剖视图，这种组合的图形称为半剖视图。半剖视图主要用于内、外形状都需要表达的对称机件。绘制半剖视图时，剖视图与视图应以点画线为分界线，剖视图一般位于主视图对称线的右方、俯视图对称线的下方、左视图对称线的右方。

➤ 局部剖视图：假想用剖切面剖开机件的局部所得的剖视图，称为局部剖视图。局部剖视图主要用于表达机件的部分内部结构或不宜采用全剖视图或半剖视图的地方（孔、槽等）。局部剖视图中被剖部分与未剖部分的分界线用波浪线表示。

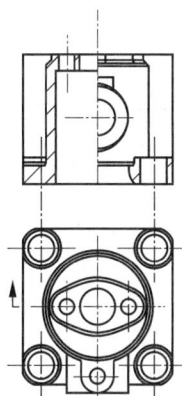

图 4 – 10　局部剖视图

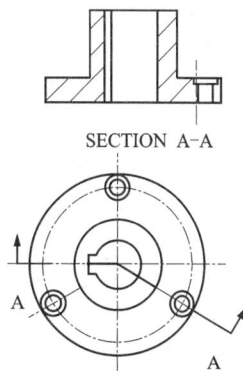

图 4 – 11　折叠的剖视图

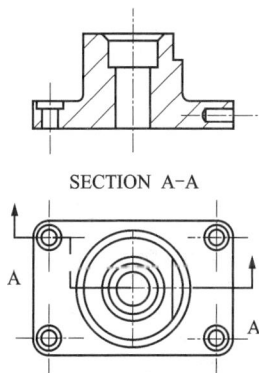

图 4 – 12　旋转剖视图

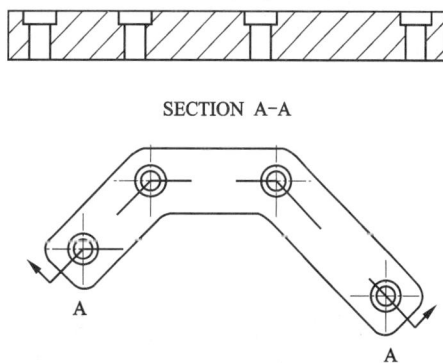

图 4 – 13　展开剖视图

4.3.1　剖视图创建实例

由已有的图 4 – 14 父视图创建简单剖视图，其操作步骤如下。

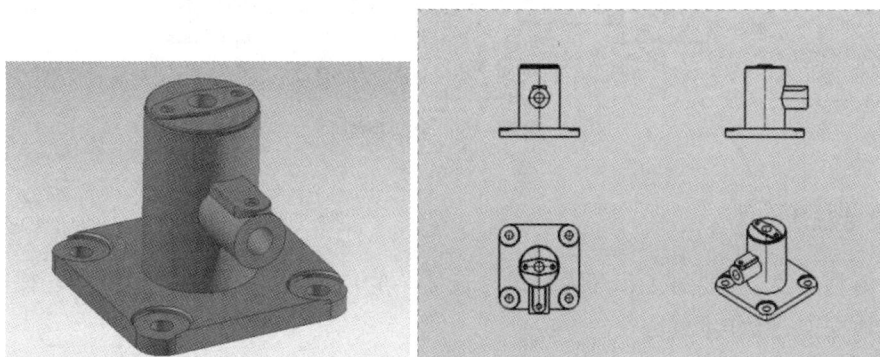

图 4 – 14　创建简单剖视图

（1）单击剖视图，选择需要剖切的截面。点击要剖切的图纸，鼠标变为一条剖切线。这时选择剖切线的位置，单击鼠标左键，变为如图 4 - 15 所示。

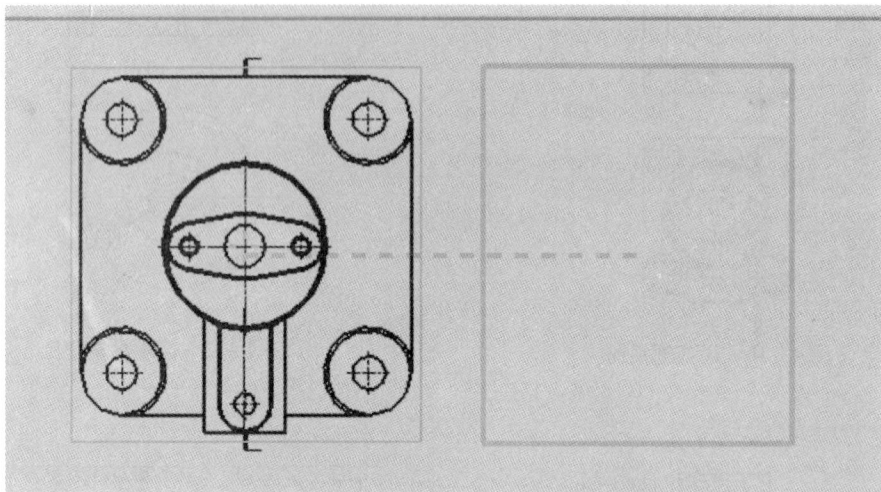

图 4 - 15 选择剖切面

（2）选定位置，点击鼠标，则在橙色方框内生成对应的全剖视图，如图 4 - 16 所示。

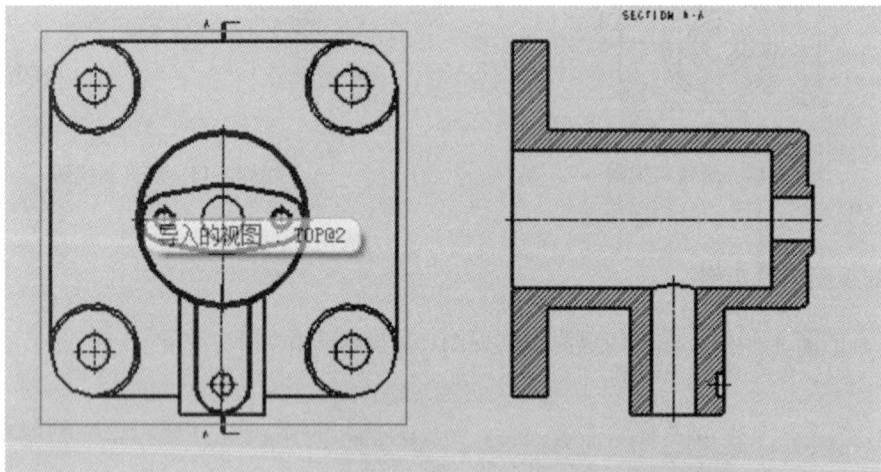

图 4 - 16 全剖视图

4.3.2 尺寸标注

工程图创建后，需要对工程图进行尺寸标注，在 UG NX 10.0 软件中标注和修改统一在相同的对话框中，操作十分方便。

单击下拉菜单"插入"→"尺寸"选项，弹出"尺寸"菜单，在菜单中选择相应选项或在工具条中单击图标，可以在视图中标注对象的尺寸。尺寸标注具体方法如下所述。

（1）"自动推断"：系统根据所选对象的类型和鼠标位置自动判断生产尺寸标注。可选对象包括点、直线、圆弧、椭圆弧等。

（2）"水平"：选择该选项后，界面窗口下方出现捕捉点工具条。利用该工具条在视图中选择定义尺寸的参考点。选择好参考点后，移动光标到合适位置，单击"确定"按钮，就可以在所选的两个点之间建立水平尺寸标注。

（3）"竖直"：选择该选项后，界面窗口下方出现捕捉点工具条，利用该工具条在视图中选择定义尺寸的参考点。选择好参考点后，移动光标到合适位置，单击"确定"按钮，就可以在所选的两个点之间建立竖直尺寸标注。

（4）"平行"：选择该选项后，界面窗口下方出现捕捉点工具条，利用该工具条在视图中选择定义尺寸的参考点。选择好参考点后，移动光标到合适位置，单击"确定"按钮，就可以建立尺寸标注平行于所选的两个参考点的连线。

（5）"垂直"：选择该选项后，首先选择一个线性的参考对象，线性参考对象可以是存在的直线、线性中心线、对称线或者是圆柱中心线。然后利用捕捉点工具条在视图中选择定义尺寸的参考点，移动鼠标到合适位置，单击"确定"按钮，就可以建立尺寸标注。建立的尺寸为参考点和线性参考之间的垂直距离。

（6）"倒斜角"：该选项用于定义倒角尺寸，但是该选项只能用于 45°的倒角。在尺寸属性栏中可以设置倒角标注的文字、指引线等的类型。

（7）"角度"：该选项用于标注两个不平行的线性对象间的角度尺寸。

（8）"圆柱形"：该选项以所选两个对象或点之间的距离建立圆柱形的尺寸标注。系统自动将系统默认的直径符号添加到所建立的尺寸标注上，在尺寸中可以自定义直径符号和它与尺寸文本的相对关系。

（9）"孔"：该选项用于标注视图中孔的尺寸。在视图中选取圆弧特征，系统自动建立尺寸标注，并且自动添加直径符号，所建立的标注只有一条引线和一个箭头。

（10）"直径"：该选项用于标注视图中的圆弧或圆。在视图中选取圆弧或圆后，系统自动建立尺寸标注，并且自动添加直径符号，所建立的标注有两个方向相反的箭头。

（11）"半径"：该选项用于建立半径尺寸标注，所建立的尺寸标注包括一条引线和一个箭头，并且箭头从标注文本指向所选的圆弧。系统还会在所建立的标注中自动添加半径符号。

（12）"过圆心的半径"：该选项也是用于建立半径尺寸标注，与"半径"方法基本相同，不同的是，该方法自动从圆心到圆弧添加一条延长线。

（13）"折叠半径"：该选项用于建立大半径圆弧的尺寸标注。首先选择要建立尺寸标注的圆弧，然后选择偏置中心点和折线弯曲位置，移动光标到合适位置，单击鼠标左键建立带折线的尺寸标注。系统也会在标注中自动添加半径符号。

（14）"厚度"：该选项用于建立两条相似曲线的尺寸标注。选择该选项后，在图纸中选取两条相似曲线，选取后移动光标到合适位置，单击鼠标左键，系统标注出所选两条相似曲线的距离。

（15）⌒ "圆弧长"：该选项用于建立所选弧长的长度尺寸标注，系统自动在标注中添加弧长符号。

（16）﹏ "水平链"：该选项用于建立一串首尾相接的水平尺寸标注。选择该选项后，系统下方出现捕捉点工具条，利用该工具条在视图中选择定义尺寸的多个参考点，选择好后，系统自动在相邻的参考点之间建立水平方向的尺寸标注，移动光标到合适位置，单击"确定"按钮，建立水平链尺寸标注。

（17）弓 "垂直链"：该选项与"水平链"尺寸标注方法类似，不同的是该选项建立的是竖直方向的尺寸标注。

（18）﹏ "水平基线"：该选项用于建立一串具有相同基准的水平尺寸标注，选取的第一个参考点为公共基准。

（19）﹏ "垂直基线"：该选项用于建立一串具有相同基准的垂直尺寸标注，选取的第一个参考点为公共基准。

4.3.3　符号标注

在工程图中除了视图和尺寸标注外，还有其他一些标注符号，如中心线、表面粗糙度、形位公差、注释等与视图相关的内容需要进行标注。

1. 中心线

单击图标⬚或单击下拉菜单"插入"→"中心线选项"。

⊕ "线性中心线"：适合画同一直线上分布的中心线。如图 4-17（a）所示。注意：孔的圆心必须共线。如果若干个孔中有的不在同一线上，系统就不在该孔上标注。

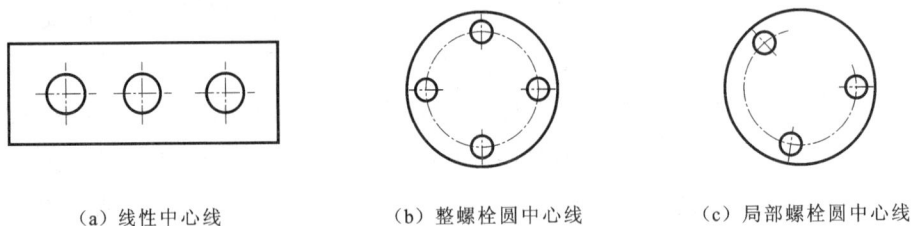

（a）线性中心线　　　　　（b）整螺栓圆中心线　　　　　（c）局部螺栓圆中心线

图 4-17　线性中心线

⬚ "整螺栓圆中心线"：适合圆周阵列分布的孔，依次选择要标注的小圆，中心线过点或弧的圆心。如图 4-17（b）所示。

⬚ "局部螺栓圆中心线"：适合圆周阵列分布的孔，绘制部分圆中心线，中心线过点或弧的圆心，标注按照选择小圆的顺序，以逆时针方向形成弧形中心线，并且至少选择 3 点。如图 4-17（c）所示

2. 表面粗糙度

表面粗糙度类型和字符定义：有 9 种粗糙度符号，其中 ✓ 和 ✓ 是国标中最常用的。选择

类型后，输入表面粗糙度值。一般仅标注 a2 位置的表面粗糙度值。

"相关标注"：表面粗糙度符号与模型和尺寸相关，它们可以放置在边的延伸线上、零件的边上、尺寸上。

"非相关标注"：表面粗糙度符号可以放在屏幕上的任何位置，放置位置可以在点上或在指引线上。只要给出放置点，指定符号的方向为水平或垂直即可。

"表面粗糙度符号的修改"：单击下拉菜单"插入"→"注释"→"表面粗糙度"，选择要修改的粗糙度符号，重新进行设置。

点击菜单"插入"→"注释"→"表面粗糙度符号"选项，弹出如图 4-18 所示对话框。

4.3.4　工程图其他操作

1. 文本标注

文本包括汉字和其他字符。文本编辑器的功能与 Windows 的文本编辑器(Word)功能类似。用户要生成一段文本标注，一般执行如下步骤：

(1)单击下拉菜单"编辑"→"注释"→"文本"选项，弹出"文本"对话框如图 4-19 所示。

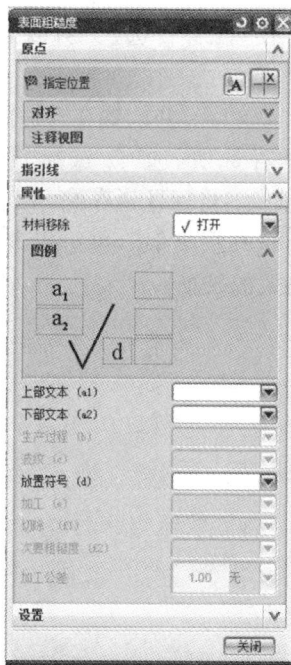

图 4-18　"表面粗糙度"对话框

图 4-19　"文本"对话框

(2)进行文字式样设置。

(3)在文本编辑框中输入文字。

(4)移动鼠标确定文本位置，完成标注。

2. 创建及调用工程图样

图纸可以做成模板，作为资源使用，放在右侧的资源条中，使用起来很方便。用户可以直接定义边框和标题栏。它们的制作、存储及调用方法如下。

(1)绘制边框和标题栏：单击下拉菜单"插入"→"曲线"选项，用直线绘制边框和标题栏。如图4-20所示。

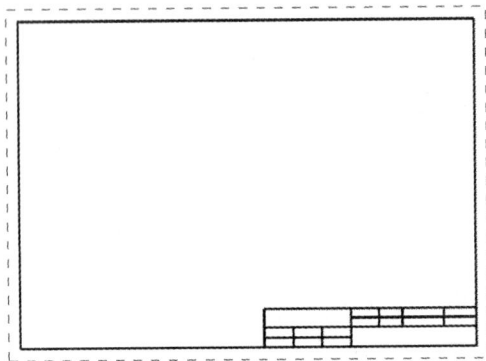

图4-20　绘制边框和标题栏

(2)输入文字：单击下拉菜单"首选项"→"注释"，在"注释首选项"对话框中对文字进行设置，单击"确定"。

单击下拉菜单"编辑"→"文本"选项，在文本框中输入文字，并放置在合适的位置上。

(3)存储文件：单击下拉菜单"文件"→"选项"→"保存选项"选项，选择"仅图样数据"，单击"确定"完成设置；单击下拉菜单"文件"→"保存"选项，将标题栏存储，以备后用，关闭文件。其他图幅(A0、A1、A2 等)的边框和标题栏的制作方法类似。也可以通过"文件"→"导出"→"PDF(或 AutoCAD DXF/DWG)"来进行图纸格式的转换。

第 5 章　运动仿真

本章导读

运动仿真是 UG NX/CAE(computer aided engineering)模块中的主要部分,它能对任何二维或三维机构进行复杂的运动学分析、动力分析和设计仿真。通过 UG NX/Modeling 的功能建立一个三维实体模型,利用 UG NX/Motion 给三维实体模型的各个部件赋予一定的运动学特性,再在各个部件之间设立一定的连接关系,即可建立一个运动仿真模型。

UG NX/Motion 的功能可以对运动机构进行大量的装配分析工作和运动合理性分析工作,诸如干涉检查、轨迹包络等,从而得到大量运动机构的运动参数。通过对这个运动仿真模型进行运动学或动力学运动分析就可以验证该运动机构设计的合理性,并且可以利用图形输出各个部件的位移、坐标、加速度、速度和力的变化情况,从而对运动机构进行优化。

本章要点

- 运动仿真的工作界面。
- 运动模型的创建。
- 运动参数的设置。
- 运动分析结果的数据输出。

5.1　运动分析模块介绍

运动分析模块是 UG NX 10.0/CAE 模块中的主要部分,用于建立运动机构模型,分析其运动规律。通过 UG NX 10.0/Modeling 的功能建立一个三维实体模型,利用 UG NX 10.0/Motion 的功能给三维实体模型的各个部件赋予一定的运动学特性,然后在各个部件之间设立一定的连接关系,即可建立一个运动仿真模型。如图 5-1 所示。

UG NX 10.0/Motion 模块可以进行机构的干涉分析,跟踪零件的运动轨迹,分析机构中零件的速度、加速度、作用力、反作用力和力矩等。运动分析模块的分析结果可以指导修改零件的结构设计(加长或缩短构件的力臂长度、修改凸轮型线、调整齿轮比等)或调整零件的材料(减轻或加重或增加硬度等)。更改的设计可以反映在装配主模型的复制品分析方案中,再经重新分析。一旦确定优化的设计方案,更改的设计就可反映在装配主模型中。

传统机械设计总是先制订设计方案,再采用理论力学的方法计算其运动学或者动力学特性,最后进行优化、强度分析及结构设计等。这个过程单就运动学或者动力学特性分析而言,要经过大量的理论分析及计算。采用三维软件进行运动学及动力学参数分析的计算机辅助方法,借助于 UG NX 10.0 的 Motion 功能,能够有效地分析机构运动过程中的运动特性和

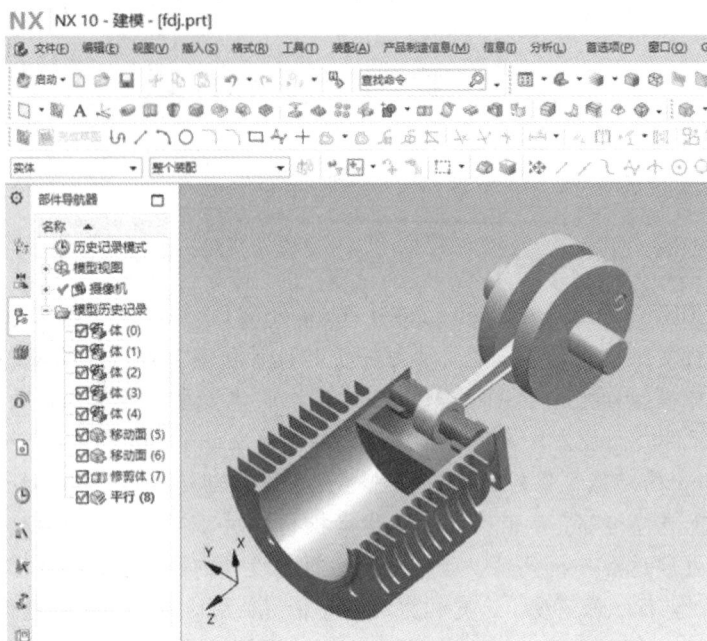

图 5-1   三维实体模型

规律。这使得机械设计工程师从复杂的理论计算中解放出来，将更多的精力放在优化设计及结构设计上，因此具有很高的使用价值。另外，通过三维软件仿真分析，可以得出准确的理论数据和曲线，给予我们做结构设计及优化设计的理论基础和条件。

所以，运动仿真模块是 UG NX 10.0 软件中很重要的一部分。下面，我们从如何创建连杆与运动副开始，逐步进行运动仿真的学习。

5.2   运动仿真的实现

在 UG NX 10.0 中，实现运动仿真功能需要依次进行如下三项操作：

（1）连杆的创建。

（2）创建两个连杆间的运动副。

（3）定义运动驱动。

值得注意的是，我们在进入仿真模块时，会出现如图 5-2 所示对话框。可以看出，在"分析类型"中出现了"运动学"与"动力学"选项，这里简单说下两者的区别。

运动学仿真包括位置、速度和加速度仿真，而动力学仿真是加入驱动力和反馈力后的仿真。运动学分析的是机械构件之间的运动

图 5-2   "环境"对话框

轨迹在受外力时所产生的变化,一般分析速度、力、力矩等宏观力,运动学考虑的是结构在正常工况下有没有干涉运动,它和质量、外力没有关系,外力不会影响系统的自由度。动力学分析的是机械构件之间相互作用所引起的动力学变化,一般分析应力、变形、震动等;动力学关心的是这些结构在受到载荷时的强度、刚度及稳定性。

在实际应用中要根据实际情况进行选择,通常情况下机械产品所选用的是动力学仿真。

5.2.1　进入运动仿真界面

以 3.2 节绘制的齿轮泵作为示例,对运动仿真功能进行认识操作。

打开齿轮泵装配文件,此时,所处的界面为建模界面,需要点击工具栏上的"启动"按钮进行切换。

在"启动"菜单中点击"运动仿真"选项,如图 5-3 所示。

图 5-3　"运动仿真"命令

进入"仿真"界面后,注意到界面左边的运动导航器。此时找到自己所绘制的齿轮泵模型名称,右键点击运动导航器中的模型,选择"新建仿真"。这时会出现如图 5-4 所示对话框,选择"动力学仿真"。

单击"确定",弹出如图 5-5 所示对话框。"配对条件/约束映射至运动副"命令是系统根据判断自动将一些组件进行组合成为连杆,因为后面要自行设置连杆,故这里直接点击"取消"。这样,就创建了一个运动仿真的文件。

图 5 - 4   "运动导航器"对话框

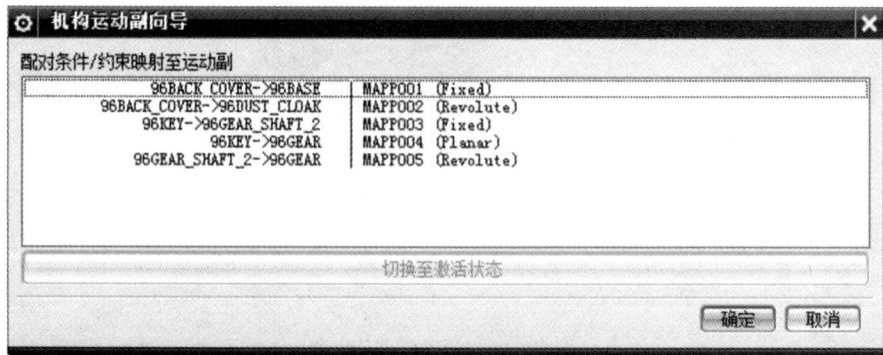

图 5 - 5   "机构运动副向导"对话框

5.2.2   连杆的建立

连杆是机构中分别与主动构件、从动构件铰接以传递运动和力的杆件。

在 UG NX 10.0 中，连杆的创建十分便捷。通常情况下，可以直接在工具栏中找到"连杆"选项，进而点击进入"连杆"对话框。也可在"插入"→"链接（连杆）"中找到相应命令（图5 - 6）。

进入"连杆"对话框后，我们先创建一个固定连杆。顾名思义，固定连杆就是起到固定作用的连杆，通常是与地面连接或者起到支撑作用的组件。这里我们选择整个齿轮泵的箱体组件与螺栓、垫圈为固定连杆。固定连杆的选择很重要，但并不是每个运动仿真都需要设置固

图 5－6　"链接"命令

定连杆。

　　因为建立多个固定连杆的操作烦琐，而目的只是表达齿轮泵的工作原理，所以只需要将以上组件设置为一个固定连杆即可，如图 5－7 所示。勾选"固定连杆"选项，然后选择箱体、前箱盖、后箱盖、螺栓、垫圈作为第一根连杆(连杆 1)，单击应用。如图 5－8 所示。

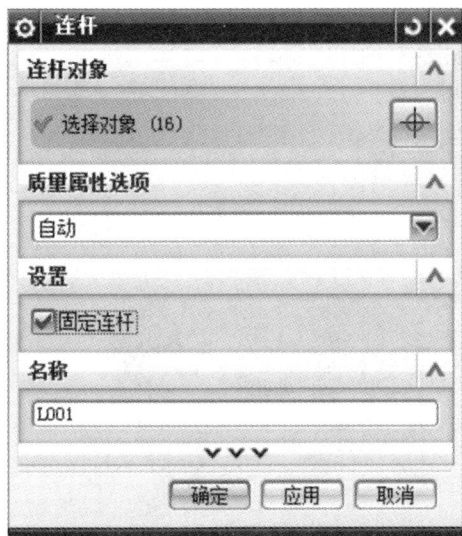

图 5－7　"连杆"对话框

图 5－8　设置第一根连杆

　　设置好固定连杆后，为了方便设置其余连杆，可先将箱体隐藏。然后选择主齿轮、齿轮轴 2、键与大齿轮作为第二根连杆(连杆 2)。如图 5－9 所示，单击"应用"。这时要将"固定连杆"的选项取消，否则在后面的动画播放中会产生错误的效果。

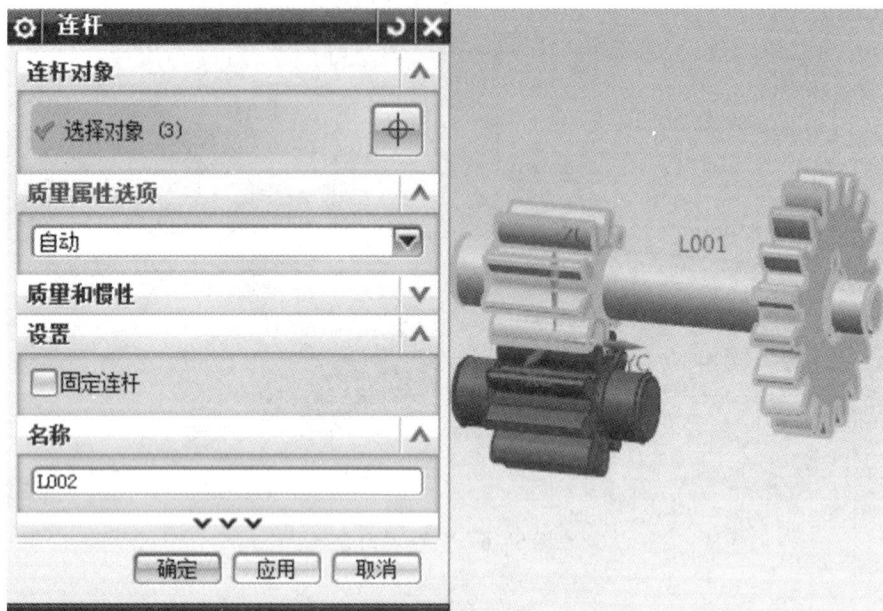

图 5-9　设置第二根连杆

这里针对连杆的设置，仅进行了最简单的操作，目的是熟悉运动仿真的使用方法。在后面的学习中可以将以上连杆分成多个连杆并分别设置运动副，这样可以更准确地表达每个传动细节。然而在实际应用时，笔者更提倡采用简便的方法，以减小工作量。

同理，设置齿轮轴 1 为第三根连杆(连杆 3)，如图 5-10 所示。

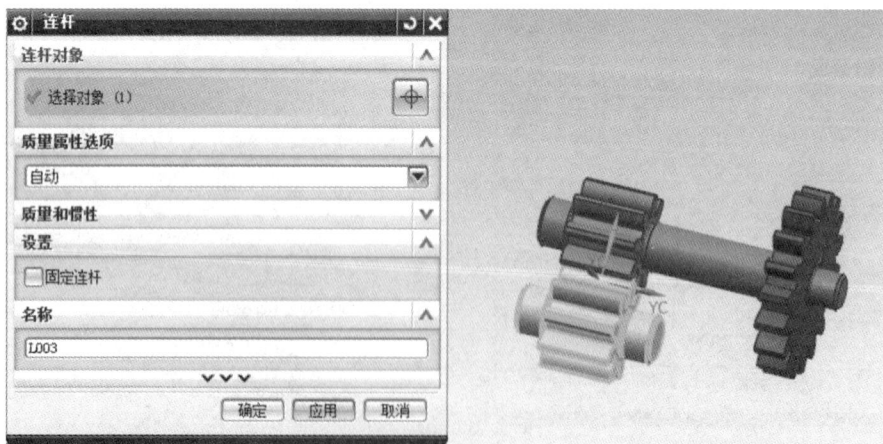

图 5-10　设置第三根连杆

单击"确定",一个由 3 根连杆组成的齿轮泵系统就被确定下来了。我们可以在运动副中对 3 根连杆之间的关系进行定义来实现传动。接下来我们进行运动副的设置。

5.2.3 设置运动副与驱动

为了设置彼此之间的约束关系,先将之前隐藏掉的零件显示出一部分,这里显示箱体。然后点击工具栏上的"运动副"按钮或通过"插入"→"运动副"进入"联接"对话框,如图 5 - 11 所示。

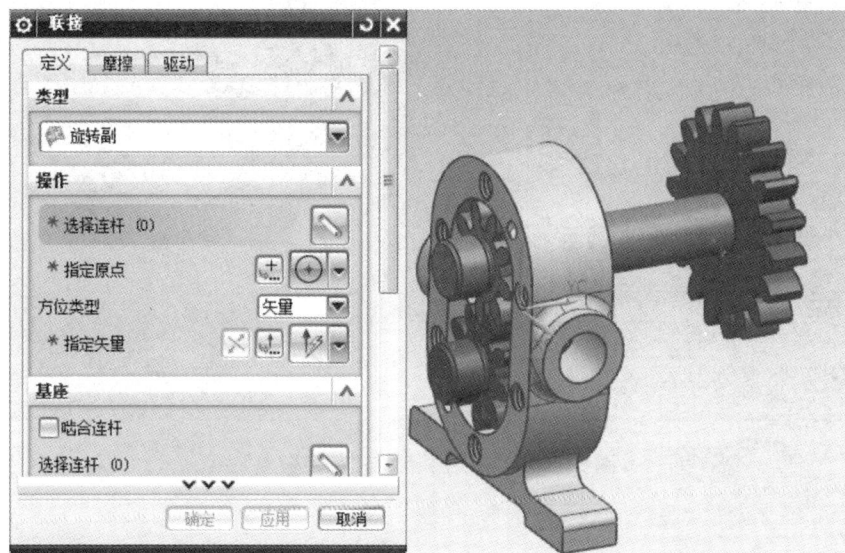

图 5 - 11 "联接"对话框

这里选择"类型"为"旋转副"。选择连杆 2 作为连杆。"指定原点"的意思是设置旋转中心,选择轴心上的任意一点。矢量方向为轴心方向,可以通过后面指定矢量的下拉箭头"面/平面法向"选项进行设置。

勾选"啮合连杆"选项,然后点击"选择连杆",将连杆 1 设置为啮合连杆。这里有一个地方需要特别注意:旋转副啮合连杆的原点与矢量选择一定要和上面的连杆原点与矢量一致,不然在解算后会发生错位转动的现象。设置后如图 5 - 12 所示,图中连杆与啮合连杆的原点与矢量均相同。

设置好运动副关系后,在"联接"对话框上方点击"驱动",这时发现驱动类型设置为"无",为了让齿轮转动,将其改为"恒定"。再将"初速度"设为 90,单击"确定"。如图 5 - 13、图 5 - 14 所示。

下面设置第二个运动副,与前面类似,选用旋转副。这里唯一要注意的地方是在矢量选择时方向要与之前相反,因为一对齿轮在啮合时旋转的方向是相反的。

如图 5 - 15 所示,连杆与啮合连杆所设置的原点与矢量均相同,但该矢量与上一个运动副所设置的方向相反。

把"驱动"类型设置为"恒定","初速度"设为 90,单击"确定"。如图 5 - 16 所示。

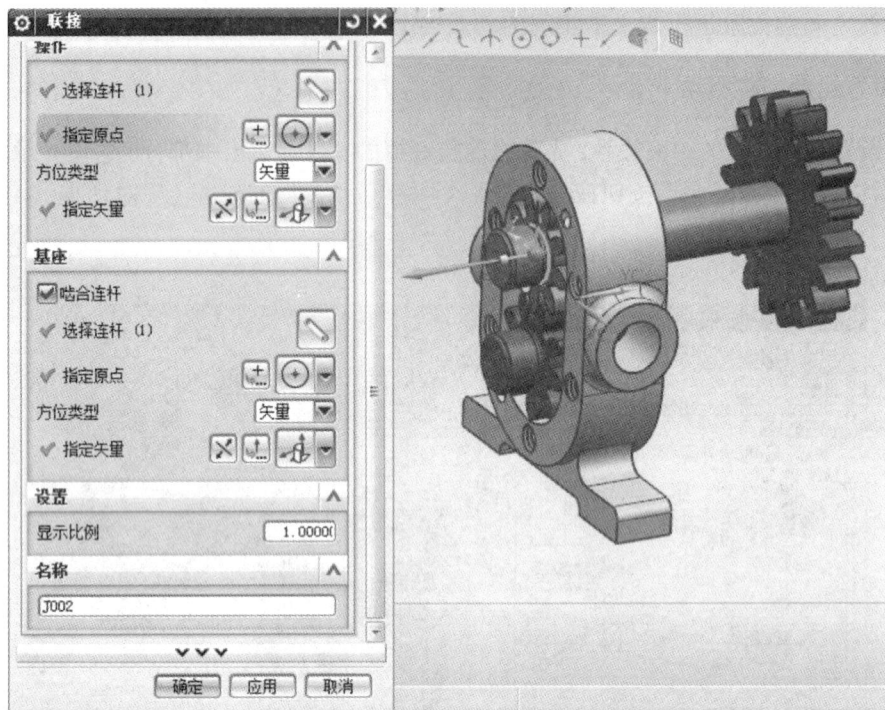

图 5 - 12 "指定原点"与"指定矢量"

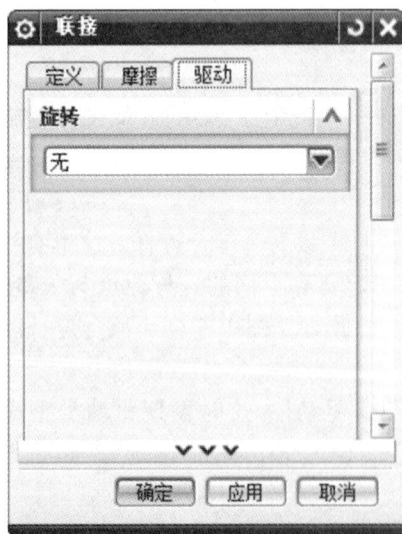

图 5 - 13 初始驱动设置

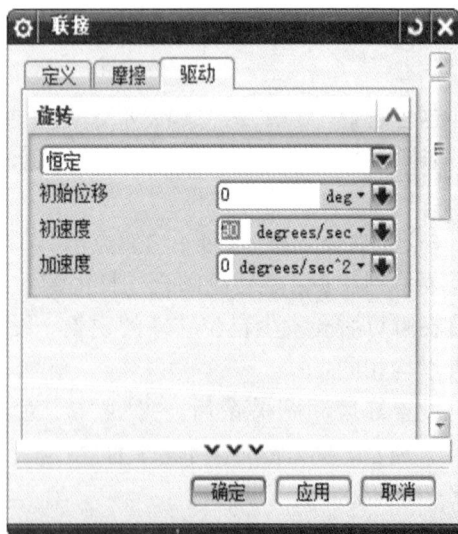

图 5 - 14 更改驱动设置

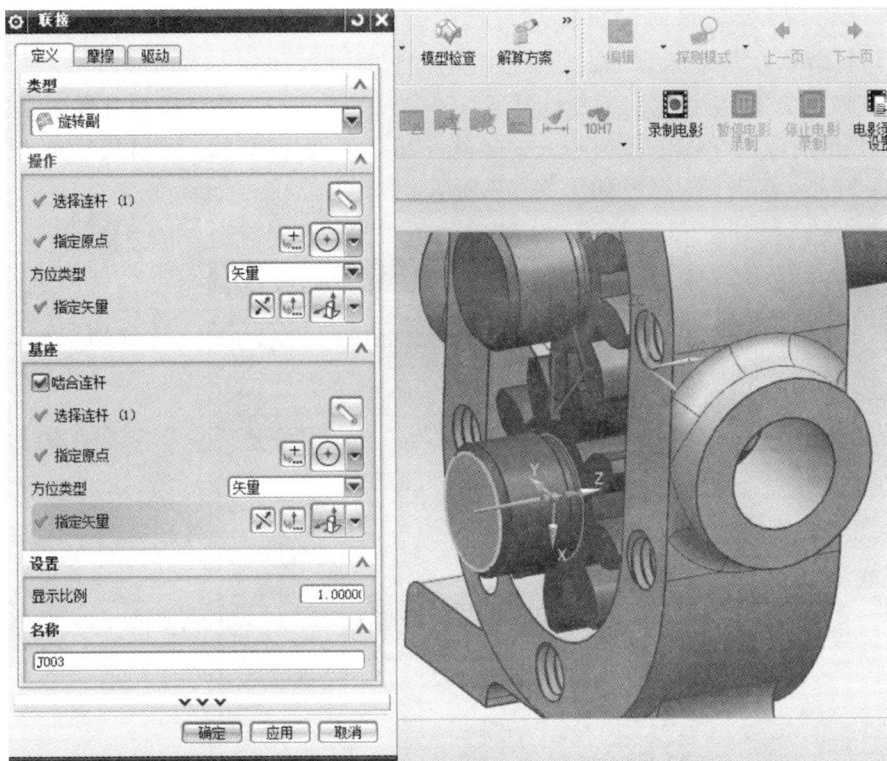

图 5 – 15 设置第二个运动副

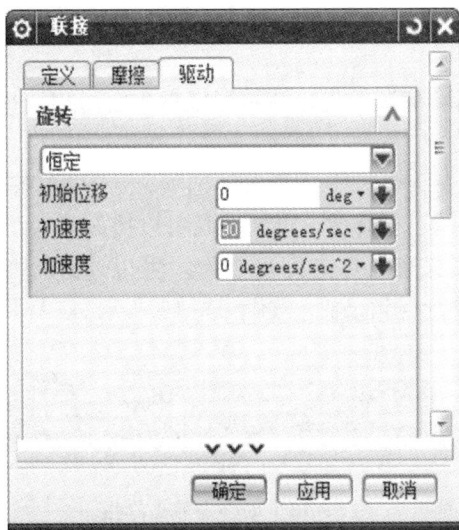

图 5 – 16 驱动设置

5.2.4 求解与播放动画

下面进行解算方案的设置。在工具栏中找到"解算方案"按钮，或者通过"插入"→"解算方案"进入"解算方案"对话框。通常情况下只需要设置时间与步数。重力常数通常也可设置为 0，这在当前阶段的学习中影响不大。这里将"时间"设为 20 秒，即播放时长 20 秒，"步数"设为 2000 步，单击"确定"，如图 5-17 所示。

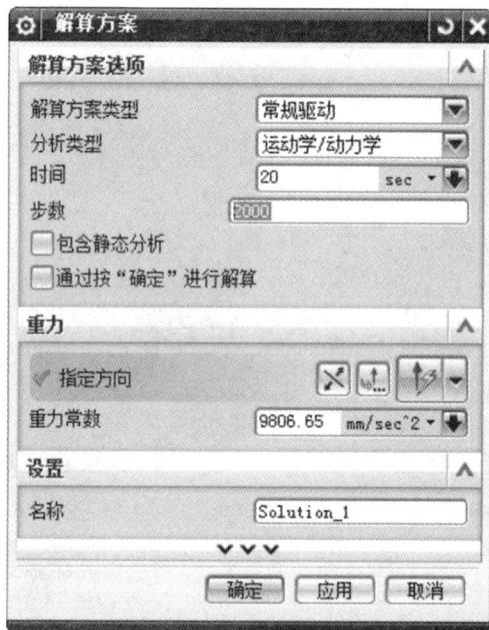

图 5-17 "解算方案"对话框

时间与步数通常应与实际情况对应，例如动作很少时可以将时长缩短，动作复杂时将时间延长。

设置好解算方案，可以在工具栏中找到求解选项，点击"求解"。当出现问题时系统会报错，这时应按照所指出的问题进行修改，直到动画可以播放。

在工具栏中找到"播放"按钮，点击即可观看。可以通过"动画采样率"修改播放速度。还可以通过"导出至电影"进行视频录制。如图 5-18 所示。

图 5-18 动画播放工具栏

5.3　运动副的类型与应用

UG NX 10.0 运动副的分类中主要有两类：滑动副和旋转副。这两类可以是独立的，也可以施加驱动。UG NX 10.0 运动副还有其他几类：线缆副、螺钉副、齿轮齿条副、齿轮副、万象节等。这些运动副必须依赖于现有的滑动副和旋转副，才能建立起一种关系。还有一类运动副是独立的但是不能施加驱动，像点在线上副、线在线上副等。本节主要讲滑动副与滑动副之间建立的线缆副关系。

下面通过实例演示的方式来进行运动副的介绍与应用教学。

5.3.1　旋转副

旋转是机械结构常见的工作方式之一。旋转副可以实现部件绕轴做旋转运动。在设置旋转副时要注意原点与矢量的选择，原点应位于旋转中心所在的直线，矢量应与旋转轴平行，如图 5 - 19 所示。

现以齿轮的旋转为例，如图 5 - 20 所示为一模数为 2.5、齿数为 20 的渐开线直齿轮，我们的任务是通过旋转副指令使其旋转。这里的旋转需要添加驱动，而齿轮通常绕轴进行传动，我们暂且省略轴，将驱动直接加在齿轮的旋转副上。随着以后学习的深入，我们会发现当齿轮不添加驱动时，可以通过齿轮副指令使一对或多对啮合的齿轮进行传动。在视觉上两者效果没什么不同，但表示的意义却不一样。前者表示将该齿轮转动作为机器的驱动力，很显然这不是在任何情况下都适用的，后者则表示齿轮仅仅起到传动作用。

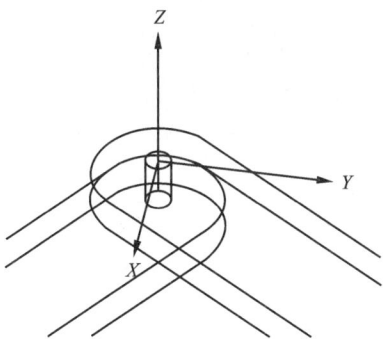

图 5 - 19　设置旋转副原点与矢量

图 5 - 20　齿轮

首先，打开该文件，将界面切换至运动仿真环境下。接着右键单击运动导航器中的文件新建一个仿真。"分析类型"选择"动力学"。单击"确定"后通常会弹出"机构运动副向导"对话框，点击"取消"。如图 5 - 21 所示。然后，将该齿轮设置为连杆，注意不要勾选"固定连杆"选项。单击"确定"，如图 5 - 22 所示。

此时，可以看到运动导航器中多了连杆的选项，如图 5 - 23 所示。在该选项中可以找到

图 5 – 21　新建仿真

图 5 – 22　设置连杆属性

刚刚设置的连杆 L001。我们可以在这里对其进行编辑与删除等操作。运动导航器是一个十分实用且重要的功能，我们在设置运动仿真时应时刻留意其变化情况，当出现错误时也可在运动导航器中检查。

　　现在，点击工具栏的"运动副"按钮并进入"联接"对话框。将运动副的"类型"设置为"旋转副"，选择连杆 L001（齿轮）。下面进行原点的选择。原点应是轴心线上的一点，在原点后面的选项中找到"圆弧中心/椭圆中心/球心"选项，选择齿轮轴心上的一点，然后矢量选择平行于齿轮轴线方向，可通过"指定矢量"后面下拉箭头中的"面/平面法向"选项确定矢量。一切设置就绪后如图 5 – 24 所示。无须勾选"啮合连杆"选项。

图 5 - 23　"运动导航器"中的"连杆"

图 5 - 24　设置 J001 运动副

下面设置驱动。点击上方的"驱动"按钮，这里将驱动类型设为"恒定"，"初速度"设为90。点击"确定"，如图 5 – 25 所示。后面会有相关驱动的介绍。

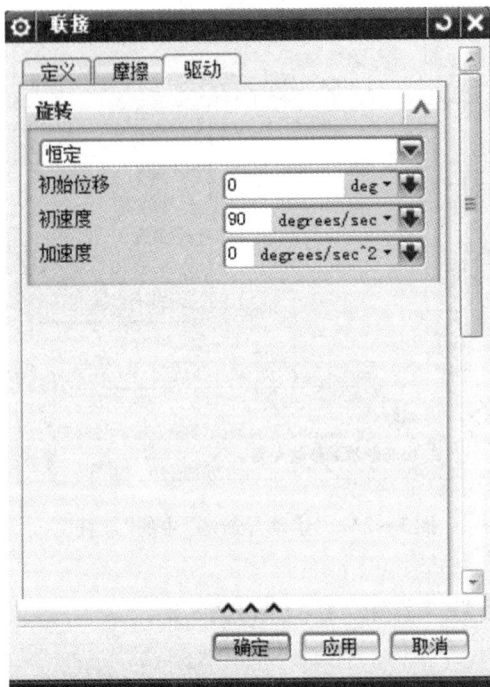

图 5 – 25 驱动设置

此时只需要找到合适的解算方案并求解即可实现预期的旋转副传动。点击"解算方案"，将"时长"设为 20，"步数"设为 2000（这里对时长与步数的设置可根据具体实际情况设置，时长对播放效果没有影响）。设置好解算方案后点击"求解"，若无报错提示，则可以在工具栏中找到"播放"按钮进行动画播放。观察到的结果应为齿轮以一定的速率转动。

旋转副的应用十分广泛，设置操作也比较简单，是学习运动仿真的基本功，在使用时应充分理解每一步的具体含义，为后面的学习打下基础。

5.3.2 齿轮副

齿轮副的设置是在旋转副的基础上进行的。齿轮有模数、齿数等相关参数，在模数相同、齿数确定的情况下，齿轮间的传动比是确定的。齿轮副的设置主要就是对传动比进行设定。

先打开齿轮副实例文件，进入装配界面，如图 5 – 26 所示，可看到 3 个相互啮合的齿轮零件。接下来我们的任务是通过设置齿轮副传动比来控制 3 个齿轮传动。

图 5 - 26 齿轮副

从左到右给齿轮编号，分别为齿轮 1、齿轮 2、齿轮 3。图 5 - 26 中齿轮模数均为 2.5，齿数分别为 20、40、30。本例所给出的为外啮合齿轮。内啮合齿轮的情况与之相似。

首先创建一个新的运动仿真，右键单击运动导航器中的齿轮副示例，点击新建仿真。如图 5 - 27 所示，类型选用动力学。

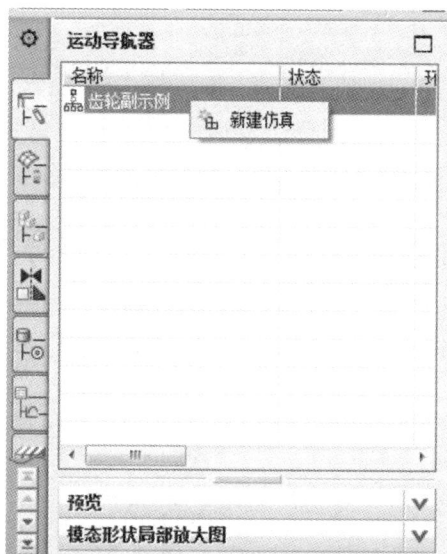

图 5 - 27 新建运动仿真

接下来创建 3 根连杆，将 3 个齿轮依次设置为 3 根连杆，如图 5 - 28 所示。

图 5 - 28   创建连杆

然后设置旋转副，先设置齿轮 1。点击运动副按钮。选中齿轮 1，旋转中心为齿轮 1 的形心，矢量方向与齿轮轴向方向平行。不勾选"啮合连杆"，单击"确定"，如图 5 - 29 所示。

图 5 - 29   设置齿轮 1 旋转副

齿轮 2 的设置方式与齿轮 1 相类似，但是要注意矢量方向一定要与齿轮 1 的矢量方向相反，因为相互啮合的齿轮转向不同，故齿轮 2 定义旋转副的矢量方向要反过来。如图 5 - 30 所示，齿轮 1 的矢量方向为垂直齿轮面向外，那么齿轮 2 的矢量方向就应垂直齿轮面向里。

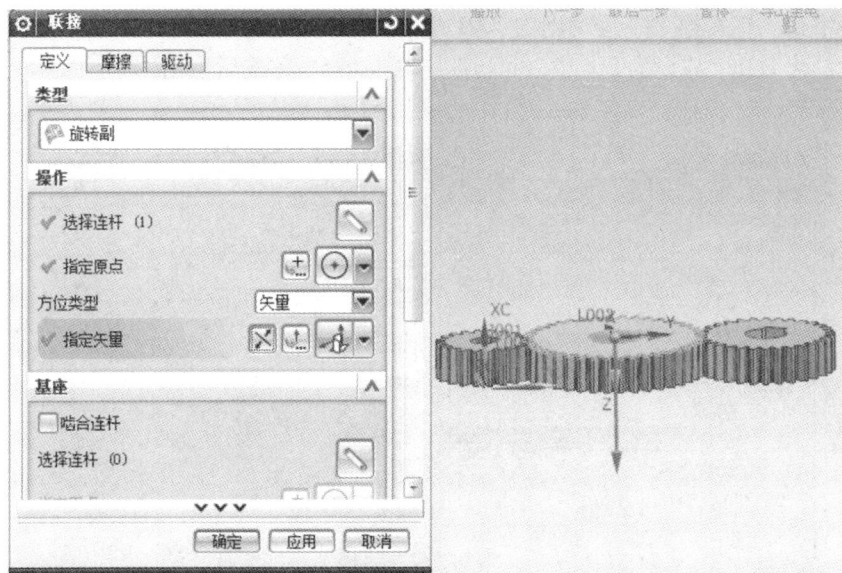

图 5 - 30　设置齿轮 2 旋转副

同理设置第三个旋转副，矢量方向再次与齿轮 2 反向，原点为齿轮 3 的形心。单击"确定"。如图 5 - 31 所示。

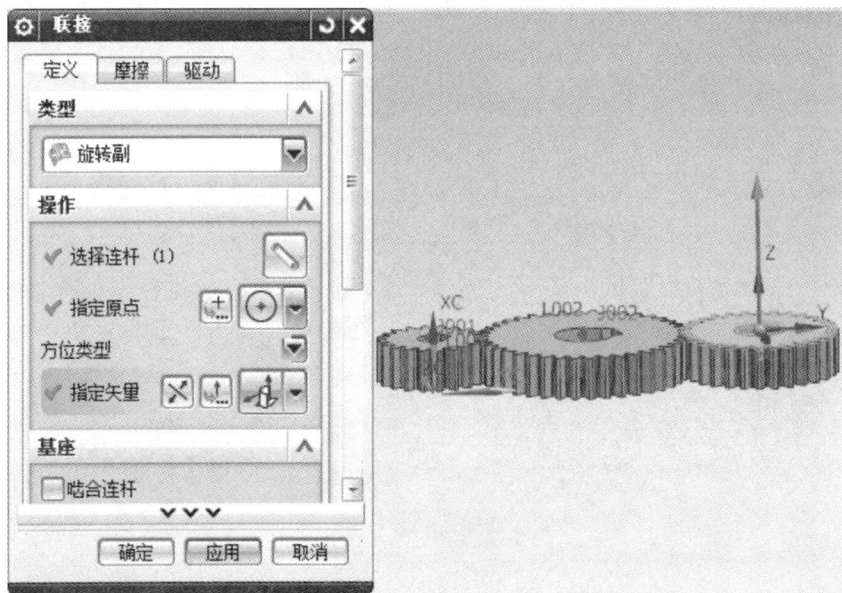

图 5 - 31　设置齿轮 3 旋转副

设置好 3 对旋转副后,在工具栏中找到"齿轮副"按钮,若没有,可通过"插入"→"传动副"→"齿轮副"进入,如图 5 – 32 所示。

这里有一点值得注意:"齿轮副"对话框需要选择两个旋转运动副,并通过定义传动比来实现。而在选择运动副时,往往难以点到模型中的运动副图标,所以在选择运动副时最好从运动导航器中找。选择第一个运动副为 J001,第二个运动副为 J002,比率即为传动比,传动比等于齿轮的齿数比,故设为 20/40,也可直接输入 0.5,完成后点击"确定"。

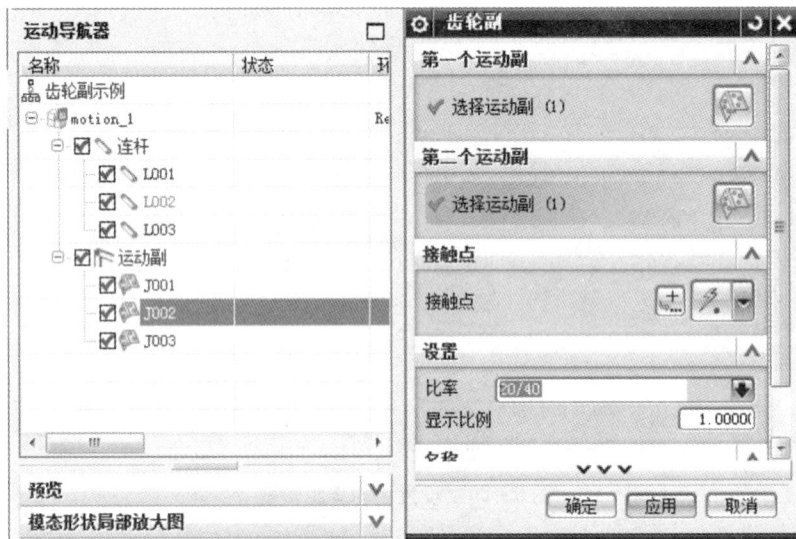

图 5 – 32　设置齿轮副

同样地,设置另一对齿轮副,这次选择 J002 为第一个运动副,J003 为第二个运动副,比率设为 40/30。点击"确定"。完成后的效果如图 5 – 33 所示。

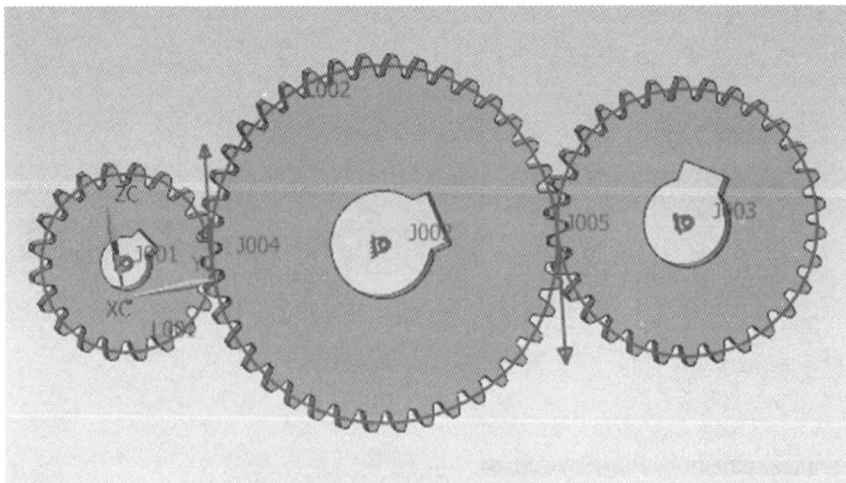

图 5 – 33　齿轮副的完成效果

此时要给齿轮 1 添加一个驱动。在运动导航器中找到 J001，右键单击，选择"编辑"，进入旋转运动副的设置窗口，点击"驱动"，选择"恒定"，"初速度"设为 100。单击"驱动"。完成后单击"确定"，如图 5 - 34 所示。

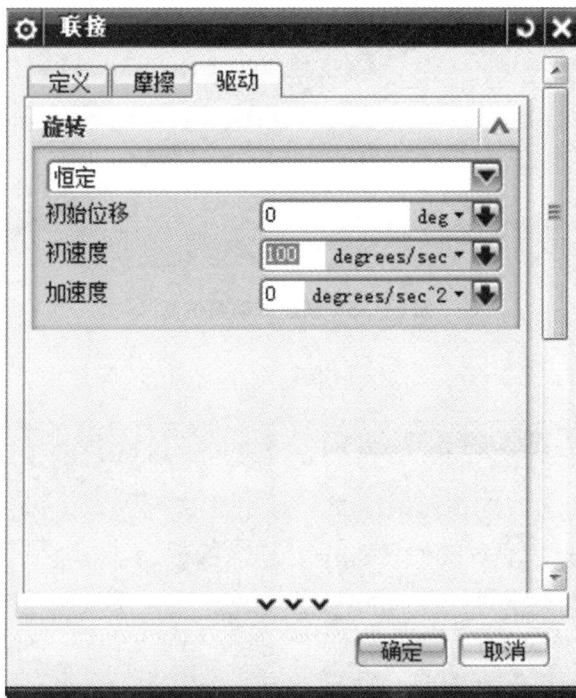

图 5 - 34　设置驱动

设置好该运动副后，可通过前一节所应用的方法进行求解操作。观察到的结果应为 3 个啮合的齿轮由齿轮 1 带动进行传动。

5.3.3　滑动副

和转动副一样，滑动副也是常用、基础的运动副之一。UG NX 10.0 中机器模型的运动往往是基于零件之间彼此的转动与滑动来实现的。在学习滑动副时，应注意原点与矢量的选择。下面以导轨的滑动来进行滑动副的演示学习。

打开滑动副实例文件，进入仿真界面并创建新的仿真，"分析类型"选择"动力学"并取消"配对条件/约束映射至运动副"（该功能有时连杆定义不准确）。可以看到图 5 - 35 为一根导轨和一个滑块。

先定义连杆。令导轨为连杆 1，因为导轨是固定的，滑块在导轨上运动，所以这里要将导轨设为固定连杆，将滑块设为普通连杆，如图 5 - 36、图 5 - 37 所示。

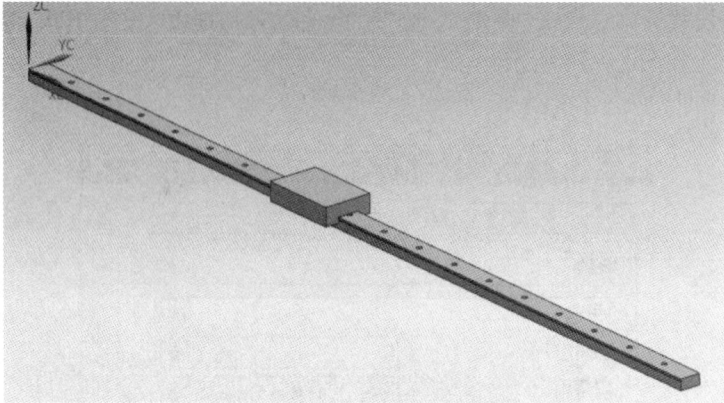

图 5 – 35　创建滑动副仿真

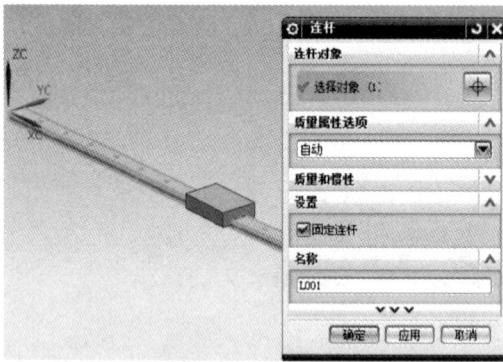

图 5 – 36　设置导轨

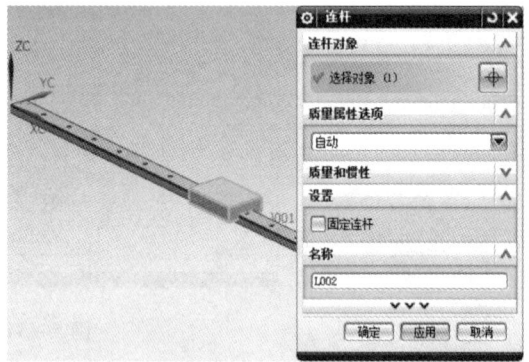

图 5 – 37　设置滑块

设置好连杆后，点击"运动副"按钮，打开"联接"对话框，在运动副的"类型"中找到"滑动副"。先在"选择连杆"处选择滑块（连杆2），然后在"指定原点"处设定端点，选择图 5 – 38 中的一点。滑动副原点设置的要求是原点应尽量在两零件贴合面上。这样在运动时零件不易错位。

继续在"联接"对话框中，点击"啮合连杆"，选择（导轨）连杆2与之啮合。在这里原点与矢量的选择与上面相同，如图 5 – 39 所示。

完成图示操作后，点击"驱动"，选择"简谐"，设置"幅值"为150，"频率"为30，"相位角"和"位移"为0，如图 5 – 40 所示，点击"确定"。

完成以上步骤后设置解算方案与求解，即可播放动画，可以看到滑块沿导轨反复滑动。

在滑动副的设置中，最应注意的是原点、矢量及驱动的选择。

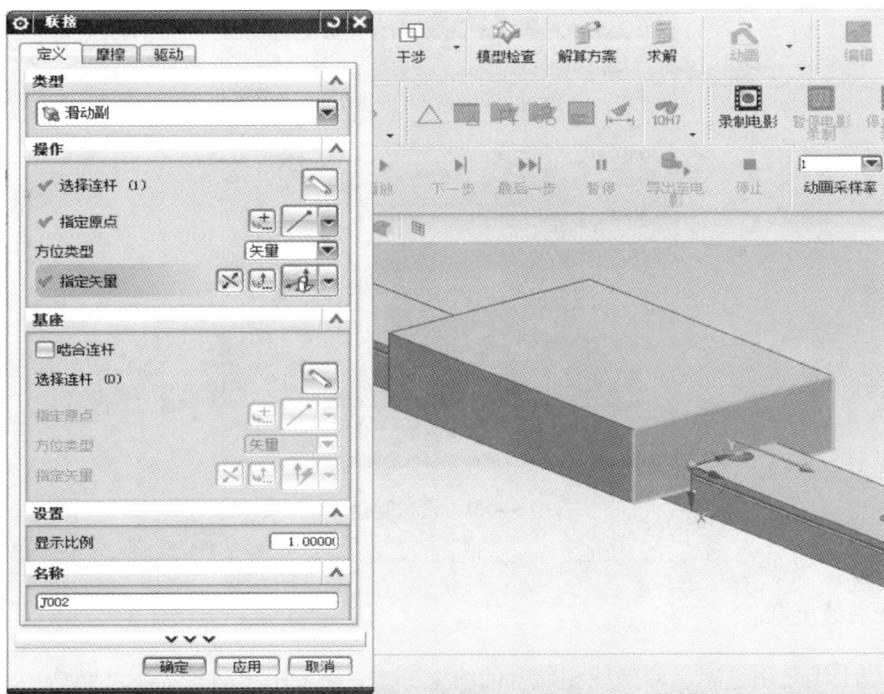

图 5 – 38　设置滑动副原点

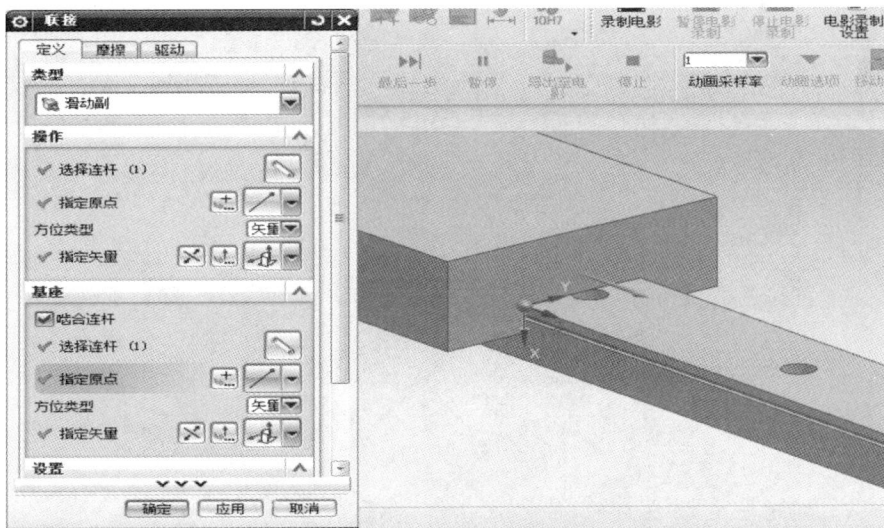

图 5 – 39　设置啮合连杆属性

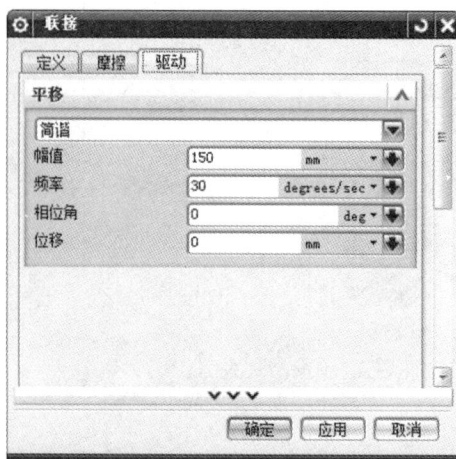

图 5－40　设置驱动

5.3.4　线在线上副

　　线在线上副是用于定义两条线相贴合的约束方式，通常用于凸轮等零件结构中。下面以凸轮为例来介绍线在线上副的应用。

　　打开线在线上副示例文件，进入运动仿真界面并创建新的仿真，"分析类型"选择"动力学"，弹出"配对条件/约束映射至运动副"选项，直接点击"取消"。

　　如图 5－41 所示，凸轮结构由凸轮和从动杆组成，此处省略了机架部分的建模。

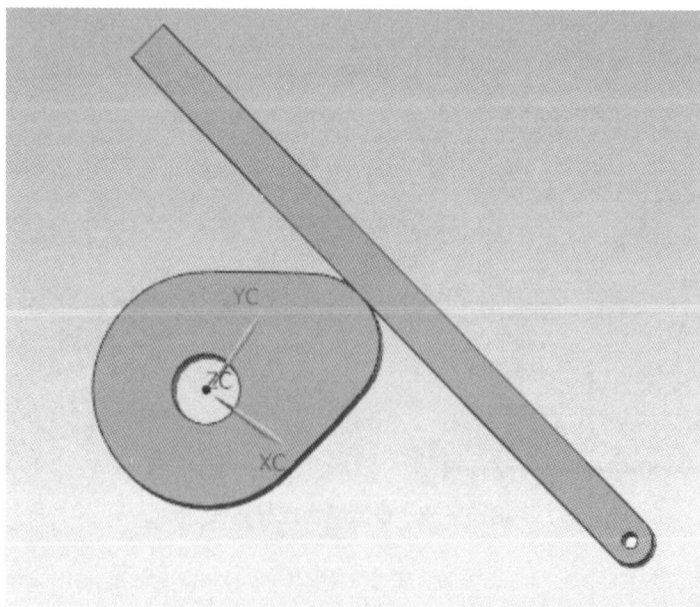

图 5－41　凸轮结构

（1）定义连杆，依次定义凸轮与从动杆。注意这里不存在固定连杆，定义时不要勾选"固定连杆"。连杆定义的步骤与之前相同，以后不再赘述。

（2）设置运动副。点击"运动副"按钮，选择"旋转副"，定义凸轮为旋转副，旋转中心选择凸轮的中心，点击应用，如图 5－42 所示。

图 5－42　设置旋转副属性

（3）定义从动杆为旋转副。旋转中心与矢量方向如图 5－43 所示，单击"确定"。

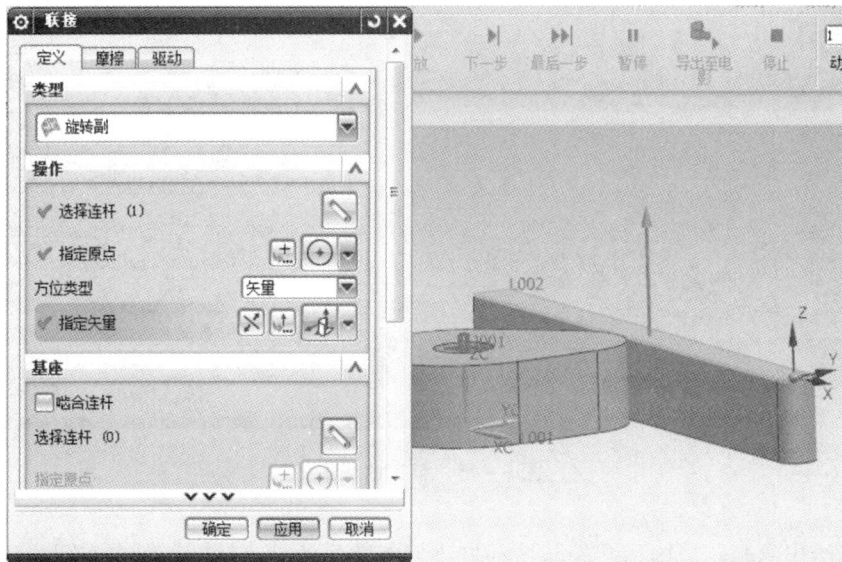

图 5－43　定义旋转中心与矢量方向

(4)定义线在线上副。点击快捷工具栏上的"线在线上副",或点击"插入"→"约束"→"线在线上副"。对于线在线上副,需要定义两条贴合在一起的线,当一条线运动时另一条线始终在其上从动。这里选择两个实例组件的边缘,如图 5 – 44 所示。第一曲线集选择凸轮一侧的边缘轮廓。

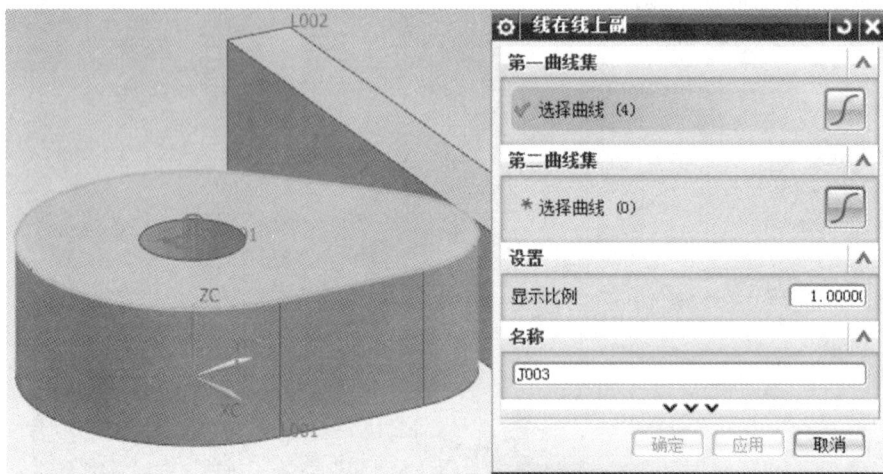

图 5 – 44   第一曲线集

(5)第二曲线集选择从动杆上与前面所选凸轮轮廓在同一侧且与之相贴合的直线。如图 5 –45 所示。这样的目的是能保证在凸轮旋转时边缘轮廓线始终与所选直线贴合在一起运动。

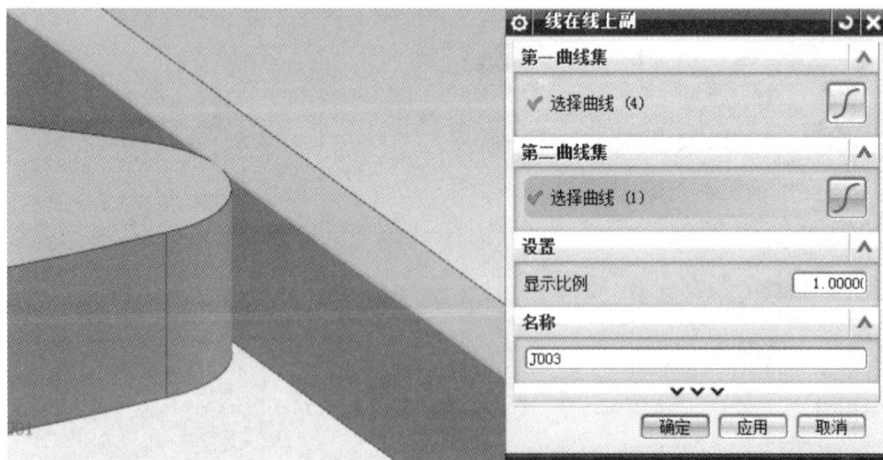

图 5 – 45   第二曲线集

实例所给出的凸轮机构是凸轮与从动杆刚好有共同的贴合轮廓,但在实际应用中往往找不到贴合在一起的轮廓线。如果遇到一些没有相贴合轮廓线的组件,在设置时就需要预先用草图绘制好线轮廓或者预先在零件上切出一个贴合在一起的小轮廓,然后再进行相关操作。

（6）设置驱动。点开运动导航器的"运动副"按钮。右键单击 J001（凸轮旋转副），选择"编辑"，如图 5 – 46 所示。

进入到预先设置好的旋转副中，点击"驱动"，选择"恒定"。"初速度"设为 30。点击"确定"。如图 5 – 47 所示。

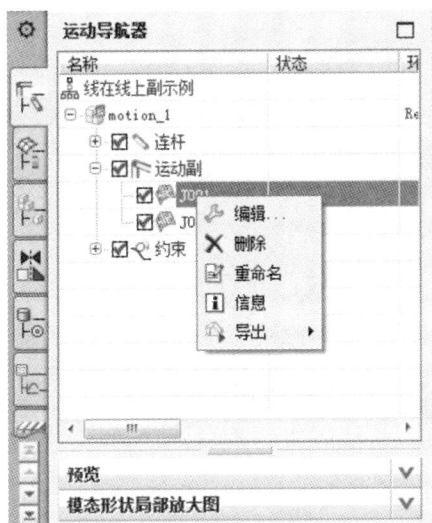

图 5 – 46　选择编辑 J001

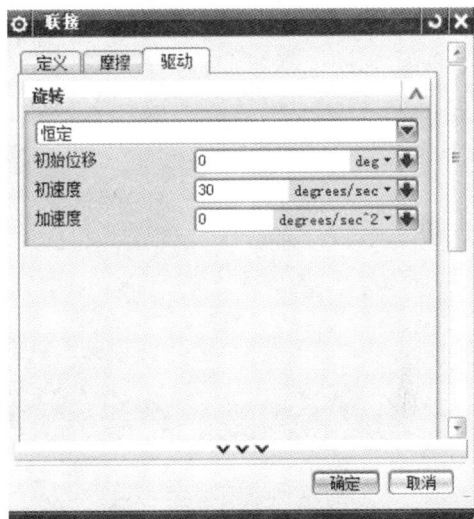

图 5 – 47　设置驱动

（7）通过求解观看动画，可以看到凸轮带动从动杆运动。

5.3.5　点在线上副

下面进行一个较具难度的仿真练习。在练习的同时介绍点在线上副的应用，并讲解一些关于运动仿真的使用常识及驱动的应用。

打开点在线上副示例文件，新建一个仿真。操作步骤与之前相似，可以看到如图 5 – 48 所示链条结构。我们的目标是让齿轮带动链条旋转。

（1）设置连杆。设置的方式是每单节链条设置一个连杆。每个齿轮设置为一个单独连杆。图 5 – 48 中总共有 51 个零件，所以总共需要定义 51 个连杆。在选择时注意不要漏选或错选。这里有个小技巧：在设置完成后从运动导航器中找到连杆，然后点击第一个连杆（L001），按键盘上的方向键向下。可以一次检查所定义的连杆。设置完成后如图 5 – 49 所示。每个链条与齿轮上都会有连杆符号。

（2）进入烦琐的环节：对每个连杆设置运动副。点开运动副，选中如图 5 – 50 所示链条，我们叫它链条 1。注意不要选错。该链条必须与草图上的线接触。定义旋转副，旋转中心为图中所示的圆心，这里我们不必勾选"啮合连杆"。也可以设置另一节链条（链条 2）与该节链条实现旋转：只需要点击"啮合连杆"下面的"选择连杆"，然后选中与之连接的那一节链条即可（图 5 – 51）。

图 5 – 48　链条结构

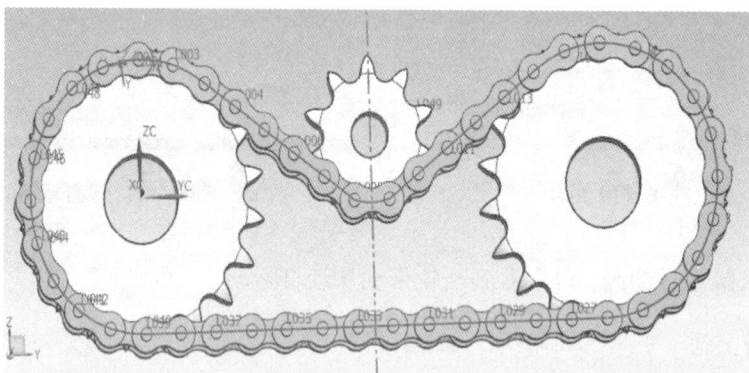

图 5 – 49　定义连杆

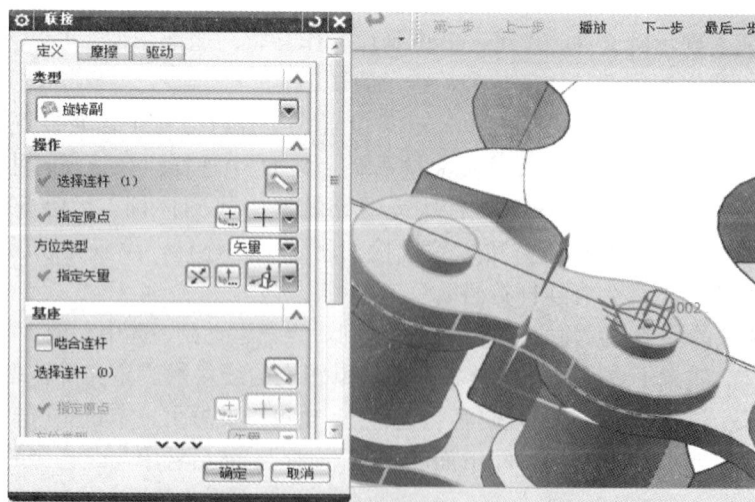

图 5 – 50　链条1

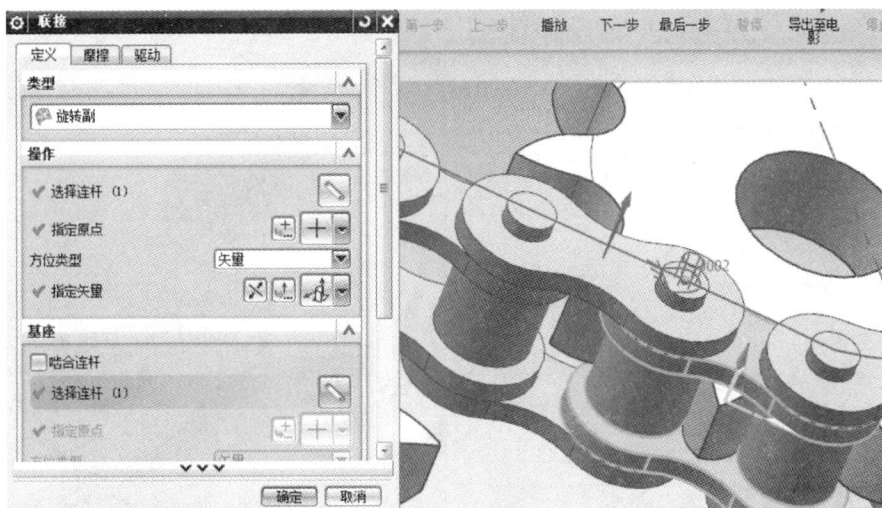

图 5 –51 链条 2

设置该链条的另一端为旋转副,设置方法同上,结果如图 5 –52 所示。并对每个链条 1 进行同样的设置。最后得到如图 5 –53 所示结果,共有 48 对旋转副。

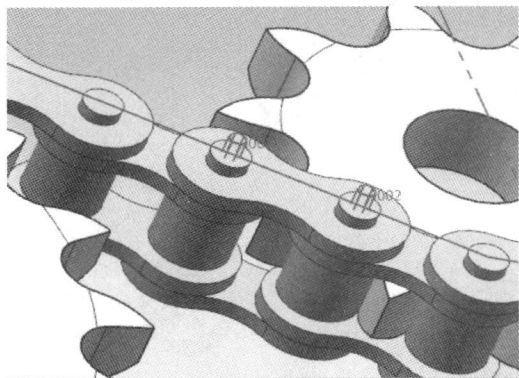

图 5 –52 设置旋转副

图 5 –53 48 对旋转副

设置好以上步骤后,我们点开"点在线上副"按钮。选择任意一节链条 1。选择旋转链条 1 的一端圆心,该圆心一定要与草图曲线贴合。在下面的"曲线"选项中选中草图曲线,单击 "确定",如图 5 –54 所示。

再次点开"点在线上副"。连杆与曲线不变,选择另一端圆心,如图 5 –55 所示。

重复以上操作直到设置完所有的链条。

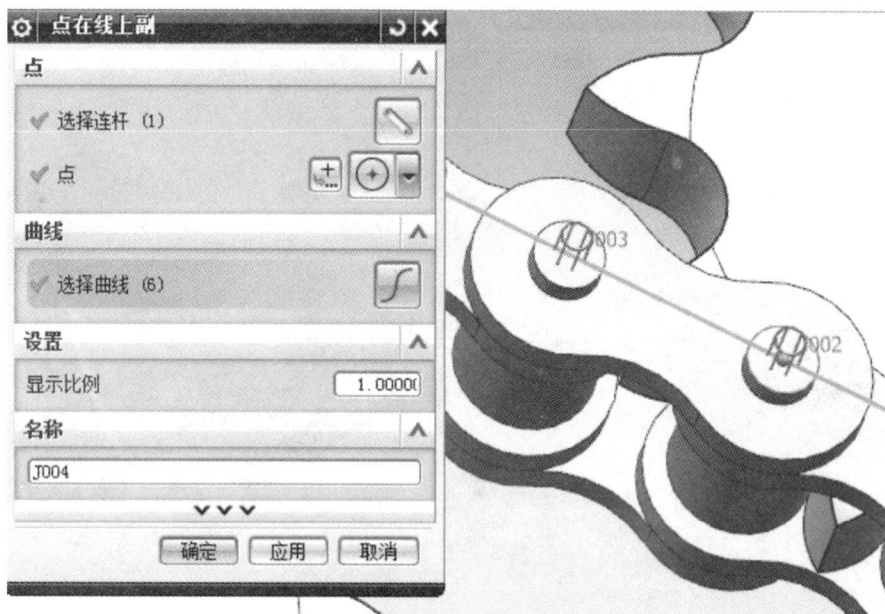

图 5 - 54　设置 J004 点在线上副

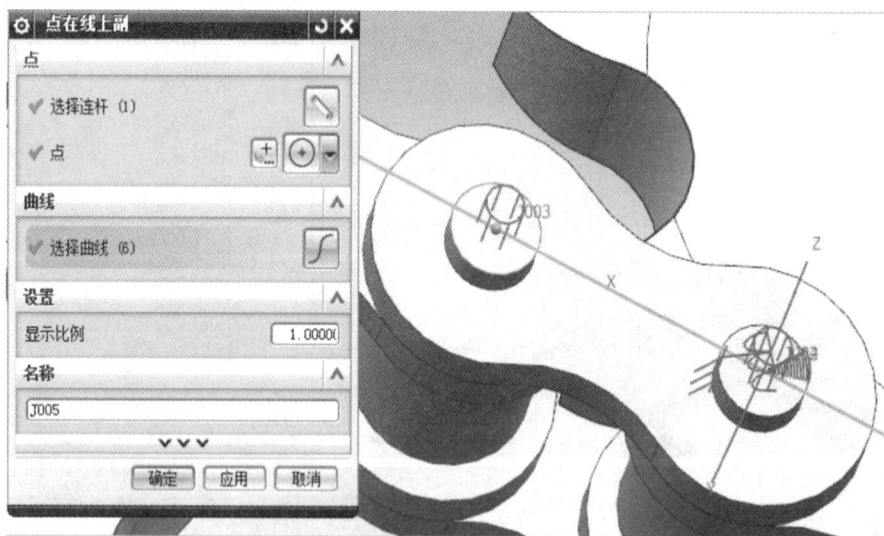

图 5 - 55　设置 J005 点在线上副

（3）为链条与齿轮添加驱动。在工具栏中找到驱动体，或者点击"插入"→"驱动体"。选择任意一个点在线上副。这里考虑到图中运动副与连杆过多影响了选择，为避免错选为旋转副，可以点击运动导航器中的耦合副，在里面选择任意一个点在线上副。"驱动"的"初速度"设为 -76.589。这个速度是由笔者设置小齿轮角速度为 72 时所求得的。也可以通过计算更换为其他的速度。只要保证这里的速度与后面齿轮副中齿轮的线速度一致即可，如图 5 – 56 所示。

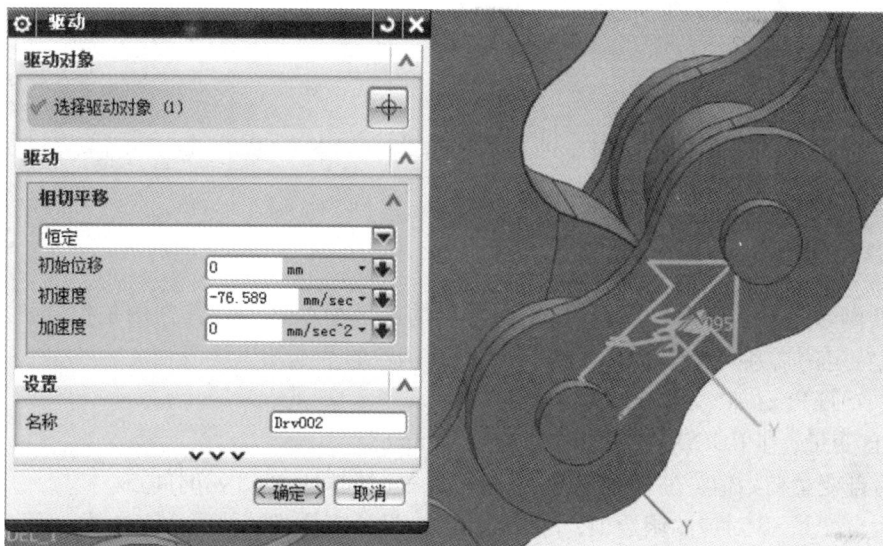

图 5 – 56　设置驱动

（4）设置齿轮。齿轮可以用前面学到的齿轮副来定义。先对图中 3 个齿轮定义旋转副，然后依次对两对齿轮设置齿轮副。方法在前面已经有所介绍。大齿轮与小齿轮的传动比为 115/55。给中间的小齿轮添加驱动，转速恒定为 160，如图 5 – 57 所示。

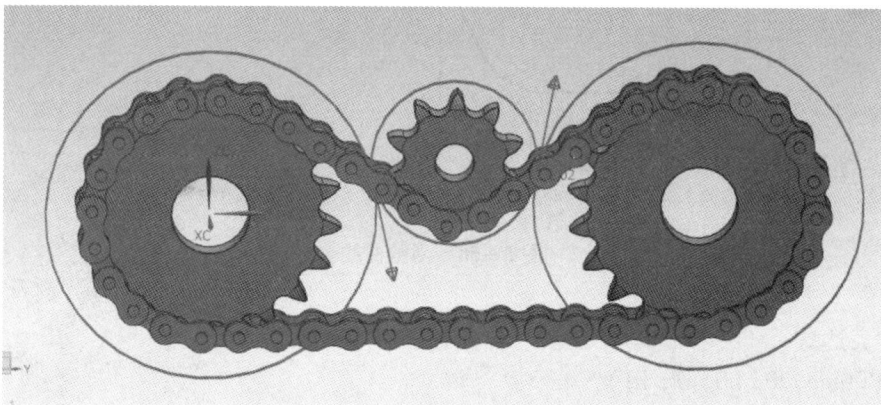

图 5 – 57　设置齿轮副

在设置中我们会发现，看上去好像是齿轮在带动链条进行传动，而实际上，齿轮跟链条直接的运动其实是没有关联的。通常情况下链状机构的仿真最为烦琐，也比较复杂。前面所讲的这种设置方法相对比较简单也更为实用。接下来我们可以通过求解来检查自己所做的仿真是否正确。

在我们进行运动仿真时，运动副的选择尤为重要。如果只是进行动画演示，则没必要完全遵从客观事实，因为一些机构的仿真十分烦琐甚至无法实现。我们可以适当地走些捷径，这样可以大大减少工作量。

5.4　函数的使用

在一些比较复杂的仿真运动中，通常需要借助 UG NX 10.0 的函数功能来完成仿真运动，这一节主要介绍几种常用的函数。

5.4.1　STEP 函数

STEP 函数是 UG NX 10.0 运动仿真中常用的函数命令之一。其作用是控制机器在特定时间完成特定的一系列动作。下面来介绍 STEP 函数的基本知识。

格式：$STEP(x, x0, h0, x1, h1)$

x 为自变量，在 UG NX 10.0 里一般定义为 time。

x0 为自变量初始值，在 UG NX 10.0 里可以是时间段中的开始时间点。

h0 为自变量 x0 对应的函数值，可以是常数、设计变量或其他函数表达式。

x1 为自变量结束值，在 UG NX 10.0 里可以是时间段中结束时间点。

h1 为自变量 x1 对应的函数值，可以是常数、设计变量或其他函数表达式。

函数曲线图如图 5-58 所示。

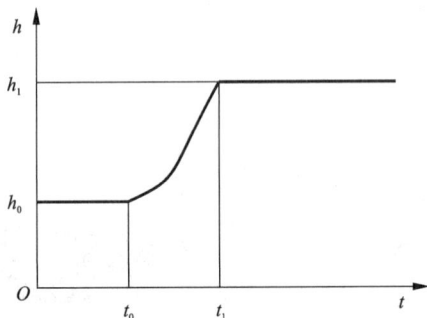

图 5-58　函数曲线

数学表达式

$STEP(time, t0, h0, t1, h1)$？

$h0(time \leqslant t0)$

$h0 + ((time - t0)/(t1 - t0))2 * (h1 - h2)$

$h1(time \geqslant t1)$

解释：

在 $t_0 \sim t_1$ 时间段内，函数以中间波浪线样子的二次函数变化，在时间 t_0 之前，函数是 h_0 的恒定数值变化，在时间 t_1 之后，函数是 h_1 的恒定数值变化。也就是函数值经过时间段 $t_0 \sim t_1$ 后，函数值发生了突变。当 t_0 与 t_1 非常接近的时候，可以近似认为，函数变化为一条直线，

但是 t_0 和 t_1 不能相等，从 $t_0 - t_1$ 的数学表达式就可以知道，此式无解。h_0 和 h_1 可以相等，相等以后，整个函数曲线即为一条直线。

1. 多个时间段内函数值发生突变的函数表达

如图 5 - 59 所示，该多个时间段内函数值发生突变的 STEP 函数应作如下表达：

STEP(time, 2, 1, 3, 3) + STEP(time, 4, 0, 5, -3)

对于时间段 4 ~ 5，时间点 4 的对应的数值不是 3，而是 0。这是一个相对概念，指此处函数值相对于上一个时间点的函数值，所以为 0。如果数值是 3，那 4 对应函数值将变成 6，因此可见，相对函数值为 3 - 3 = 0，时间点 5 的对应函数值，同理为 0 - 3 = -3。

由这个例子可知，可以用 STEP 函数来控制连杆在不同时间段做不同规律的运动。

2. 不同时间段内连杆做不同运动形式表达

如图 5 - 60 所示，t_0 ~ t_1 时间段内，让连杆以 $f(x)$ 函数形式运动；在 t_1 ~ t_2 时间段内，让连杆以直线形式运动；在 t_2 ~ t_3 时间段内，让连杆以 $g(x)$ 函数形式运动，以此实现连杆在不同时间段以两种或多种函数形式运动。其各时间段的函数图形转换如图 5 - 61 ~ 图 5 - 63 所示。

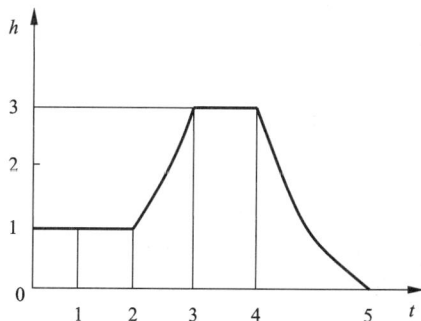

图 5 - 59　突变的 STEP 函数

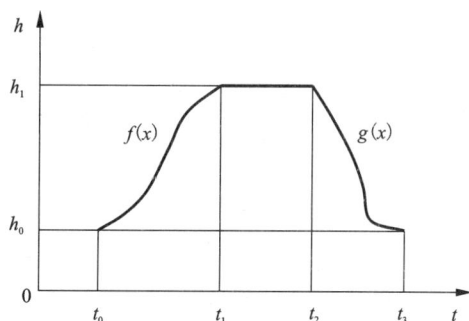

图 5 - 60　不同时间段内多种函数形式

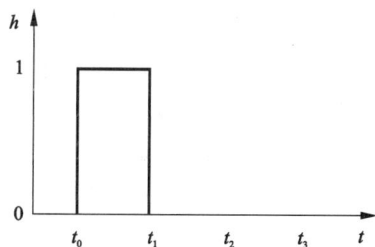

图 5 - 61　t_0 ~ t_1 时间段函数图形转换

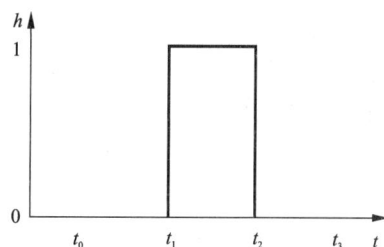

图 5 - 62　t_1 ~ t_2 时间段函数图形转换

按照相同时间段将第一个函数运动图转换为第二个函数运动图，按照 STEP 函数表达可以写出函数表达式。

$t_0 - t_1$ 时间段，STEP 表达为：

STEP(time, t0 + 0.001, 0, t0, 1) + STEP(time, t1 + 0.001, 0, t1, -1)

由于 STEP 函数时间段起始和结束时间点不能相等，即不能是垂直直线形式突变，因此

可以在时间点 t_0 附近添加一个微小时间段,近似垂直直线形式突变。

如果将转换形式的 STEP 函数乘以 $f(x)$,那么连杆在 $t_0 \sim t_1$ 时间段的运动形式就可以 $f(x)$ 函数形式运动。大家可以从函数值上来理解,就是 1 乘以任何数值都无法改变被乘数值,即 $f(x)$ 的任何函数值与 1 相乘,数值不变,即实现连杆在 $t_0 \sim t_1$ 时间内以 $f(x)$ 形式运动。

由此可知,在 $t_0 \sim t_1$ 时间段内,$f(x)$ 函数表达为:

$(\text{STEP}(\text{time}, t0 + 0.001, 0, t0, 1) + \text{STEP}(\text{time}, t1 + 0.001, 0, t1, -1)) * f(x)$

在 $t_1 \sim t_2$ 时间段内为直线运动,按照矩形方波图形,STEP 函数表达为:

$\text{STEP}(\text{time}, t1 + 0.001, 0, t1, 1) + \text{STEP}(\text{time}, t2 + 0.001, 0, t2, -1)$

依据第一个时间段详细讲解,可知,在 $t_1 \sim t_2$ 时间段内,连杆运动形式表达为:

$(\text{STEP}(\text{time}, t1 + 0.001, 0, t1, 1) + \text{STEP}(\text{time}, t2 + 0.001, 0, t2, -1)) * h1$

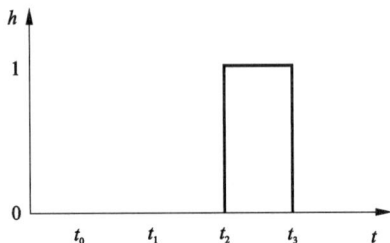

图 5 – 63 $t_2 - t_3$ 时间段函数图形转换

$t_2 \sim t_3$ 时间段,根据矩形方波,STEP 函数表达为:

$\text{STEP}(\text{time}, t2 + 0.001, 0, t2, 1) + \text{STEP}(\text{time}, t3 + 0.001, 0, t3, -1)$

由上可知,在 $t_2 \sim t_3$ 时间段内,$g(x)$ 函数形式表达为:

$(\text{STEP}(\text{time}, t2 + 0.001, 0, t2, 1) + \text{STEP}(\text{time}, t3 + 0.001, 0, t3, -1)) * g(x)$

总结:

不同时间段,不同函数运动形式 STEP 表达方式,只需要将每个时间段变成 0 – 1 的矩形方波,将时间段开始和结束时间点添加一个微小时间段,对开始时间点添加微小时间增量的时间段,进行 STEP 函数书写后,再对结束时间点进行相同的 STEP 函数书写,将开始和结束时间点的 STEP 函数进行加和后再乘以相应的函数,即可完成相应函数的运动形式。

所以,图 5 – 60 连杆的两种函数 $g(x)$、$f(x)$ 还有直线的 STEP 函数控制为:

$(\text{STEP}(\text{time}, t0 + 0.001, 0, t0, 1) + \text{STEP}(\text{time}, t1 + 0.001, 0, t1, -1)) * f(x) + (\text{STEP}(\text{time}, t1 + 0.001, 0, t1, 1) + \text{STEP}(\text{time}, t2 + 0.001, 0, t2, -1)) * h1 + (\text{STEP}(\text{time}, t2 + 0.001, 0, t2, 1) + \text{STEP}(\text{time}, t3 + 0.001, 0, t3, -1)) * g(x)$

3. 多项式函数

多项式函数是控制连杆线性运动或二次曲线运动的函数,x 为变量,定义为时间(time)。

$$\text{poly}(x, x_0, a_0, a_1, a_2, \cdots, a_{30})$$
$$= a_0 + a_1(x - x_0) + a_1(x - x_0)2 + \cdots + a_{30}(x - x_0)_{30}$$

式中:x 是自变量;x_0 为初始值;$a_0 \sim a_{30}$ 为系数。当 $x_0 = 0$,取 a_1 系数时,则多项式为一条一次曲线 $y = a_0 + a_1 x$;当取 a_2 系数时,则多项式为一条二次曲线(抛物线)$y = a_0 + a_1 x + a_2 x2$。

5.4.2 余弦函数——简谐运动

简谐运动既是最基本也是最简单的一种机械振动。如果一个质点的运动方程为如下形式：

$$x = A\cos(\omega t + \varphi)$$

即质点的位移随时间的变化是一个简谐函数，显然此质点的运动为简谐振动。A 为振幅，ω 为角速度，单位为度/秒或者弧度/秒。

图 5-64 为简谐运动的图像，是一条正弦或余弦曲线，表示的是振动物体的位移随时间变化的规律。

该函数的书写格式为：

$$SHF(x, x0, a, w, phi, b) = a\sin(w(x - x0) - phi) + b$$

由以上讲解可知，SHF 函数中，x 为变量，

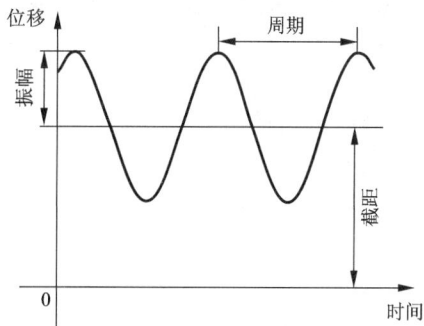

图 5-64 简谐运动图像

一般定义为 time；x0 为初始时间点；a 为振幅；w 为角速度；phi 为初项，也就是 t 等于 0 时，角度值；b 表示截距，也就是余弦函数的位移。

5.4.3 实例应用

打开函数实例文件，进入运动仿真界面并新建仿真。模型如图 5-65 所示。

设置连杆，并利用前面所学知识将两连杆设置为一对相互垂直滑动的滑动副。如图 5-66、图 5-67 所示为第一根连杆的设置方法，"驱动"设为"恒定"，"初速度"设为 10。

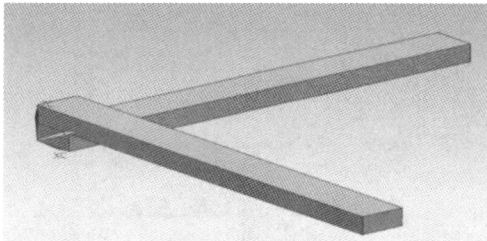

图 5-65 滑动副模型

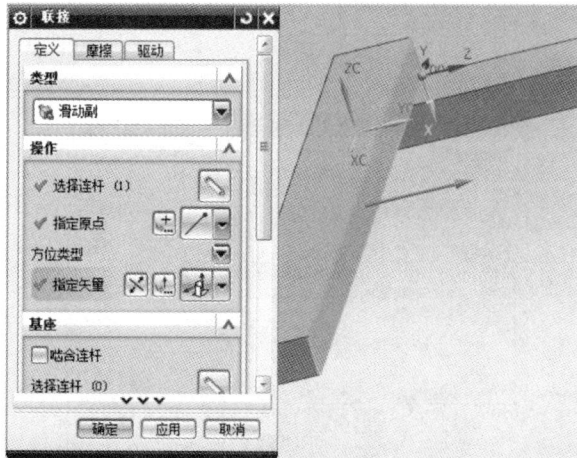

图 5-66 第一根连杆矢量方向

第二根连杆的设置方法与第一根连杆类似，矢量方向与第一根连杆的矢量方向垂直。

下面设置第二根连杆的驱动。选择"函数"，"函数数据类型"设为"位移"，如图 5-68 所示。

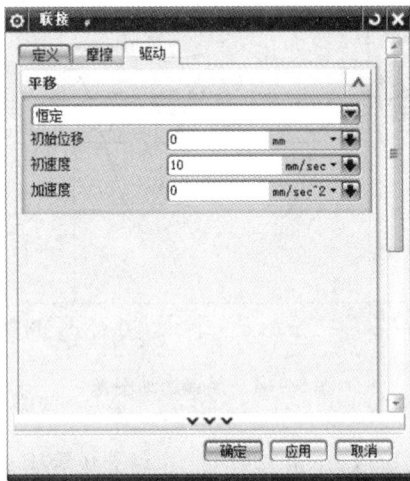

图 5-67　设置第一根连杆驱动

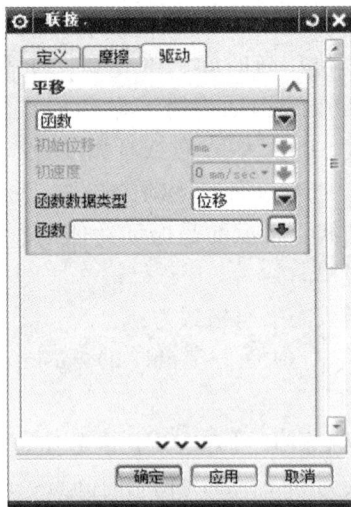

图 5-68　设置第二根连杆驱动

点击"函数"后面的绿色小箭头，选择"函数管理器"，进入如图 5-69 所示界面。该界面中存有在该仿真中我们编辑过的关于位移的函数。因为是第一次使用，所以无内容。点击"新建"按钮，切换到运动函数，拉动右侧下拉条至底部，出现 STEP 函数、POLY 函数和 SHF 函数，如图 5-70 所示，利用这三个函数对连杆进行驱动，如图 5-70 所示。

图 5-69　第二根连杆函数

图 5-70　函数编辑

双击任何一个函数后，函数自动被添加上来，依次修改参数。

（1）时间段 0 ~ 2 s，$y = 20$ 的直线运动：

（STEP（time，0.0001，0，0，1）+ STEP（time，2.0001，0，2，−1））∗20

（2）时间段 2 ~ 3 s，$y = 10t$ 的一次线性运动，由于连杆 1 的运动速度为 10 mm/s，因此，这个时间段内运动函数即为 $y = 10t$，转换为多项式函数表达，$a0$ 即为截距 0，$a1$ 系数为 10，$x0$ 初项为 0：

（STEP（time，2.0001，0，2，1）+ STEP（time，3.0001，0，3，−1））∗ POLY（time，0，0，10）

（3）时间段 3 ~ 4 s，$y = 30$ 的直线运动：

（STEP（time，3.0001，0，3，1）+ STEP（time，4.0001，0，4，−1））∗30

（4）时间段 4 ~ 8 s，$y = 20\sin(360/4t) + 30$ 的正弦函数，振幅为 20；角速度在此时间段内为 4 s，因为想让连杆 2 在 4 s 内运动一个完整波形（360°），所以角速度计算为 360/4 = 90（°）/s；截距为 30；初相为 0，因为是标准的正弦函数，所以从 0 度开始（注意 SHF 函数中，w 为 90d 表示 90（°）/s，如果不加 d 的话，则表示弧度单位）：

（STEP（time，4.0001，0，4，1）+ STEP（time，8.0001，0，8，−1））∗ SHF（time，0，20，90d，0，30）

（5）时间段 8 ~ 10 秒，直线 $y = 30$ 运动：

（STEP（time，8.0001，0，8，1）+ STEP（time，10 − 0.0001，0，10，−1））∗30

函数编写完后，点击"确定"，返回"XY 函数管理器"，再次点击"确定"即可（图 5 − 71），一直返回到运动副"联接"对话框，点击"确定"即可完成连杆 2 运动副的创建。

之后可以通过求解来观察函数的创建是否正确（图 5 − 72）。

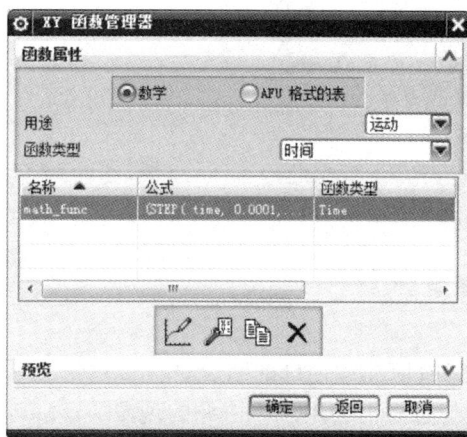

图 5 − 71 应用函数

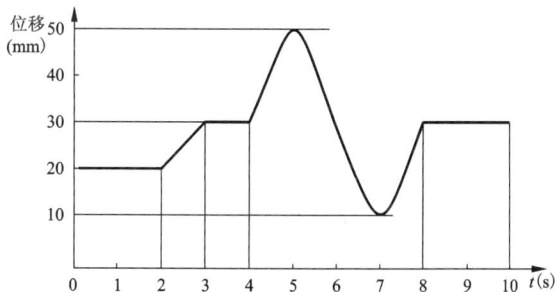

图 5 − 72 验证函数的创建

5.5　实例练习

本部分作为练习题由读者自主完成，零件建模部分尺寸自拟，要求确保设计上科学合理。完成后可比对视频动画进行自我检验。只有经历实战，才能更快地提高画图水平。

5.5.1　飞机起落架运动仿真

飞机起落架利用连杆机构死点位置特性，使得飞机在机轮着地时不反转，保持支撑状态；飞机起飞后，腿杆能够收拢起来。本小节对这一结构进行了仿真模拟。

工作原理：

如图 5-73 所示为飞机起落架简图，由轮胎、腿杆、机架、液压缸、活塞、连杆 1、连杆 2 组成。当液压缸使活塞伸缩时，腿杆和轮胎放下或收起；当轮胎撞击地面时，连杆 1、连杆 2 位于一条直线上，机构的传动角为零，处于死点位置，因此，机轮着地时产生的巨大冲击力不会使连杆 2 反方向转动，而是保持支撑状态；飞机起飞后，腿杆收起来，以减少空气阻力，使整个机构占据空间较小。

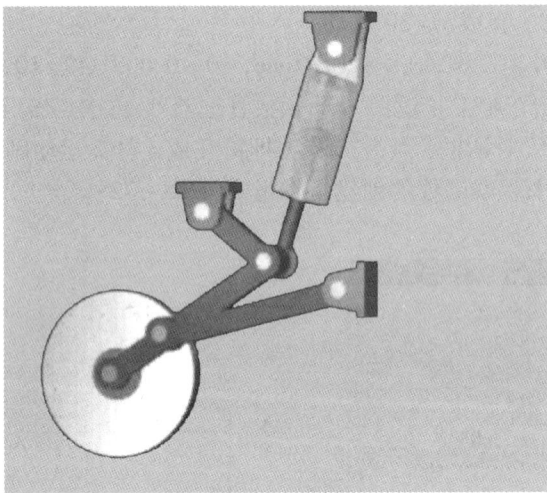

图 5-73　飞机起落架

提示：该机构主要由滑动副与旋转副构成，在定义时应注意连杆的啮合。

另外该飞机起落架连杆设计时尺寸应适中，过长与过短都会出现不协调的现象。

5.5.2　定轴轮系工作原理

定轴轮系是指传动中所有齿轮的回转轴线都有固定的位置，其可做较远距离的传动，获得较大的传动比，可改变从动轴的转向，获得多种传动比。如图 5-74 所示为行星轮结构，由齿轮 1（外齿圈）、齿轮 2（惰轮）、行星架、太阳轮组成。行星齿轮除了能像定轴齿轮那样围绕着自己的转动轴转动之外，它们的转动轴还随着红色的支架（称为行星架）绕其他齿轮的轴线转动。绕自己轴线的转动称为"自转"，绕其他齿轮轴线的转动称为"公转"，就像太阳系中的行星那样,行星轮因此而得名。该行星轮是在太阳轮的驱动力作用下进行运动。

图 5–74　太阳轮

提示:该仿真既可采用旋转副设置,也可通过齿轮副设置驱动完成。可以尝试不同的方法进行设置。

在设置行星架与惰轮的连接时要将二者啮合。当出现啮合齿轮时,所有有关联的运动副都要彼此啮合,否则零件会"飞出"。

传动比的设定由齿数决定。另外在建模过程中一定要注意所有齿轮的模数应为同一数值。

5.5.3　摆动导杆机构工作原理

在导杆机构中,如果导杆能做整周转动,则称为回转导杆机构。如果导杆仅能在某一角

图 5–75　摆动导轨

度范围内往复摆动,则称为摆动导杆机构。摆动导杆机构由支架、摇杆、导轨、滑块四部分组成,在摇杆的旋转作用下进行摆动。如图 5 – 75 所示。

提示:摇杆不应过长,过长将导致机构无法正常运动。

注意啮合连杆的使用,啮合连杆点应选择旋转副共面的圆心。

机架应设置为固定连杆。

5.5.4 外棘轮机构工作原理

棘轮机构是一种常见的间歇性工作机构,主要由棘轮、棘爪和机架组成。如图 5 – 76 所示,外棘轮机构由棘爪 1(与连杆连接)、棘爪 2、棘轮、连杆组成,省略了机架。工作时,先由棘爪 1 推动棘轮旋转,然后撤回,撤回过程中棘爪 2 卡住棘轮防止其后退。如此周而复始地进行间歇性工作。

图 5 – 76 外棘轮机构

提示:该机构需要用到点在线上副与 STEP 函数,设置过程相对复杂,需要熟练掌握前面所学知识。

在设置 STEP 函数时应注意对速度的把握,使动画看上去更逼真。

第 6 章　参数化设计技术

本章导读

本章详细介绍了 UG NX 10.0 系统功能中的参数化设计相关概念、方法及功能。介绍了基于 UG NX 10.0 软件平台进行二次开发所设计出的界面友好、功能强大和使用方便的专用产品的 CAD/CAM 系统，能提高设计效率、缩短设计周期。详细介绍了基于 UG NX 10.0 进行二次开发的方法，并对相应功能模块进行阐述。还讲解了基于 UG NX 10.0 的油气分离器和离心通风机参数化设计的二次开发。

本章要点

- 参数化设计。
- 二次开发。
- 油气分离器的参数化设计。
- 离心通风机的参数化设计。

参数化设计是通过改动图形的某一部分或某几部分的尺寸，或修改已定好的零件参数，自动完成对图形中相关部分的改动，从而实现对图形的驱动。参数驱动的方式便于用户修改和设计。用户在设计轮廓时无须准确地定位和定形，而只需勾画出大致轮廓，然后通过修改标注的尺寸值来修改最终的形状，或者只需将邻近的关键部分定义为几个参数，通过对参数的修改实现对产品的设计。参数化设计极大地改善了图形的修改手段，提高了设计的柔性，在概念设计、动态设计、实体造型、装配、公差分析、优化设计等领域发挥着越来越大的作用，体现出很高的应用价值。

6.1　参数化设计技术概述

随着计算机的出现，机械设计师就梦想着实现机械设计的自动化。到了 20 世纪 60—70 年代，计算机开始协助机械设计师完成复杂的计算，或者绘制规则的工程图纸。但是通过计算机将产品的设计要求和工程师的设计思想直接变成可用的工程图纸或者数控加工指令，在当时是不可能办到的。尽管如此，有关的学者和工程技术人员仍然为实现设计自动化进行了不懈的努力。机械设计过程的复杂性、多样性和灵活性要求设计自动化必须走参数化的路线。所谓参数化就是将设计要求、设计原则、设计方法和设计结果用灵活可变的参数来表示，以便在人机交互过程中根据实际情况随时加以更改。要实现参数化设计，仅仅将设计要求参数化是远远不够的，如果设计原则、方法和结果形式不能在设计过程中根据实际情况进行变更，那么这样的设计自动化软件是很难在实践中应用的。参数化技术是全相关和系列化设计的技术基础。

参数化设计技术是计算机辅助设计技术的一次巨大的飞跃。目前,参数化设计已成为CAD中最热门的应用技术之一。能否实现参数化设计也成为评价CAD系统优劣的重要技术指标,这是因为它更符合和贴近现代CAD中概念设计以及并行设计思想,工程设计人员在设计开始阶段可快速草拟产品的零件图,通过对产品形状及大小的约束最后精确成图。同一系列产品的第二次设计可直接通过修改第一次设计来实现。设计参数不但可以驱动设计结果,影响产品的整个开发周期,而且还可来自其他系统。参数化设计是变量化设计的前提,借助变量化设计思想可实现动态设计、机构设计的运动仿真模拟等。除此之外,参数化设计还能够使设计人员在设计的同时实现参数化建库,极大地方便后续设计工作。因此,参数化设计以及建库工具的研究对进一步提高设计和绘图效率以及柔性化设计具有十分重要的意义。

6.1.1 参数化设计相关概念

1. 几何特征参数

几何特征参数是指基本几何形体的尺寸参数,例如长、宽、高是长方体的几何特征参数。确定了几何特征参数,几何形体便唯一确定了。所以某些CAD软件实现参数化功能首先要分离出模型的几何特征参数,通过这几个独立参数的改变能实现模型的自动改变。

2. 定位参数

定位参数是指几何形体之间的位置参数。设置定位参数是进行复杂形体建模的必要途径。例如,要在一个平台上打孔,需要有两个参数定义其位置,如图6-1所示,通过设置两个参数值可以控制其位置。

3. 形体自由度

形体自由度是指几何形体(点、线、面、体)在空间中可以自由变化的位置参数的数目。例如,一个点在二维空间中的自由度为2(X轴和Y轴上的自由度),三维实体在三维空

图 6-1 定位参数示意图

间中有6个自由度,分别为沿X轴的平动、沿Y轴的平动、沿Z轴的平动、绕X轴的转动、绕Y轴的转动和绕Z轴的转动。

另外,自由度的形式随着坐标系的变换而变化,但是一个几何形体在三维空间的自由度数目是固定的。同样,约束在不同的情况下表现为不同的形式,但都可以转换为对一个或多个自由度的约束。

4. 约束

约束的概念是利用一些法则或限制条件来规定构成实体元素之间的关系。约束是针对自由度来说的,是指限制形体的一个或多个自由度。例如,若限制了形体Z轴方向的平动自由度,那么该形体无法在Z轴上产生平移变换,以及围绕各个坐标轴的转动。

约束分为尺寸约束和几何拓扑约束。尺寸约束一般指对大小、角度、直径、半径、坐标位置等这些可以具体测量的数值量进行限制。几何拓扑约束一般指平行、垂直、共线、相切等这些非数值几何关系方面的限制,也可以形成一个简单的关系约束,如某圆心的坐标分别等于另一矩形的长、宽等。

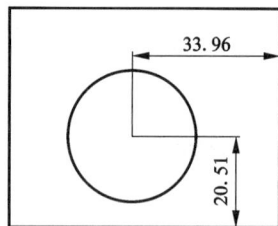

全尺寸约束是将形状和尺寸联合起来考虑，通过尺寸约束来实现对几何形状的控制。造型必须以完整的尺寸参数出发（全约束），不能漏注尺寸（欠约束），不能多注尺寸（过约束）。

5. 尺寸驱动

通过约束推理确定需要修改某一尺寸参数时，系统自动检索出此尺寸参数对应的数据结构，找出相关参数计算的方程组并计算出参数。驱动几何图形形状改变，并且它对尺寸参数的修改会导致其他相关模块中的相关尺寸得以全盘更新。采用这种计算的理由在于：它彻底克服了自由建模的无约束状态，几何形状均以尺寸的形式被牢牢地控制住。如打算修改零件形状时，只需编辑一下尺寸的数值即可以实现形状的改变。

6.1.2　参数化设计方法

三维参数化设计方法大致可分为以下三种：①基于几何约束的变量几何法；②基于推理的人工智能法；③基于生成历程的过程构造法。

6.1.3　参数化设计应该注意的问题

参数化设计不同于普通模型的创建，它要运用特征建模的方法、遵守零件参数之间的关系，因此在建模以及参数提取过程中应该注意以下几个问题：

(1) 零件中的任何一个单元都必须采用特征建模的方法，将模型简化、分解为尽量少的特征，确定合理的特征创建顺序。

(2) 要全局考虑各个特征间的相互依存关系，全局考虑导出参数与自由变化参数的关系，避免参数冲突，避免过约束。

(3) 可以根据零件系列表中的自由变化参数进行转换，也可以根据需要提供多于自由变化参数数目的特征参数。

(4) 参数提取后，要创建所有的零件模型，必要时要适当扩大参数的变化范围，这样做的目的是使得该参数化模型可以有更好的柔性。

6.2　UG NX 10.0 参数化设计的二次开发

UG NX 10.0 是集 CAD/CAE/CAM 于一体的通用软件，具有强大的 CAD、CAM 功能。它基于完全的三维实体复合建模、特征建模和装配建模技术，能够设计出复杂的产品模型，可应用于整个产品的开发过程。UG NX 10.0 和大多数的 CAD 软件一样可作为通用支撑软件系统，虽然它在 CAD、CAM 上具有强大的功能，但是它并没有为专用产品提供所需要的完整计算机辅助设计/制造功能。由于现今机械产品的千变万化，在选用 CAD 软件平台上需要针对具体对象进行二次开发，来设计出使用方便、界面友好和功能强大的专用产品的 CAD/CAM 系统。如果用户想要提高设计效率和缩短设计周期，就必须在此基础上进行二次开发。

作为全三维支持参数化设计的造型系统，UG NX 10.0 不仅具有强大的实体造型、曲面造型、虚拟装配和工程图设计等功能，还具有良好的开放性，为用户提供了功能强大的二次开发工具，其中包括供用户定制菜单的 UG NX/Open Menu Script，供用户构造 UG NX 10.0 软件风格对话框的用户界面设计模块 UG NX/Open UIStyler，供用户进行开发的 UG NX/Open GRIP 和 UG NX/Open API 程序设计模块。这些功能为 UG NX 10.0 提供了良好的高级语言接口，使得 UG NX 10.0 的造型功能和计算功能有机地结合起来，便于用户开发符合自己要求的 CAD 系统。

6.2.1 UG NX 10.0 二次开发的实现途径

UG NX/Open 二次开发工具主要由 UG NX 提供的四个应用程序组成，即 UG NX/Open API、UG NX/Open GRIP、UG NX/Open Menu Script 和 UG NX/Open UI Styler，如图 6 - 2 所示。此外还包括 User Tools、User Define Feature、Macro 等一些常用工具。

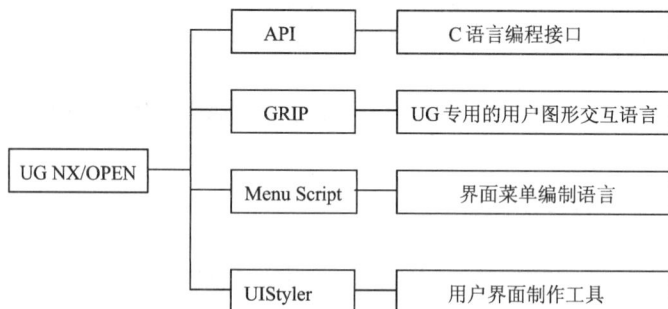

图 6 - 2　UG NX 二次开发工具

1. UG NX/Open API

UG NX/Open API 是一个允许用户访问并影响 UG NX 对象模型的程序集。这是 UG NX 10.0 提供的一种功能强大的二次开发模块，具有与高级语言 C/C + + 的开发接口。它支持 C/C + + 语言，其头文件支持 ANSI C。

UG NX/Open API 应用程序即是用 C/C + + 编程，通过调用 UG NX/Open API，把 UG NX 及其相关模块各种子功能集成在用户程序中，以实现用户的特定任务。UG NX/Open API 提供了比 GRIP 更多的对 UG NX 及其模块进行操作的功能，包括建模、装配、有限元分析、机构运动分析、制造、钣金等，具有很好的灵活性。

UG NX/Open API 封装了近 2000 个 UG NX 操作的函数，它可以对 UG NX 的图形终端、文件管理系统和数据库进行操作，几乎所有能在 UG NX 界面下完成的操作都能用它来实现。UG NX/Open API 提供的 UG NX 功能全部以标准 C 语言头文件(. h 文件)的形式保存在 UG NX 的安装目录下。

如果系统是在安装 VC + + 6.0 之后安装的 UG NX，那么在 VC + + 中新建工程标签页下，自然得到 UG NX/Open A pp Wizard 菜单项。如果系统先安装的是 UG NX，则需要将"UG NX"目录下的 UgOpen. awx 拷贝到"Microsoft Visual Studio\common\MSDdev98\Template"目录，作为 UG NX/Open API 程序设计模板。

UG NX/Open API 程序根据编译连接的情况可以运行在两种不同的环境中。Internal 和 External。External 类型以 . exe 的方式在操作系统下直接运行。该类型独立于 UG NX 系统，无法显示图形与用户交互，但可以打印和生成计算机图形元文件(CGM)。Internal 类型只能在 UG NX 的环境中运行。该类型以 . dll(动态链接库)的形式被调用到 UG NX 的进程空间中，一旦调进就永驻内存。与 External 类型相比，Internal 类型的优点是可以更快地连接、用更小的程序去和用户交互。Internal 类型的程序可以从 UG NX 图形界面中调用，也可以从 UG NX/Open Menu Script、User Tools 和 UG NX\Open GRIP 中调用。

例如，开发 Internal 类型的程序，UG NX/Open API 的一般形式是：

```
# include < uf. h > / * Prototypes exist in this file. * /
/ * Additional include files as required  * /
    void ufusr（char  * param，int  * retcod，int parm_len）
        ｛variable declarations
            UF_initialize（）；
            body（） / * 应用程序 * /
            UF_terminate（）；｝
```

2. UG NX/Open GRIP

UG NX/Open GRIP 也是 UG NX 10.0 提供的一种二次开发模块，主要用来调用 UG NX 自身的功能模块。它可以实现强大的图形绘制、装配和工程图等功能，还可以提高系列化产品的设计效率。GRIP 程序一般在 UG NX 平台下编制，具有独立的开发工具、编译链接过程、程序语言和文件格式。

GRIP 是 graphics interactive programming 的缩写，它与 FORTRAN 具有相似的程序设计语言。GRIP 能提供大多数 UG NX 操作及相关模块的操作。几乎任何 UG NX 操作均可通过 GRIP 程序交互式地实现，如实体建模、工程制图、制造加工、系统参数控制、文件管理、图形修改等。GRIP 也提供交互式的命令，这些命令在对话框中显示信息，允许用户在 GRIP 程序运行时进行交互操作；这些命令还控制对象的选择、菜单项选择、数据输入、文件输入等功能。

GRIP 定义了四种类型的结构：变量、命令、函数和符号。其中所有的关键词后面都紧跟一个斜杠(/)符号。关键词没有严格的大小写要求，但在 GRIP 程序中通常采用大写形式。使用 GRIP 进行编程的一般步骤为：

(1)编写源代码。利用文本编辑器编写源代码，以扩展名.grs 存盘。

(2)编译源程序。将源程序进行编译生成扩展名为.gri 的编译文件。若主程序中含有子程序，则两者要分别进行编译，链接时主程序自动对子程序进行链接。

(3)链接程序。将扩展名为.gri 的文件链接生成可执行的 GRIP 文件，扩展名为.grx。

(4)运行程序。在 UG NX 10.0 中的 File 菜单下的 Execute UG NX/Open 一项可以运行 * .grx 文件，也可以通过其他方式执行 * .grx 文件，如通过用户化的菜单或对话框。

一个 GRIP 语句由几个 GRIP 命令组成，GRIP 命令是 GRIP 语言的基本组成部分。GRIP 命令有三种表示格式：

➤ 陈述格式。主要用于生成和编辑实体。

➤ GPA 符号形式。GPA 是全局参数存取(global parameter access)的缩写，用于访问 UG NX 系统中各种对象的状态和参数。

➤ EDA 符号格式。EDA 是实体数据存取(entity data access)的缩写，用于访问 UG NX 数据库，能够访问各种对象的功能性数据库。

用 GRIP 语言编写的 GRIP 源程序可以在 Windows 的记事本中进行，记为 * .grs；或者在 GRIP 高级开发环境(GRAD - Grip Advanced Development Enviroment)中进行。运行 GRIP 程序

必须进入 UG NX 环境中。GRIP 通常用来开发一些小型的程序。

3. UG NX/Open Menu Script

此工具的功能体现在使用户或第三方软件商通过文本编辑器编辑 UG NX 10.0 菜单文件。它可以实现用户化菜单。UG NX/Open Menu Script 支持 UG NX 主菜单和快速弹出式菜单的设计和修改，通过它可以改变 UG NX 10.0 菜单的布局、添加新的菜单项以执行用户 GRIP 和 API 二次开发程序、User Tools 文件及操作系统命令等。应用 UG NX/Open Menu Script 编程可以实现两种菜单的用户化。

（1）添加菜单文件。开发人员添加菜单文件到相应的菜单目录下，这些菜单文件是经过用户编辑的、符合其要求的菜单文件。

（2）编辑标准菜单文件。开发人员编辑已存的标准菜单文件，使之符合自己的要求并且覆盖原来的菜单文件。这种方法会改变 UG NX 10.0 原来的界面。开发人员可以通过文本编辑器如 Windows 的记事本来编辑菜单文件。

以在 UG NX 10.0 的主菜单中添加一个菜单为例，即在"窗口"和"帮助"菜单之间添加"油气分离器"菜单，效果如图 6 - 3 所示。

运用 UG NX/Open Menu Script 这一开发工具，可以很方便地编写用户菜单，通过此菜单可调用用户所需要的对话框或 UG NX 10.0 本身的对话框，满足用户所要求的交互式操作。

要实现这一功能，可先用 Windows 的记事本来编辑菜单文件，并将该文件放入 E：\UGNX_Open\starup 中。其代码为：

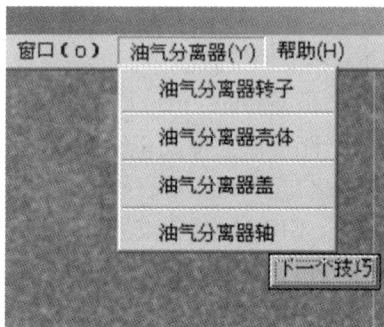

图 6 - 3　"油气分离器"菜单

```
VERSION 120
EDIT UG_GATEWAY_MAIN_MENUBAR
BEFORE UG_HELP
CASCADE_BUTTON MENU_ID_1
LABEL 油气分离器(&Y)
END_OF_BEFORE
END_OF_MENU
```

4. UG NX/Open UIStyler

UIStyler 是开发 UG NX 对话框的可视化工具，其生成的对话框能与 UG NX 集成，让用户更方便、更快捷地实现交互式操作。利用这个工具可以避免复杂的图形用户接口 GUI 的编程，而直接将对话框中的基本控件组合生成功能不同的对话框。其设计的对话框方式与 Visual C + + 很相似，即利用对话框中基本单元的组合生成不同的对话框，对话框中所有控件设计都是实时可见的。UG NX/Open UIStyler 生成的对话框可与 UG NX/Open Menu Script、UG NX/Open API、UG NX/Open GRIP 集成执行二次开发程序。

（1）UIStyler 对话框文件的生成。

开发人员进入 UG NX 10.0，点击 Application→User Interface Styler 就可以进入对话框设计界面，它是 UG NX 提供的用来创建对话框的专用模板。利用它可以创建包括按钮、文本框、列表框和单选按钮在内的对话框要素，可以实现它们的任意组合，从而创建具有 UG NX 10.0 风格的各种对话框。创建完毕后，在存储对话框时，系统同时保存对话框生成的三个文件：＊.dlg，＊_template.c，＊.h。其中，＊.dlg 是保存对话框图形界面的资源文件，用于定义对话框的式样以及控件事件响应函数的类型。＊.h 是 UIStyler 对话框 C 语言的头文件，用于控件标识和控件事件响应函数的类型。＊_template.c 是 UIStyler 对话框 C 语言的模板文件，它提供给用户一个具有对话框应用的 UG NX/Open 程序框架，该框架程序通过调用 UG NX/Open API 函数和访问 ＊.dlg 资源文件来实现最初对话框界面功能。对模板文件的修改可以在 VC 下进行，然后和 ＊.h 编译链接生产 ＊.DLL 文件。

（2）UIStyler 对话框的调用。

UIStyler 对话框有三种被调用方式：CallBack，Menu，User Exit。其中，CallBack 指被对话框调用，即对话框嵌套；Menu 指被 Menu Script 调用；User Exit 指被用户接口调用。不同的被调用方式有不同的接口函数，分别为 extern int < enter the name of your function >（int ＊ response）；extern ufsta（char ＊ param，int ＊ retcode，int rlen）；extern void ufusr（char ＊ param，int ＊ retcode，int rlen）。

确定 UIStyler 对话框的被调用方式后，应清除 ＊_template.c 文件中对应接口函数的条件编译代码，使该函数能够进行编译。

（3）UIStyler 对话框生成流程图如图 6 - 4 所示。

5. User Tools

User Tools 即用户工具，它是一种生成用户对话框的工具。User Tools 具有两种功能：一是在 UG NX 10.0 主菜单的 User Tools 下拉菜单中添加用户项；二是生成弹出式对话框。用户工具生成的界面风格和 UG NX 界面一致，通过它可以运行对话框文件、宏文件、UG NX/Open API 及 UG NX/Open GRIP 程序。用户工具生产的文件扩展名有 ＊.utm

图 6 - 4　**UIStyler 对话框生成流程图**

和 ＊.utd。其中，＊.utm 文件用于 UG NX 10.0 以前的版本，在主菜单 User Tools 中添加用户项，这需要在 UG NX 10.0 的初始化文件 ugii env.dat 中指明路径，自动装载；＊.utd 文件可通过 ＊.utm 文件调用或由 ＊.men 菜单文件调用。＊.utm 文件和 ＊.utd 文件可用 Windows NT 的写字板进行编辑。

6. User Define Feature

User Define Feature 即用户自定义特征，它是 UG NX 10.0 软件提供的造型特征之一，可对一简单实体生成用户化的特征，特征的参数由用户定义。通过这一功能可建立用户自定义特征库，在需要时直接调用。用户自定义特征文件扩展名为 ＊.udf。用户自定义特征适合简单零件的特征造型，用于建立常用标准件库非常方便。具体操作为：

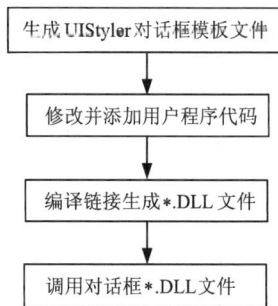

（1）首先创建一新的特征实体。

（2）通过 Tools→Expression 查看特征实体的参数名称及其值，可以对其进行修改，OK 退出。

（3）通过 File→Export→User Defined Featrue 输出用户自定义特征。在该对话框中输入自定义特征名称、摄入特征线框图形，在 Features in Part 列表框中选定特征添加到 Features in UDF 列表框中，在 Features in UDF 列表框中选中特征，则在 Available Expressions 列表框中出现所选特征的参数名称，分别选中它们并添加到 UDF input Parameters 列表框中，OK 退出。

（4）通过 Insert→Form Feature→User Defined 调用自定义特征文件，弹出对话框，输入参数生成特征实体。

7. Macro

Macro 即宏命令，它是 UG NX 10.0 平台上人机交互操作的一系列过程的记录。宏命令文件扩展名为 ∗.macro，为 ASCII 码形式。宏命令通过两种方式产生：一是软件自动记录；二是手工编写（用任一文本编辑器）。

宏命令的产生和使用与用户界面紧密相关，这是因为它是用户对当前界面进行键盘操作和鼠标操作的连续记录，所以开始执行宏命令的界面必须和开始记录宏命令的界面一致，这样才能保证宏命令能逐步正确地运行。宏命令中可以加入用户中断点，以便输入必要的设计数据及提示信息，即宏命令的运行可人机交互。

在 UG NX 10.0 版本中通过主菜单项 Tools→Macro→Start Record 开始进行宏命令自动记录，以 Tools→Macro→Stop Record 终止记录。用 Tools→Macro→Playback 执行宏命令。在宏命令的记录过程若无用户中断点，则宏命令所进行的操作结果是不变的。为了改变输入参数，可以在参数对话框弹出之后用 Tools→Macro→User Entry 加入中断点或用 Tools→Macro→User Entry with Instructions 加入带提示的中断点。对话框终止时（如选择 OK），取消中断。如果对话框中无 OK、Cancel 等按钮，则可用 Tools→Macro→Continue User Entry 取消中断点（在执行宏命令时也是如此）。

6.2.2　各二次开发模块之间的关系

在用户定制及二次开发过程中，可综合运用上述七种工具，其中 UG NX/Open UIStyler、UG NX/Open API 的功能最强，但也最难掌握。

综上所述，UG NX 10.0 提供多种形式、不同层次的二次开发工具，满足不同用户进行 UG NX 10.0 的二次开发。UG NX 10.0 二次开发的技术路线是：以交互式图形系统为主要支撑；以图形系统的用户语言为进程的控制者；以高级语言为系统连接及数据转换的枢纽；开发有关产品参数化设计、产品智能设计、产品集成设计的 CAD 软件，实现 UG 软件的用户化、本地化，提高设计速度与设计质量。

1. UG NX 用户界面设计工具

如前所述，UG NX 10.0 提供 UG NX/Open Menu Script、User Tools、UG NX/Open UIStyler 三种界面设计工具，这三种界面设计工具与 UG NX/Open API、UG NX/Open GRIP 的关系如图 6 − 5 所示。

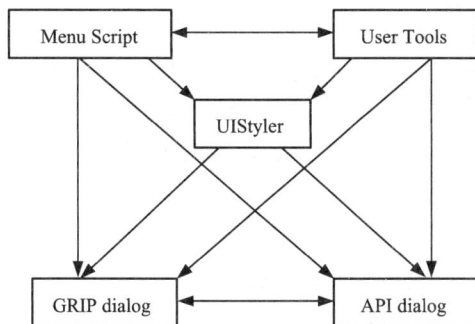

图 6 - 5　用户界面设计方法关系图

在图 6 - 5 中箭头指向表明可调用执行关系，其中 GRIP dialog、API dialog 分别为 GRIP 和 API 程序生成的对话框。Menu Script 和 User Tools 是处于顶层的界面设计，可以调用执行 UIStyler dialog、GRIP dialog、API dialog 等对话框文件。其中 UG NX/Open UIStyler 对话框设计功能最为强大，可实现其他对话框的所有功能。

2. UG NX 用户程序设计

UG NX 10.0 提供了许多二次开发工具和方法，只有用程序将它们集成起来才能实现用户的特定功能。如上所述，它有两种程序设计语言即 UG NX/Open GRIP 和 UG NX/Open API，在 UG NX/Open API 作为 Unigraphics 的模块对用户开放之前，Unigraphics 上的开发工具是 GRIP，因此为了利用 GRIP 应用程序，UG NX/Open API 提供了调用 GRIP 程序的方法，从而在最大限度上保护了用户的投资。虽然 GRIP 的功能远不如 UG NX/Open API 强大，但是 GRIP 还是有其独特的特点，仍然有大量的用户在使用。为了能够让 GRIP 开发人员利用 UG NX/Open API 的功能，GRIP 中同样提供了调用 UG NX/Open API 应用程序的方法。

1) UG NX/Open API 调用 GRIP 程序

UG NX/Open API 提供的调用 GRIP 程序的函数是 UF_call_grip，该函数调用的 GRIP 程序必须是经过编译连接后的可执行的 GRIP 程序。被调用的 GRIP 程序利用命令 UFARGS 接收 UF_args_s 结构数组中的参数。

即通过在 UG NX/Open API 主程序中应用 UF_call_grip（grip_exe, grip_count, grip_arg_list）函数来调用名为 grip_ exe. grx 的 GRIP 可执行文件。当 GRIP 程序运行时，GRIP 程序中的 ufargs 命令可实现 API 和 GRIP 参数传递。在 GRIP 程序终止后，API 程序已经获取 GRIP 程序分配的数据，UG_call_grip 函数输出一个返回值。

2) GRIP 程序调用 UG NX/Open API

GRIP 程序利用命令 XSPAWN/UFUN，'C：\temp\api_exe. dll'调用执行名为 api_exe. dll 的 API 程序。命令 XSPAWN/UFUN 利用 UFARGS 命令向 API 传递数据。在被调用的 API 程序中，利用函数 UF_ask_grip_args 查询从 GRIP 传递过来的参数，并利用 UF_set_grip_args 向 GRIP 返回参数。这里 UF_set_grip_args 到 UFARGS 的映射在数据交换中扮演重要的角色。

6.2.3　UG NX 电子表格系统

UG NX 10.0 提供了 Microsoft Excel 以及 Microsoft Xess 与 UG NX 系统之间的接口，这为数据管理和参数化设计提供了方便。

UG NX 10.0 提供了以下五种电子表格，各种电子表格的功能略有差异。

➤ General Spreadsheet：通用电子表格。

➤ Gateway Spreadsheet：用户入口电子表格。

➤ Edit Expressions Spreadsheet：编辑表达式电子表格。

➤ Modeling Spreadsheet：建模过程中的电子表格。

➤ Part Family Spreadsheet：零部件族电子表格。

UG NX 10.0 的电子表格有两种接口，即 Xess(适合各种硬件平台)和 Microsoft Excel(仅 Windows NT、Windows 2000、XP 等平台)数据表应用程序。在 Windows 平台上，默认的电子表格形式可以通过"预设置"→"电子表格"(Spreadsheet)命令进行设置。

1. General Spreadsheet

General Spreadsheet 即通用电子表格。它是在没有任何部件时载入没有建立过的空文档的 UG NX 系统。单击"工具"→"电子表格"即调出。由于系统中没有任何部件，该表格不与任何部件相联系，可以用来执行很多典型的电子表格功能。相当于在 UG NX 10.0 环境中简单地调用 Microsoft Excel 应用程序，在它的下拉菜单中没有任何与 UG NX 相关的命令。这样该应用程序与在 Windows 环境下直接执行 Microsoft Excel 程序没有本质的区别。

2. Gateway Spreadsheet

Gateway Spreadsheet 即用户入口电子表格。载入部件后直接单击"工具"→"电子表格"命令，系统将弹出用户入口电子表格。该电子表格同部件一起存储，可存储有关的非几何体数据，如部件的设计、制造、使用、修改等情况的信息，便于下游用户查阅。该电子表格和部件相关，所以在它的工具下拉式菜单里有附加选项去存储相关的部件。但是由于系统此时处于 Gateway 应用环境下而无法对部件进行任何编辑，因此它不能被用来编辑及更新模型。

3. Edit Expressions Spreadsheet

Edit Expressions Spreadsheet 即编辑表达式电子表格。单击"工具"→"表达式"，系统将弹出"表达式"对话框，单击其下面的"电子表格编辑"按钮，系统将打开一个与所有表达式相互关联的电子表格，用来对表达式进行编辑。如图 6-6 所示。

该部件里的所有表达式将被自动抽取到电子表格里，在电子表格里有相应的列来表示表达式名、公式和表达式值。该电子表格在编辑部件中已存表达式的值时非常有用。通过对该电子表格的编辑，可以完成以下一些任务：

➤ 改变表达式的值，或改变公式栏里的公式值。

➤ 引用已存的部件间表达式。

➤ 合并电子表格函数到一个表达式里。

➤ 在表达式里引用电子表格的单元值。

但是用编辑表达式电子表格不能进行一些操作，如在列表里添加或删除一个表达式、修改表达式的名、创建一个新的部件间表达式和改变部件间表达式的值。电子表格里可以修改的 Formula(公式栏)显示为绿色，其他的单元格不能改变，Value(值)栏将随着 Formula 的改

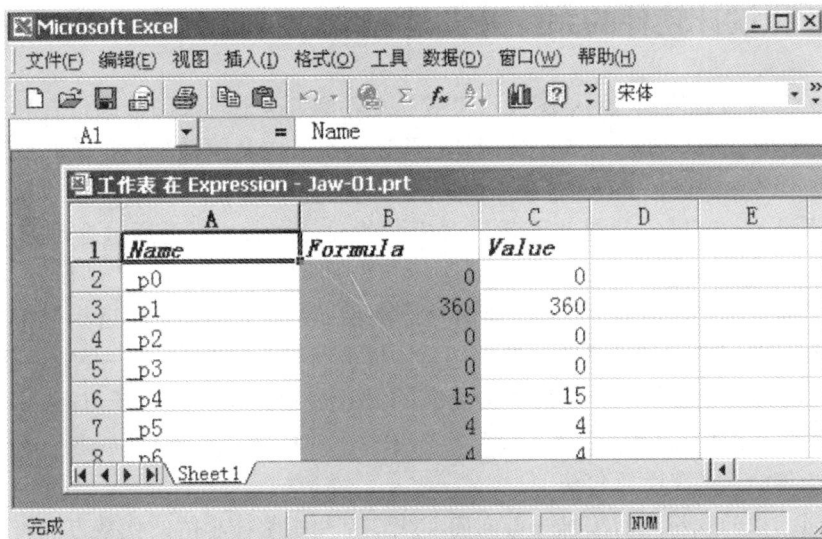

图6-6　编辑表达式电子表格

变而进行相应的变化。

4. Modeling Spreadsheet

Modeling Spreadsheet 即建模电子表格。它是最实用也是功能最强的电子表格。该电子表格允许提取部件数据、修改部件、不退出电子表格更新部件几何体。它的功能包括表达式编辑、目标搜寻(goal seek)、一般的文档资料编写及定义部件变量。该电子表格提供了附加的下拉式菜单选项，允许与模型交换信息。

综合各项，管理表达式的基本步骤如下：

(1)创建参数化的零部件模型；

(2)在建模的环境中，单击"工具"→"部件族"，启动电子表格；

(3)单击"工具"→"提取表达式"；

(4)通过移动电子表格单元或清除含有不需要的表达式单元来组织表达式数据；

(5)按设计意图来建立相应计算要求的公式；

(6)执行设计优化或分析来修改表达式；

(7)单击"编辑"→"定义表达式区域"，设置激活区域；

(8)单击"工具"→"更新 UG 部件"，修改表达式数据来更新模型；

(9)存储电子表格及 UG 部件。

5. Part Family Spreadsheet

Part Family Spreadsheet 即零部件族电子表格。它用来创建和管理零件库。该电子表格可以将一系列零件的可变参数管理起来，通过改变或添加记录就可以方便地驱动已存在的零件或生产的新零件，而无须重新建模。

6.3　参数化设计软件的系统开发过程

参数化的实现过程为：利用草图技术生成二维轮廓，这个轮廓的准确位置和尺寸都不必在草图输入时给出，可以在以后的参数设计过程中得到；再利用系统的拉伸和旋转等手段生成三维特征，有了这个基础，再加上一个记录造型过程的 CSG 树，就可以完成模型的参数设计。需要强调的是，这里的参数并不是最后模型的设计参数，而是通过造型过程的造型参数。参数化设计技术具有强有力的尺寸驱动、修改图形功能，为初始产品设计、产品建模、修改系列产品设计提供了有效的手段，能够充分满足设计具有相同或相近集合拓扑结构的工程系列产品及相关工艺装备的需要。参数化设计技术以约束为核心，是一种比约束自由造型技术更新颖、更好的造型技术。该技术将复杂的设计过程分解为三个子过程，即草图设计、对草图施加约束以及约束求解。

1. 基于几何约束的变量几何法

基于几何约束的变量几何法是一种面向非线性方程组整体求解的代数方法。它将几何形状定义为一系列的特征点，将约束关系转换成以特征点坐标为变量的非线性的约束方程组，当约束发生变化时，通过 Newton-Raphson 法迭代求解方程组，得出一系列新的特征点，从而生成新的几何模型。该方法常用于几何元素的大小、位置和方向的限制，分为尺寸约束和几何约束等重要概念。尺寸约束限制元素的大小，几何约束限制元素的方位和相对位置关系；自由度用来衡量模型的约束是否充分。

2. 基于几何推理的人工智能法

该方法的基本思想是将约束关系用一阶逻辑谓词来描述并存入事实库，通过推理机的推理作用，从规则库中选取规则并应用于现有事实，推理的结论作为新的事实，推理记录了所有成功的应用规则并提供给重构过程，从而构造出符合设计要求的几何体。人工智能的主要优点是表达简洁、直观，可以避免变量几何法的不稳定性循环，但系统庞大、速度慢，无法处理循环约束。

3. 基于生成历程的过程构造法

采用一种称为参数化遍历的机制，通过记录几何特征在图形构成过程中的先后顺序及连接关系来捕捉设计者的意图，常用于三维实体和曲面的参数化建模。可将模型看作由若干简单的子模型经过多次运算组合而成，任何三维模型都有一级子模型、两级子模型或多级子模型。各类约束都包括在模型的生成历程中。因此，可参数化基本模型数据是各种特征尺寸和片面图形的几何尺寸，如长方体的长、宽、高，圆柱的高度和底面半径等。中间子模型或最终模型由运算生成，所以历程数中的这类模型包含运算参数。参数形式与运算类型有关。几何建模中常见的运算类型有布尔运算、扫描变换、倒圆角与倒角以及定位操作等。

软件工程化思路，是指以工程化的方式组织软件。软件开发方法已经形成三种模式，即给予瀑布模型的结构化生命周期、给予动态定义需求的原型化方法和基于结构的面向对象的软件开发方法。下面主要介绍第一种模式，主要有问题定义、可行性研究、需求分析、总体设计、详细设计、编码、软件测试、软件维护八个阶段，如图 6-7 所示。

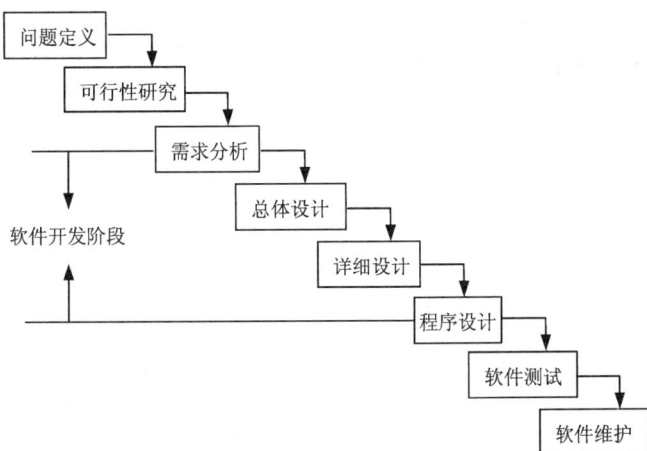

图 6 - 7　软件系统开发示意

6.3.1　计划阶段

计划阶段的主要任务是分析用户基本需求、分析新系统应设定的目标、按设定目标的要求进行问题定义并分析开发该系统的可行性。

1. 问题定义

确定软件系统的主要功能, 即分析系统的功能, 得出软件系统目标、范围与功能说明。

2. 可行性研究

对问题定义阶段所确定的问题实现的可能性和必要性进行研究, 并讨论问题的解决办法。对各种可能方案做出必要的成本和效益分析, 分析人员据此提出可行性分析报告作为进行该项工程的依据。

6.3.2　软件开发阶段

1. 需求分析

该阶段主要确定用户对软件系统的功能性和非功能性的全部需求, 并通过需求分析将软件功能和性能的总体需求以规格说明书的形式表达。需求分析主要使用的工具是数据流图和数据字典, 分析人员将了解到的事实用数据流图的形式表示出来, 以获得当前系统的具体模型。用户需求是指用户要求软件系统必须满足所需的所有功能和限制。用户需求通常包括功能需求、性能需求、可靠性需求、安全保密需求, 以及开发费用、开发周期、可利用资源等方面的限制。其中功能需求是最基本的, 它包括数据要求和加工要求两方面。

2. 系统设计

系统设计是由结构化设计组成。结构化设计是以软件需求分析阶段所产生的文档(包括数据流图和数据字典)为基础, 自顶向下、逐步求精和模块化的过程。系统设计一般分为总体设计和详细设计两个阶段。它是软件生命周期中工作量最大和最关键的时期。技术含量较高的部分往往都在这一时期内解决, 为以后的编码设计做算法和结构上的准备。

1) 总体设计

　　总体设计的任务是确定软件的总体结构、子系统和模块的划分，并确定模块间的接口和评价模块划分质量，以及进行数据分析。需求分析阶段的工作已经确定了系统功能，而总体设计的基本任务是解决系统如何做，即系统的功能实现。

　　2）详细设计

　　详细设计是软件设计的第二步。在总体设计阶段，已经确定了软件系统的总体结构，给出了系统中各个组成模块的功能和模块间的接口。详细设计是要在上述结果的基础上考虑如何实现定义的软件系统，直到对系统中的每个模块给出足够详细的过程描述。

　　详细设计的任务是为软件结构图中的每一个模块所采用的算法和块内数据结构，用某种选定的表达工具给出清晰地描述。结构化程序设计还要求在设计过程中采用自顶向下、逐步求精的设计方法。其主要工具是流程图、方框图、PAD 图和程序设计语言（PDL）。其中，流程图是一种传统的、应用广泛的表达工具，它用方框表示一个处理步骤，菱形表示一个逻辑条件，箭头表示控制流向。它很直观，便于初学者掌握。人们在了解别人所开发软件的具体实现方法时，也需要借助主程序流程图理解其思路和处理方法，有顺序、条件、多分支选择及 repeat-until 四种主要结构。

　　3）程序设计

　　该阶段的主要任务是编码，即为各个模块编写程序。将详细设计的结构转换成某种程序语言的源程序，编译程序再将这些源程序变成依赖于具体计算机的目标代码。这个转换过程受各种各样"噪声"的影响，可能会将各种错误引入源代码，从而影响着软件的性能和质量。对详细设计说明书的任何一点误解必然会导致错误的源代码，而程序设计语言的性能不仅影响软件开发人员的设计方案，甚至对软件设计的质量和效能、数据结构的选择以及软件的测试和维护性能也产生影响和制约。结构化程序设计认为顺序、选择和循环三种结构就能实现任何单入口/出口的程序的设计。其基本要求是，在详细设计阶段为确保模块的逻辑清晰，所有模块只使用单入口/出口以及顺序、选择、循环三种基本控制结构。

6.3.3　软件测试阶段

　　在软件生命周期的各个阶段都有可能会产生错误。如果在软件投入生产性运行之前没有发现或没有纠正软件中的错误，则这些错误在运行阶段会暴露出来，甚至造成严重后果。测试的目的是在软件投入生产性运行之前尽可能多地发现软件错误。测试是对软件的说明，是设计和编码的最后复审，所以软件测试贯穿于整个软件开发期的全过程。

　　软件测试是软件开发过程中的重要阶段，是软件质量保证的重要手段。其任务可以归纳为三个方面：预防软件产生错误；发现、更正错误程序；提供错误诊断信息。目前，软件测试的方法大致有动态测试、静态测试和正确性证明三种。

6.3.4　软件维护阶段

　　软件维护是指软件系统交付使用以后对它所做的改变，是软件生命周期中的最后一个阶段。软件维护是在用户使用软件期间对其进行补充、修改和增强，主要有校正性维护、适应性维护、完善性维护和预防性维护四类。

6.4　油气分离器和离心通风机参数化设计过程

6.4.1　离心式油气分离器

油气分离器是将工作过程中融入润滑油里的气体分离出来的一种分离装置，以降低润滑油中气体的含量，从而保证滑油系统能够安全、可靠的工作。当润滑油通过油泵、管路和高转速轴承时，大量的游离空气和燃气会被抽回油中来，润滑油中的空气含量因增加而变成空气、润滑油乳化液。这样将会使润滑油的冷却能力大大降低，增大润滑油的消耗量及管路中的油流阻力，影响泵的抽油能力。因此，在靠近油箱的回油路出口需要设计油气分离器，把润滑油中含有的大部分空气分离出来。

油气分离器主要有三种类型：平板式油气分离器，动压式油气分离器和离心式油气分离器。其中，平板式油气分离器结构最简单，它利用润滑油以薄层流过平板或孔隙式滤网时气泡破裂使空气从润滑油中逸出从而使油气分离。当润滑油黏度较大及气泡直径较小时其分离效果较差，且当油量较大时，还需要用较大的平板。动压式油气分离器是利用液体旋转离心作用来实现油气分离的，在摩擦阻力大、液体旋转角度下降快的情况下分离效果差，一般设计安装在滑油箱的回油管的出口，回油在压力作用下切向进入油气分离器，在内壁上旋转使气体分离逸出。离心式油气分离器主要利用离心力场将油液中的未融入气体分离出来，其分离效果最佳。在这种情况下，工作液为重物质，在离心力场的作用下甩向转子外缘，而气体较轻，在离心力场的作用下集中在转子中心，在此加以聚积并排除。本书主要研究离心式油气分离器的参数化设计。

离心式油气分离器一般是由转子、壳体、转子轴等零件、组件组成，如图 6-8 所示。油气进口位置一般设计在较小的径向位置处，这样可以使进口的阻力减小，同时便于油气分离。而润滑油出口一般设计在最大径向位置处，以达到最高的分离效果，并足以克服最大的出口反压。通气口则设计在转子中心轴上的低压区，轴上开孔或沿轴向做环形间隙，以利于气体从轴心排出。

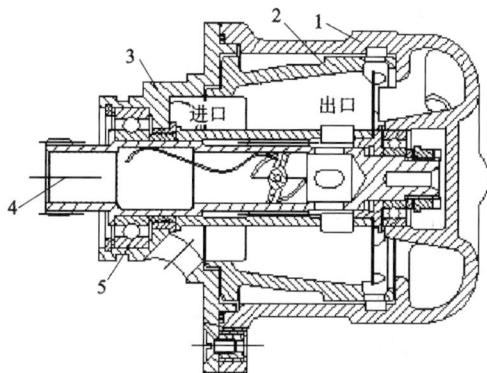

图 6-8　离心式油气分离器

1—壳体；2—转子；3—盖；4—转子轴；5—轴承

6.4.2　离心式通风机

通风机是将工作压力空气中混入的润滑油分离出来,以减小润滑油的消耗量的一种分离装置。通风机从结构上分主要有三种类型:离心式通风机、叶轮式通风机和轴心式通风机,如图6-9所示。离心式通风机及叶轮式通风机均可用于自由通风的滑油系统,轴心式通风机代表着发动机通风机的发展方向。本书主要研究离心式通风机(也称离心通风机)的参数化设计。

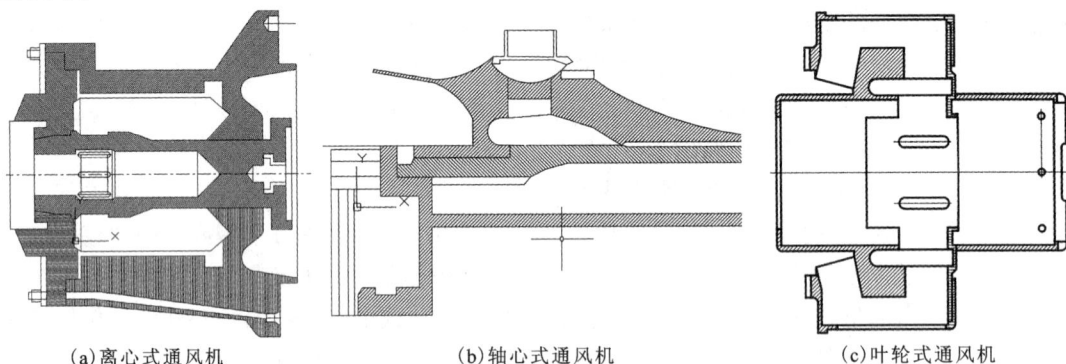

(a)离心式通风机　　　　　　　(b)轴心式通风机　　　　　　　(c)叶轮式通风机

图6-9　通风机常见类型

在工作的时候,空气夹带着润滑油小油滴进入离心通风机。由于转子的高速旋转使得空气与小油滴受到一个向外的径向力,润滑油密度比空气密度大,所以作用在小油滴上的离心力比作用在空气上的离心力大,这样润滑油小油滴就被甩到壳体内壁处,并在动压的作用下通过壁上的小孔流回传动腔。分离后的空气在压差的作用下通过轴上的通气口排出,实现轴承腔与外界大气的通风。

6.4.3　参数化设计系统的整体方案

总体设计的任务是确定软件的总体结构、子系统和模块的划分,并确定模块间的接口和评价模块划分质量以及数据分析。经过需求分析阶段后的工作已经确定了系统功能,总体设计的基本任务就是解决系统功能的实现。

油气分离器和离心通风机参数化设计系统在这一阶段主要是确定该软件的开发思路。系统采用模块化设计思想,主要由两个模块组成,即计算模块和参数化设计模块。每个模块的功能如图6-10所示。

1. 计算模块

计算模块的主要功能是通过对转子中的油滴进行受力分析和运动分析找出油滴和空气的分离条件,根据分离条件计算某一确定尺寸的转子所能分离的最小油滴直径和分离效率,得到根据分离要求设计转子尺寸的理论设计方法。通过 Visual C++编程开发计算程序。

1)工作原理分析

以油滴为研究对象,从油滴的受力分析出发,研究油气分离器和离心通风机的工作原理,确定主要影响参数。在油气分离器和离心通风机设计过程中,以油滴为研究对象,由于油滴的密度 ρ_1 远大于空气密度 ρ_2,在转子高速旋转的时候,油滴和空气所受径向的离心力是

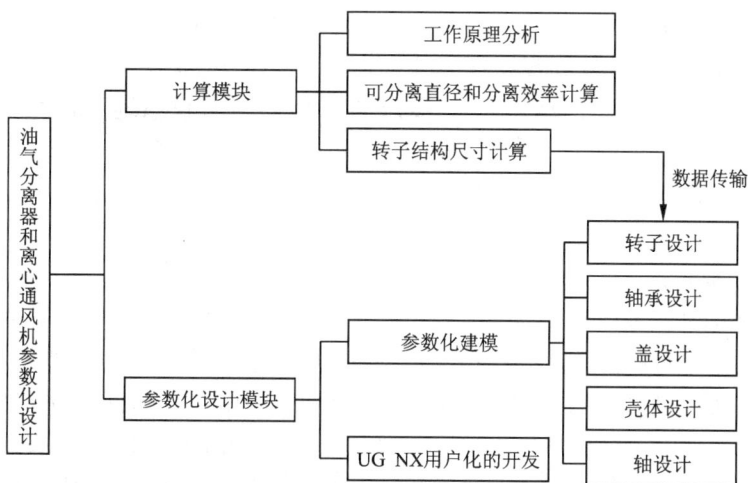

图 6 – 10　参数化设计系统方案

不同的。在离心力作用下，密度较大的油滴被甩到转子外壁上，而空气从转子中心轴处排出，从而实现了油气分离。分离能力主要和转子长度 L、内径 d_1、外径 d_2、转子角速度 ω、转子叶片数 n 有关。

2）可分离直径和分离效率计算

本模块的主要功能是计算已知转子尺寸的油气分离器和离心通风机的分离效率。输入转子的内径、外径、长度尺寸、工作条件就可以得到可分离的油滴最小直径。根据能够分离的最小油滴直径和假设的油滴直径分布计算出分离效率，一般假设油滴的直径服从 $d \sim (\mu, \delta^2)$ 的正态分布，其中 μ 为用户输入的平均油滴直径，δ 为油滴直径分布的标准差。

3）转子结构尺寸计算

本模块的主要功能是按照用户所提出的各种条件和功能的需求来设计的转子的结构尺寸。根据用户要求分离的最小油滴直径和转子内外径尺寸，求出转子最小的长度尺寸，从而实现尺寸优化设计。当给定的内外径尺寸不能实现分离要求时，系统能及时提示用户。最后将设计好的转子尺寸数据导出，为 UG NX 10.0 参数化设计提供基础数据。

2. 参数化设计模块

参数化设计模块主要利用 UG NX 10.0 二次开发平台，完成油气分离器和离心通风机的转子、壳体、盖、轴和轴承等的参数化建模及模型的适时更新和设计。

1）参数化建模

参数化设计的关键是要分离出所建模型的几何特征参数和定位参数，通过几个独立参数的改变能实现模型的自动改变。几何特征参数是指模型基本几何形体的尺寸参数，如长、宽、高是长方体的几何特征参数。几何特征参数确定了，则模型特征就确定了。定位参数是指几何体之间的位置参数。设置定位参数是进行复杂形体建模的必要途径。按照这个原则对油气分离器和离心通风机各个部件进行建模，并用表达式将部件间相关联的尺寸联系起来。

2）UG NX 用户化的开发

UG NX 10.0 软件具有良好的开放性，为用户提供了功能强大的二次开发工具，包括供用户定制菜单的 UG NX/Open Menu Script, 供用户构造 UG NX 10.0 软件风格对话框的用户界面设计模块 UG NX/Open UIStyle, 供用户进行开发的 UG NX/Open GRIP 和 UG NX/Open API 程序设计模块, 提供了良好的高级语言接口, 使得 UG NX 10.0 软件的造型功能和计算功能有机地结合起来, 便于用户开发符合自己要求的 CAD 设计分析系统。利用 UG NX/Open 提供的应用程序和开发工具可以实现: ①通过 UG NX/Open API 函数与 UG NX 对象模型交互; ②生产并使用用户自定义对象 UDO, 包括管理它们与 UG 对象的相关性, 提供一种更新和显示用户自定义对象的方法; ③为第三方应用程序定制 UG NX 10.0 软件风格化界面。

3. UG NX 参数化设计过程

参数化设计是机械零件设计的一个重要组成部分。参数化设计过程是指从功能分析到创建参数化模型的整个过程。首先要根据零部件的功能, 以及零部件与其他零件之间的关系, 确定零部件是否可以进行参数化设计。有的零部件是专用零件, 有的零部件甚至是单件生产, 像这样的零部件不必进行参数化设计。确定参数化设计的方法以后, 要根据零部件的几何位置关系确定待设计零件的自由变化参数, 并确定参数之间的关系。再根据分析进行零件的详细设计。在设计过程中如果遇到问题, 还可以对自由变化参数进行修改。

对系列化、通用化和标准化的定型产品设计所采用的数学模型及产品的结构都是相对固定不变的, 所不同的只是产品结构尺寸有所差异, 而结构尺寸的差异是由于相同数目及类型的已知条件在不同规格的产品设计中取不同的值而造成的。这类产品可以将已知条件和随产品规格变化的基本参数用相应的变量代替, 然后根据这些已知条件和基本参数由计算机自动查询图形数据库, 由专门的绘图生成软件在屏幕上自动设计出图形来。

参数化造型是当前 CAD 技术发展的趋势, 是近年来出现的新技术, 目前仍处于发展和完善之中。它源于设计人员对 CAD 系统的一种期望, 即在实际工程设计中, 迅速方便地修改产品设计方案, 满足实际工程设计的需要。

4. 参数化设计的特点和需要注意的问题

参数化设计是由程序开发人员预先设置一些几何图形约束, 供设计者在建模时使用。与一个几何图形相关联的所有尺寸参数可以用来生成其他几何图形。参数化设计的主要技术特点为:

(1)基于特征。

将某些具有代表性的平面几何形状定义为特征, 并将其所有尺寸定义为可调参数, 进而形成实体, 以此为基础进行更为复杂的几何形体的构造。

(2)全尺寸约束。

将形状和尺寸联系起来考虑, 通过尺寸约束来实现对几何形状的控制。建模时必须以完整的尺寸参数为出发点, 不能漏标注尺寸, 也不能多标注尺寸。

(3)尺寸驱动设计。

通过编辑尺寸数值的改变几何形状。

(4)数据尽量全相关。

尺寸参数的修改将导致其他相关模块中的相关尺寸得以全盘更新。

参数化设计不同于普通模型的创建, 它要运用特征建模的方法, 遵守零件参数之间的关系, 因此, 在建模以及参数提取过程中应注意以下几个问题:

(1)零件中的任何一个单元都必须采用特征建模的方法, 将模型简化、分解为尽量少的特征，确定合理的特征创建顺序。

（2）要全局考虑各个特征间的相互依存关系，全局考虑导出参数与自由变化参数的关系，避免参数冲突，避免过约束。

（3）可以根据需要将零件系列表中的自由变化参数进行转换，也可以根据需要提供多于自由变化参数数目的特征参数。

（4）参数提取后，要创建所有的零件模型，必要时要适当扩大参数的变化范围，这样做的目的是使该参数化模型可以有更好的柔性。

6.5 油气分离器和离心通风机设计计算

6.5.1 油气分离器和离心通风机转子的理论设计

油气分离器和离心通风机的工作原理相似，设计计算采用相同的理论设计模型。根据工况，以油滴为研究对象，油滴在转子中运动速度方向如图 6 – 11 所示。油气分离器和离心通风机中油气乳化液在转子里的运动实际是油 – 气两相流问题，设计计算时必须做适当的简化。由于油气分离器通道的坡度不大，不考虑附面层影响，设定通道内的轴向速度不变。一般要求润滑油在较低、较高的温度下均能正常工作，并要求有小的黏度。润滑油假定为理想流体。

首先分析油滴速度。当油滴进入转子后从内径处向外运动，在轴向位置从入口到出口这段距离内，油滴的径向位置如果能从转子内部运动到外部的壳体位置就能够实现分离，反之则不能分离。其次分析油滴的受力情况，建立力学模型，进行理论设计和计算。以油气中直径为 d 的油滴为研究对象，油滴径向受力是确定分离能否成功的主要因素，所以只对油滴进行径向受力分析。油滴受力情况如图 6 – 12 所示。在轴线方向上，油滴与空气一起以相同速度运动，故油滴在轴向上无阻力。在旋转半径方向上，油滴受到离心力 p_1、空气旋转所施加的向心力 p_2、空气阻力 p_3、重力 G 的共同作用。取离心力、向心力、空气阻力和重力位于同一垂直平面的时刻进行受力分析，由于重力 G 方向不变，而油滴随着转子的转动做圆周运动，在轴心上方重力阻碍油滴分离，在轴心下方重力促进油滴分离，所以重力对于分离能力没有影响。

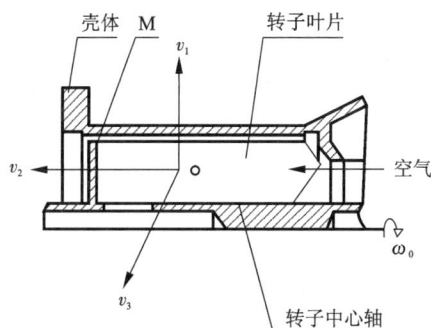

图 6 – 11 油滴在转子中运动速度方向

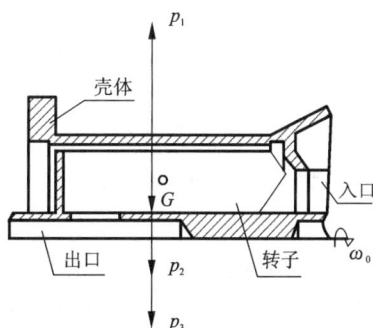

图 6 – 12 油滴受力分析简图

1. 理论设计计算模型建立

分析图 6-12 得离心力 p_1 为

$$p_1 = m_1 R \omega^2 = \frac{\pi}{6} \rho_1 R (\psi \omega_0)^2 d^3 \tag{6-1}$$

式中：m_1——油滴的质量，kg；

    R——油滴旋转半径，m；

    ω——油滴的旋转角速度，rad/s；

    d——油滴直径，μm；

    ρ_1——润滑油密度，kg/m³；

    ψ——油滴的角速度对转子角速度的滞后系数；

    ω_0——转子的旋转角速度，rad/s。

向心力 p_2 为

$$p_2 = m_2 R \omega^2 = \frac{\pi}{6} \rho_2 R (\psi \omega_0)^2 d^3 \tag{6-2}$$

式中：m_2——与油滴同体积的空气的质量，kg；

    ρ_2——空气密度，kg/m³。

空气阻力 p_3 为

$$p_3 = C_f \times \frac{\pi}{4} d_2 \times \rho_2 \frac{v_1^2}{2} \tag{6-3}$$

式中：C_f——阻力系数，为雷诺数的函数，在斯托克斯区域内 $C_f = 24/R_e$，油滴雷诺数 $R_e = v_1 d \rho_2 / \mu$，其中，μ 为空气动力黏度，kg/(m·s)，v_1 为油滴的相对径向速度，m/s。

则式(6-3)可表示为

$$p_3 = 24 \times \frac{\mu}{v_1 d \rho_2} \times \frac{\pi}{4} d^2 \times \rho_2 \frac{v_1^2}{2} = 3 \pi \mu v_1 d \tag{6-4}$$

根据离心力 p_1、向心力 p_2 和空气阻力 p_3 平衡原理，即油滴在抛离时刻合力为零，则有

$$p_1 - p_2 = p_3 \tag{6-5}$$

可知，当油滴刚进入油气分离器转子时这个等式并不成立，上述讨论的是油滴在受力平衡状态时刻位置和分离时间的关系。通过分析各个力的变化关系可知，$p_1 - p_2$ 在转速固定的情况下与油滴的径向位置成正比，p_3 与油滴的径向速度成正比，$p_1 - p_2$ 和 p_3 都在增大，只是空气阻力 p_3 增大得更快些，所以油滴在这三个力的作用下，在径向上做加速度逐渐减小的加速运动。当达到式(6-5)的受力状态时，加速度为零，但是径向速度还很大，油滴还能向外径处运动一段距离，仍能实现分离。

根据牛顿第二定律，油滴的受力平衡方程为

$$p_1 - p_2 - p_3 = m_1 a \tag{6-6}$$

式中：a——油滴的加速度，m/s²。

将式(6-1)、式(6-2)、式(6-4)、(6-6)合并得

$$\frac{\pi}{6}(\rho_1 - \rho_2) R (\psi \omega_0)^2 d_{\min}^3 - 3 \pi \mu v_1 d_{\min} = \frac{\pi}{6} \rho_1 d_{\min}^3 a \tag{6-7}$$

由于 $v_1 = \mathrm{d}R/\mathrm{d}t$，$a = \mathrm{d}^2 R/\mathrm{d}t^2$，将式(6-7)看成是半径以时间 t 为自变量 R 的函数，其中，

t 为油滴在转子内停留的时间。

将式(6-7)写成微分方程的形式为

$$\frac{\pi}{6}(\rho_1 - \rho_2)R(\psi\omega_0)^2 d_{\min}^3 - 3\pi\mu\frac{\mathrm{d}R}{\mathrm{d}t}d_{\min} = \frac{\pi}{6}\rho_1 d_{\min}^3\frac{\mathrm{d}^2 R}{\mathrm{d}t^2} \tag{6-8}$$

求出 t 时刻的半径 R，比较 R 与转子外径的大小即可确定油滴能否被分离。采用数值分析中的 Runge-Kutta 方法解微分方程。

该 $R(0) = R_1$，R_1 为转子内径；$R(0)' = 0$，油滴的初始径向速度为 0。

令 $\mathrm{d}R/\mathrm{d}t = z$，将二阶微分方程化为一个一阶方程组为

$$\begin{cases} \dfrac{\pi}{6}(\rho_1 - \rho_2)R(\psi\omega_0)^2 d_{\min}^3 - 3\pi\mu z d_{\min} = \dfrac{\pi}{6}\rho_1 d_{\min}^3\dfrac{\mathrm{d}z}{\mathrm{d}t} \\ R(0) = R_1 \\ z(0) = 0 \end{cases} \tag{6-9}$$

h 为时间叠代步长，则迭代公式为

$$\begin{cases} z_{i+1} = z_i + \dfrac{h}{6}(k_1 + 2k_2 + 2k_3 + k_4) \\ R_{i+1} = R_i + \dfrac{h}{6}(l_1 + 2l_2 + 2l_3 + l_4) \\ k_1 = \dfrac{R_i(\rho_1 + \rho_2)(\psi\omega_0)^2}{\rho_1} - \dfrac{18\mu z_i}{\rho_1 d_{\min}^2} \\ l_1 = z_i \\ k_2 = \dfrac{\left(R_i + \dfrac{h}{2}l_1\right)(\rho_1 - \rho_2)(\psi\omega_0)^2}{\rho_1} - \dfrac{18\mu\left(z_i + \dfrac{h}{2}k_1\right)}{\rho_1 d_{\min}^2} \\ l_2 = z_i + \dfrac{h}{2}k_1 \\ k_3 = \dfrac{\left(R_i + \dfrac{h}{2}l_2\right)(\rho_1 - \rho_2)(\psi\omega_0)^2}{\rho_1} - \dfrac{18\mu\left(z_i + \dfrac{h}{2}k_2\right)}{\rho_1 d_{\min}^2} \\ l_4 = z_i + \dfrac{h}{2}k_2 \\ k_4 = \dfrac{(R_i + hl_3)(\rho_1 - \rho_2)(\psi\omega_0)^2}{\rho_1} - \dfrac{18\mu(z_i + hk_3)}{\rho_1 d_{\min}^2} \\ l_3 = z_i + hk_3 \end{cases} \tag{6-10}$$

将时间 t 划分为 1000 个时间段，以 $h = t/1000$ 为步长进行迭代，从 0 到 t 时刻对油滴轨迹进行动态计算，得出 t 时刻油滴的位置，从而确定能否实现分离。

分离条件为 $R(t) > R_2$，R_2 为转子外径。

求解 $R(t)$ 计算程序如下。

double get_r_max(double d, double d1, double d2, double time, double den1, double den2, double w, double wb, double ad)

//d 油滴直径，d1 转子内径，d2 转子外径，time 油滴运动时间

```
//den1 油滴密度，den2 空气密度，w 转子角速度，wb 转子角速度滞后系数
//ad 空气动力黏度
//输入时密度单位为 kg/m^3 油滴直径为微米
{
double g0 = 9.8f; //定义重力加速度
    int i;
    double z1, k1, k2, k3, k4, l1, l2, l3, l4; //数值计算参数
    double h, r1, back, dm1, dm2, dm;
    dm1 = den1;
    dm2 = den2;
    dm = d/1000000;
    r1 = d1/2;
    z1 = 0;
    h = time/1000; //将总时间分割成 1000 份确定步长
    for(i = 1; i < = 1000; i + +)
    {   l1 = z1;
    k1 = ((dm1 - dm2) * r1 * wb * wb * w * w)/dm1 - (18 * ad * z1)/(dm1 * dm * dm);
    l2 = z1 + (h * k1)/2;
    k2 = ((dm1 - dm2) * (r1 + l1 * h/2) * wb * wb * w * w)/dm1 - (18 * ad * (z1 +
h * k1/2))/(dm1 * dm * dm);
    l3 = z1 + (h * k2)/2;
    k3 = ((dm1 - dm2) * (r1 + (h * l2/2)) * wb * wb * w * w)/dm1 - (18 * ad * (z1 + h *
k2/2))/(dm1 * dm * dm);
    l4 = z1 + (h * k3);
    k4 = ((dm1 - dm2) * (r1 + (h * l3)) * wb * wb * w * w)/dm1 - (18 * ad * (z1 + h *
k3))/(dm1 * dm * dm);
    r1 = r1 + (h/6) * (l1 + 2 * l2 + 2 * l3 + l4);
    z1 = z1 + (h/6) * (k1 + 2 * k2 + 2 * k3 + k4);
    back = r1;
    if(back > d2)
    breaks;
    }
    returnback;
}
```

2. 油气分离器和离心通风机工况

油气分离器和离心通风机转子尺寸、转速和空气流量数据见表 6-1。

表 6 - 1　相关数据

	转子长度 /mm	转子外径 /mm	转子内径 /mm	转子转速 /(rad·s⁻¹)	空气流量 /(g·s⁻¹)
油气分离器	45 ~ 70	70 ~ 120	25 ~ 40	555 ~ 712	0.11 ~ 1.15
离心通风机	25 ~ 70	55 ~ 90	25 ~ 50	1183 ~ 1528	0 ~ 30

在计算中需要考虑空气的密度、润滑油密度和空气动力黏度，这三个量与温度和压力有关系，在实际工作中以温度和压力为标准。

理想气体状态方程为

$$p/\rho = R_G T \qquad (6-11)$$

式中：p——空气绝对压力，Pa；

　　　ρ——空气密度，kg/m³；

　　　R_G——空气气体常数，一般为 287；

　　　T——热力学温度，K。

则空气密度为 $\rho = p/R_G T$。由表 6 - 2 可以看出润滑油密度和温度之间也是呈线性关系的，润滑油的密度受压力的影响很小，可以忽略不计。根据这些数据可以拟合出密度与温度的关系式为

$$\rho = 972.9 - 0.045t \qquad (6-12)$$

标准大气压下空气动力黏度 η 与温度 t 的关系为

$$\eta = (13.7 + t) \times 10^{-6} \qquad (6-13)$$

式中：η——空气动力黏度，Pa·s；

　　　t——空气温度，℃。

表 6 - 2　4050 润滑油密度 - 温度关系

温度/℃	密度/(g·cm⁻³)	温度/℃	密度/(g·cm⁻³)
140	0.9669	40	0.9712
120	0.9678	20	0.9722
100	0.9687	0	0.9729
80	0.9696	- 20	0.9736
60	0.9704	- 40	0.9734

3. 分离效率计算

1）最小油滴直径

在分离条件确定的基础上，若给定转子的内径、外径、长度，则能够求出某一直径油滴分离情况。从某一较大直径开始算起，如果在内径处能够分离就减小油滴直径并进行迭代，直到不能分离为止，则可以求出该结构尺寸的转子能够完全分离的最小油滴直径，所以首先

要求出在油气分离器和离心通风机中油滴运动时间。程序设计框图如图 6-13 所示。

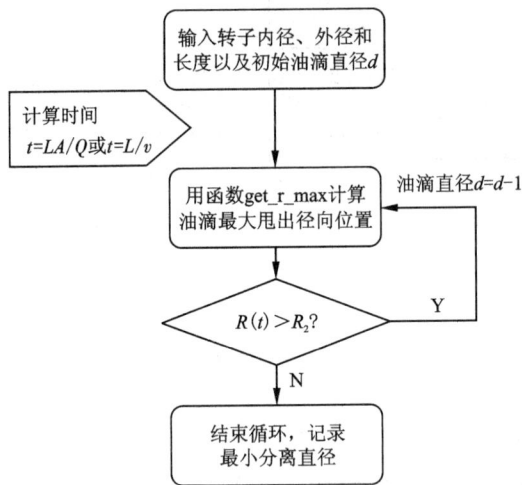

图 6-13　最小油滴直径计算程序设计框图

油滴在油气分离器和离心通风机内的运动时间 t 为

$$t = \frac{L}{v} = \frac{L\lambda\pi(R_2^2 - R_1^2)}{Q} \tag{6-14}$$

式中：L——转子分离长度，mm；

　　　v——流体的轴向速度，mm/s；

　　　R_1——转子内径，mm；

　　　R_2——转子外径，mm；

　　　λ——通道内因叶片而面积减小系数，$\lambda = (R_2^2 - R_1^2)/(R_2^2 - R_1^2)$；

　　　Q——单位时间内的空气流量，$\mathrm{m^3/s}$。

2）分离效率

（1）不能完全分离油滴的分离效率。

油滴在径向上是平均分布的，越是靠近外壁的油滴越容易分离。能够完全分离的最小油滴直径 $d_{\min}$ 是指径向初始位置在 R_1 处能够分离的最小油滴，所以处理比这个直径还小的油滴可以用逐步增大初始 R_1 位置来计算分离效率。参数与位置参数平方成正比，所以引入面积参数 $S = R_2^2 - R_1^2$，根据面积计算油滴分离效率程序设计框图如图 6-14 所示。计算初始位置为 R_1 时油滴能否分离，若不能满足分离条件 $R(t) > R_2$，则需要增大初始位置 R_1，再检验能否满足分离条件 $R(t) > R_2$，当满足时记录 R_1，这时可以知道，当该直径的油滴在转子中运动时，位置小于记录值 R_1 的油滴不能分离。

（2）总体分离效率。

由于在转子中，油滴直径大小并不确定，所以采用数理统计思想将油滴的直径作为研究对象，设油滴直径服从 $d \sim N(\mu, \delta^2)$ 正态分布，平均直径为 μ，标准差为 δ。

根据转子外形尺寸计算出最小油滴分离直径 $d_{\min}$，将油滴直径分布转化成标准正态分布，即 $(d - \mu)/\delta \sim N(0, 1)$。为了程序计算的需要，采用统计计算中的近似展开标准正态分布函

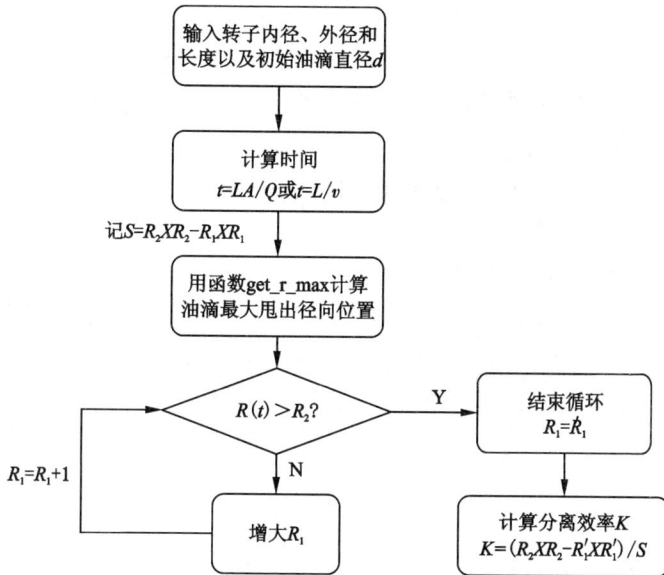

图 6-14 油滴分离效率的计算程序设计框图

数 $\varphi(x) = \dfrac{1}{\sqrt{2\pi}}\displaystyle\int_{-\infty}^{x} e^{\frac{t^2}{2}} dt$ 来计算油滴直径的分布概率(图6-15)。

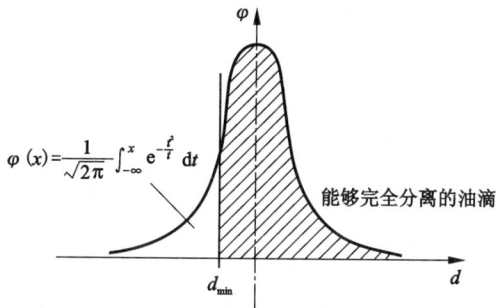

图 6-15 正态分布

按照初始位置用面积来计算分离效率,则有

$$K = \frac{R_2^2 - R_1'^2}{R_2^2 - R_1^2} \tag{6-15}$$

用分步积分法将 $\varphi(x)$ 展开为

$$\varphi(x) \approx \begin{cases} \dfrac{1}{2} + \dfrac{\varphi(x)x}{1} + \dfrac{\varphi(x)x^3}{3} + \dfrac{\varphi(x)x^5}{3\times5} + \dfrac{\varphi(x)x^7}{3\times5\times7} + \cdots & (0 \leqslant x \leqslant 3) \\[4mm] 1 - \dfrac{\varphi(x)}{x} + \dfrac{\varphi(x)}{x^3} + \dfrac{3\varphi(x)}{x^5} + \dfrac{3\times5\varphi(x)}{x^7} + \cdots & (x > 3) \end{cases} \tag{6-16}$$

其中，$\varphi(x) = \dfrac{1}{\sqrt{2\pi}}\mathrm{e}^{-\frac{x^2}{2}}$。

输入均值 μ 和标准差 δ 后，设 $x = (d_{\min} - \mu)/\delta$，根据 x 值求出能够完全分离的油滴和不能够完全分离的油滴所占的比例，再利用各直径求体积，计算出油滴的总体积。由式（6-8）计算直径为 $d_{\min}$ 的油滴占比，即直径在 $d_{\min} - 0.5$ 至 $d_{\min} + 0.5$ 之间的油滴。令 $x_0 = (d_{\min} - 0.5 - \mu)/\delta$，$x_1 = (d_{\min} + 0.5 - \mu)/\delta$，由式（6-15）求得直径为 $d_{\min}$ 的油滴占比为 $k_0 = \varphi(x_1) - \varphi(x_0)$。用这种方法令 $x_2 = (d_{\min} + 1.5 - \mu)/\delta$，$x_3 = (d_{\min} + 2.5 - \mu)/\delta$，$\cdots$，$x_n = (d_{\min} + n - 0.5 - \mu)/\delta$，则直径为 $d_{\min} + 1$ 的油滴占比为 $k_1 = \varphi(x_2) - \varphi(x_1)$，由此类推，直径为 $d_{\min} + n$ 的油滴占比为 $k_n = \varphi(x_{n+1}) - \varphi(x_n)$。计算不能完全分离的油滴占比例，即 $d_{\min} - 1$，$d_{\min} - 2$，$\cdots$，$d_{\min} - n$ 的比例。令 $x_{-1} = (d_{\min} - 1.5 - \mu)/\delta$，$x_{-2} = (d_{\min} - 2.5 - \mu)/\delta$，$\cdots$，$x_{-n} = (d_{\min} - n - 0.5 - \mu)/\delta$，求得直径为 $d_{\min} - 1$ 的油滴占比 $k_{-1} = \varphi(x_0) - \varphi(x_{-1})$，直径为 $d_{\min} - n$ 的油滴占比为 $k_{-n} = \varphi(x_{n-1}) - \varphi(x_{-n})$。根据以上所求得的各油滴的占比，油滴总体积的计算公式为

$$V = k_{-n}(d_{\min} - n)^3 + \cdots + k_0(d_{\min})^3 + \cdots + k_n(d_{\min} + n)^3 \qquad (6-17)$$

其中，能够完全分离的油滴体积为 $V_1 = k_0(d_{\min})^3 + \cdots + k_n(d_{\min} + n)^3$；对于不能完全分离的油滴，按照分离面积来计算分离效率 K，然后分别乘以该直径的油滴体积，最后相加求出不能完全分离油滴的分离体积 V_2，即

$$V_2 = k_{-n}(d_{\min} - n)^3 K_{-n} + k_{-n+1}(d_{\min} - n + 1)^3 K_{-n+1} + \cdots + k_{-1}(d_{\min} - 1)^3 K_{-1} \qquad (6-18)$$

总体分离效率为 $K_t = (V_1 + V_2)/V$。程序设计框图如图 6-16 所示。

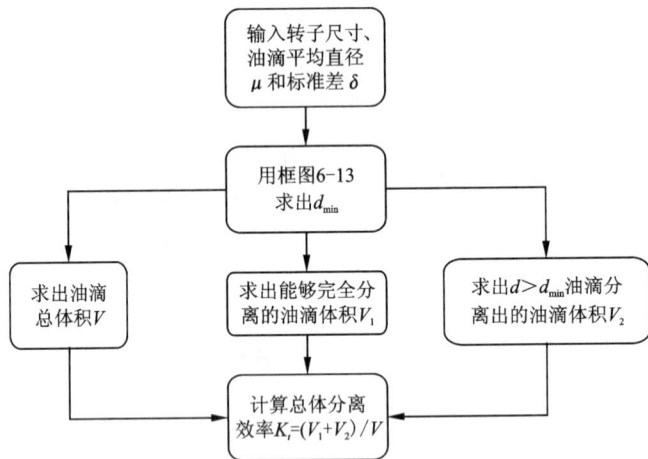

图 6-16　总体分离效率

4. 结构尺寸设计计算

转子主要结构尺寸包括外径 R_2、内径 R_1、长度 L。根据分离能力（最小分离油滴直径 $d_{\min}$）要求来设计结构尺寸，因为工程应用的转子结构尺寸具有一定的范围（见表 6-1），所以为满足分离能力要求和内外径要求的前提下，长度尺寸在允许范围内越小越好。先取转子长度为最大值，看能否满足最小油滴分离直径的分离条件 $R(t) > R_2$，如果满足条件就减小转子

长度进行循环,当出现不满足分离条件的情况时终止循环,记录下转子长度的上一个值就是最小长度,当这个长度小于长度范围的最小值就取长度范围的最小值。程序设计框图如图 6 - 17 所示。

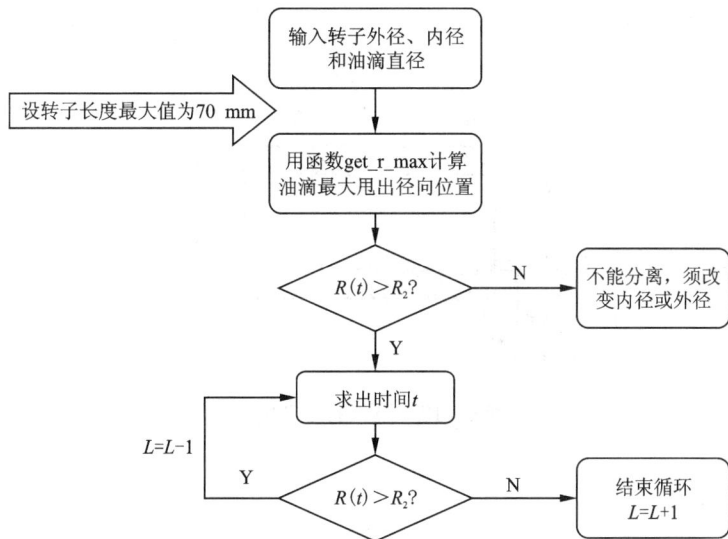

图 6 - 17 转子最小长度程序设计框图

6.5.2 消耗功率计算

1. 离心式油气分离器消耗功率计算

离心式油气分离器是一个独立的附件,工作中需要专门的动力驱动,其消耗功率包括带动转子所需的功率、带动滑油旋转所需的功率、克服转子外表面液体摩擦所需的功率和转子支承轴承的摩擦功率。

1)带动转子所需的功率

带动转子所需的功率是在发动机启动或加速过程中,在一定加速时间内所需带动转子加速的功率,即

$$N_1 = \frac{I_z(\omega_2^2 - \omega_1^2)}{2t} \tag{6 - 19}$$

式中:I_z——转子转动惯量,kg·m²;

  ω_1——转子的初始角速度,rad/s;

  ω_2——转子的最终角速度,rad/s;

  t——加速时间,s。

刚体转动惯量是指对于某一转轴 z,刚体内各质点的质量与该点到 z 轴距离平方的乘积的总和,即

$$I_g = \sum m_i r_i^2 = \int_M r^2 \, \mathrm{d}m \tag{6 - 20}$$

式中:m_i——小质点单位质量,kg;

r_i——质点的回转半径，m。

工程上常把转动惯量写成刚体总质量 M 和某一当量长度 ρ_z 平方的乘积，即

$$I = M\rho_z^2 \tag{6-21}$$

由于油气分离器转子质量主要分布在转子内径、外径和叶片处，所以将这三部分进行叠加。简化的转子模型如图 6-18 所示。

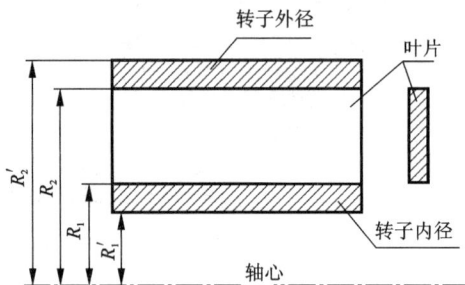

图 6-18 简化的转子模型

转子总体的转动惯量为

$$I = I_1 + I_2 + nI_3 \tag{6-22}$$

式中：I_1——转子内圈转动惯量，kg·m²；

   I_2——转子外圈转动惯量，kg·m²；

   I_3——转子叶片转动惯量，kg·m²；

   n——转子叶片数。

由理论力学的知识可以推导出各个部分的转动惯量为

$$\begin{cases} I_1 = \dfrac{M_1}{2}(R_1^2 + R_1'^2) \\[2mm] I_2 = \dfrac{M_2}{2}(R_2^2 + R_2'^2) \\[2mm] I_3 = \dfrac{M_3}{3}(R_1^2 + R_2^2 + R_1 R_2) \end{cases} \tag{6-23}$$

式中：M_1——转子内圈质量，kg；

   M_2——转子外圈质量，kg；

   M_3——单个转子叶片质量，kg。

2）带动滑油旋转所需的功率

滑油不断从油气分离器进口流到出口，在进口处动能很小，可以忽略，而到了出口时会获得很高的切向速度，具有很大的动能，这是转子做功的结果。带动润滑油旋转所需的功率为

$$N_2 = \frac{I_y \omega^2}{2t\eta} \tag{6-24}$$

式中：I_y——厚度为 δ 的油层的转动惯量，kg·m²；

   t——流过转子的时间，s；

η——功率损失系数(一般取 0.5 ~ 0.6);

ω——转子工作时的角速度,rad/s。

厚度为 δ 的润滑油层在转子叶片表面,所以转动惯量与转子叶片转动惯量的算法是一致的,求出润滑油的质量就可以了。

$$M = (R_2 - R_1)\delta l\rho \tag{6-25}$$

式中:l——滑油在轴向分布长度,m;

ρ——滑油密度,kg/m^3。

3)克服转子外表面液体摩擦所需的功率

油气分离器的转子与壳体内表面的间隙中是一层油液。转子旋转时,这层油液被搅拌,并与转子外表面发生摩擦,将消耗一部分功率。液体摩擦功率为

$$N_3 = M\omega \tag{6-26}$$

式中:M——液层摩擦力矩,$M = \dfrac{0.062}{\sqrt[4]{R_e}}\rho b\omega^2 r^4 e$,N·m;

R_e——液层滚动体的雷诺数,$R_e = \dfrac{\pi rne}{30\upsilon}$;

ρ——润滑油的密度,kg/m^3;

b——转子的轴向长度,m;

r——转子外半径,m;

ω——转子的角速度,rad/s;

n——转子转速,r/min;

e——转子外表面与壳体内表面的间隙,m;

υ——油的运动黏度,m^2/s。

4)转子支承轴承的摩擦功率

对于支承轴承,按滚动时的摩擦功率公式计算

$$N_4 = \frac{Ff\pi dn}{60} \tag{6-27}$$

式中:F——轴承上的径向负荷,N;

d——轴承内径,m;

n——转子转速,r/min;

f——轴承内滚动体与跑道的摩擦系数。

2. 离心通风机消耗功率计算

离心通风机消耗功率包括带动转子所需的功率、转子中油雾旋转所需的功率和支承轴承的摩擦损耗功率,即

$$N = N_1 + N_2 + N_3 \tag{6-28}$$

式中:N——转子所消耗的总功率,kW;

N_1——带动转子所需的功率,kW;

N_2——转子中油雾旋转所需的功率,kW;

N_3——转子支承轴承的摩擦功率,kW。

1)带动转子所需的功率

带动转子所需的功率是在发动机启动或加速过程中，在一定加速时间内所需带动转子加速的功率，计算采用式(6-19)。

由于离心通风机转子质量主要分布在转子内圈、叶片和挡板处，所以将这三部分进行叠加。简化的转子模型如图6-19所示。

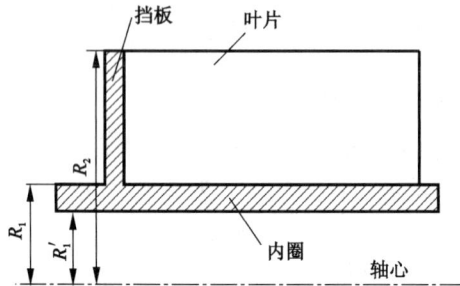

图6-19　简化的转子模型

转子总体的转动惯量计算采用式(6-22)，计算时 I_2 为离心通风机挡板的转动惯量，M_2 为挡板的质量，且 $I_2 = \dfrac{M_2}{2}(R_2^2 + R_1^2)$，其他变量含义不变。

2)转子中油雾旋转所需的功率

$$N_2 = Qr\omega\rho H_a \tag{6-29}$$

式中：Q——折算成标准大气压状态下的空气泄漏量，m^3/s；

　　　r——转子外半径，m；

　　　ω——转子角速度，rad/s；

　　　ρ——空气密度，kg/m^3；

　　　H_a——压头系数。

根据流体力学中叶轮机的欧拉方程，压头系数为

$$H_a = \frac{1}{g}(v_2 u_2 \cos\alpha_2 - v_1 u_1 \cos\alpha_1) \tag{6-30}$$

式中：u_1——进口处流体的牵连速度，m/s；

　　　v_1——进口处流体的绝对速度，m/s；

　　　u_2——出口处流体的牵连速度，m/s；

　　　v_2——出口处流体的绝对速度，m/s；

　　　α_1——u_1 和 v_1 夹角，(°)；

　　　α_2——u_2 和 v_2 夹角，(°)。

3)转子支承轴承的摩擦功率

转子支承轴承的摩擦功率计算采用式(6-27)。

6.6　参数化设计系统

6.6.1　计算模块

设计计算模块是将油气分离器、离心通风机理论设计程序化。根据 6.2 节的程序设计思想来实现产品转子的基本尺寸设计和计算对确定尺寸转子的分离效率。参数化设计菜单如图 6 – 20 所示，包括：油气分离器长度设计分离效率计算，离心通风机长度设计和分离效率计算，进入 UG 系统。

图 6 – 20　参数化设计主界面

油气分离器长度设计和分离效率计算对话框如图 6 – 21、图 6 – 22 所示。长度设计和分离效率计算主要运用 6.5 节中求 $R(t)$ 的数值计算方法来确定分离条件，然后进一步设计和计算。

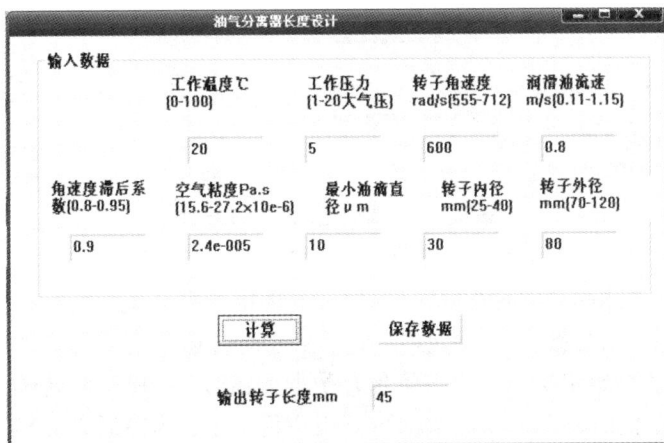

图 6 – 21　油气分离器长度设计

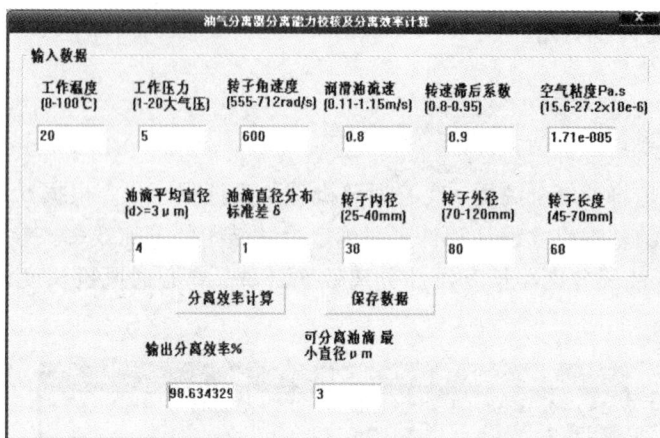

图 6 - 22 油气分离器分离效率计算

离心通风机长度设计和分离效率计算对话框如图 6 - 23、图 6 - 24 所示。长度设计和分离效率计算主要运用 6.2 节求 $R(t)$ 的数值计算方法来确定分离条件，然后进一步设计和计算。

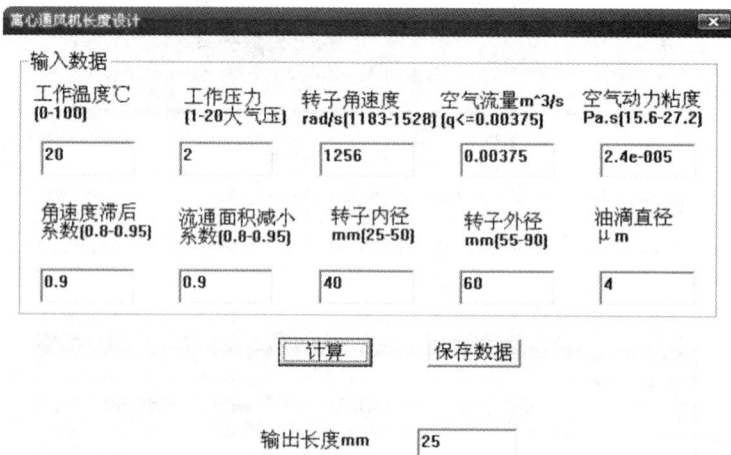

图 6 - 23 离心通风机长度设计

为了方便用户，编辑框里的数据都是根据工况确定的默认值，当然用户也可以根据具体情况进行改变。在长度设计时，若给定内、外径尺寸不合适或需要分离的油滴直径过小，不能完成设计，则系统会给出提示。当按下保存数据按钮时，程序会将转子的基本尺寸数据保存在菜单的目录下，同时还会将这些数据写入用户目录下，为以后 UG NX 10.0 的二次开发提供基本尺寸资料。如图 6 - 25 所示为油气分离器结构设计参数，如图 6 - 26 所示为离心通风机结构设计参数。

图 6-24　离心通风机分离效率计算

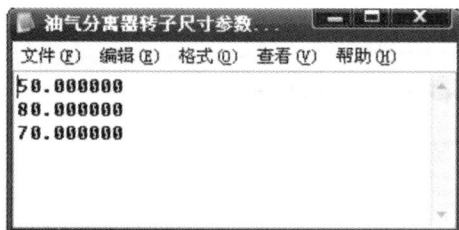

图 6-25　油气分离器转子尺寸参数

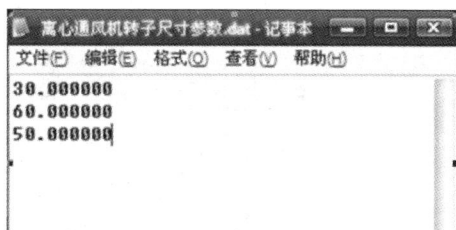

图 6-26　离心通风机转子尺寸参数

6.6.2　参数化设计模块

1. 油气分离器参数化设计

油气分离器参数化设计的主界面如图 6-27 所示。

对于转子的外径、内径和长度尺寸，用户可从设计计算模块直接调用，也可自行输入；在设计的时候可以选择零件设计的工作目录也可以用默认的路径来保存零件模型。设置好后就可以进行设计了。首先进行转子的设计。转子设计界面如图 6-28 所示。

在该界面输入尺寸时若有错误则会提示，应将不能改变的尺寸值设置为不激活，使其不能被编辑，以免出现错误的输入。设计完成后系统会将转子模型保存在设置好的工作目录下，生成的转子模型如图 6-29 所示。然后进行下一个零件的设计，转子设计的按钮会变成灰色，下一项的轴承设计会被激活。每项设计完成后下一项都会被自动激活，直到设计完成。

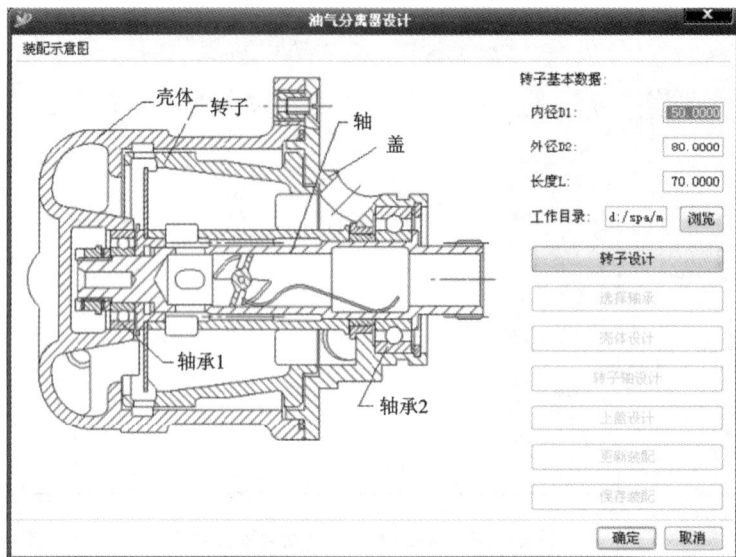

图 6-27 主界面

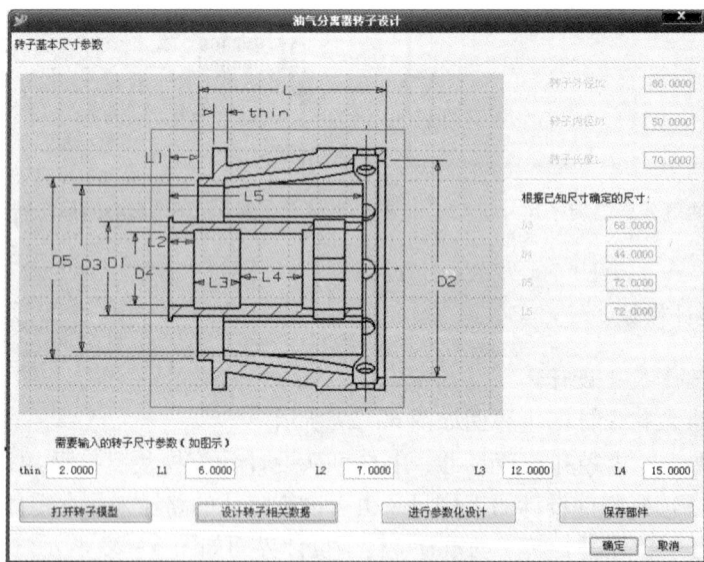

图 6-28 转子设计界面

转子的外径长度与转子的壳体尺寸都有一定的联系，所以应用表达式将壳体尺寸与转子尺寸联系起来。同理将轴、轴承、盖等部件都用表达式互相联系起来，在建模时需要部件间相互引用表达式。例如壳体内径尺寸 r1 = y_zhuanzi::r2 +1，当转子尺寸 r2 改变时，壳体尺寸 r1 会自动改变。

图 6-29 油气分离器转子模型

轴承设计是根据手册标准来选择尺寸的，由于尺寸简单，只需要对轴承外圈直径、内圈直径和宽度尺寸进行设计就可以了。轴承设计界面如图 6-30 所示，轴承模型如图 6-31 所示。

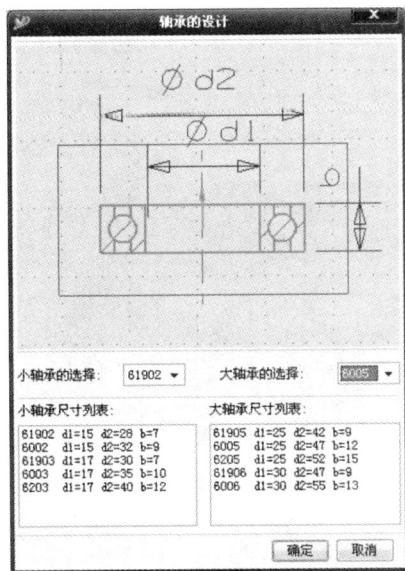

图 6-30 轴承设计界面

图 6-31 轴承模型

　　壳体设计界面和壳体模型如图6－32、图6－33所示。其中尺寸D1、L2与小轴承进行配合，D2、L1与转子外径和长度是存在关系的，需要按照相互关系确定。

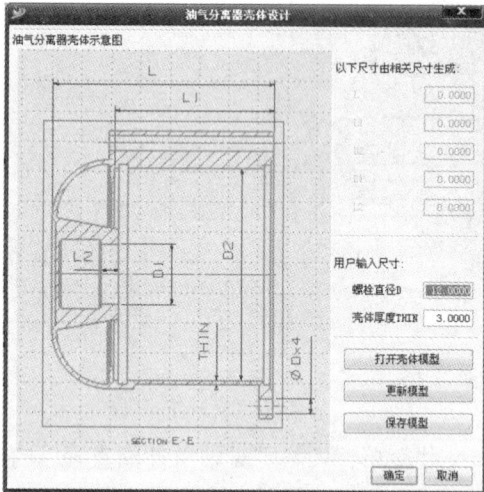

图6－32　壳体设计界面

图6－33　壳体模型

　　油气分离器盖的尺寸与壳体相配合，需要注意螺栓孔尺寸和外形各尺寸。盖设计界面和盖模型如图6－34、图6－35所示。

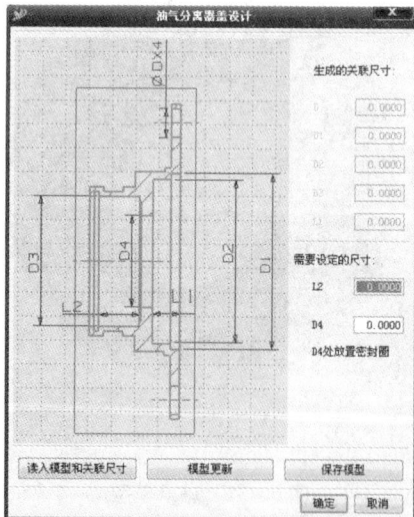

图6－34　盖设计界面

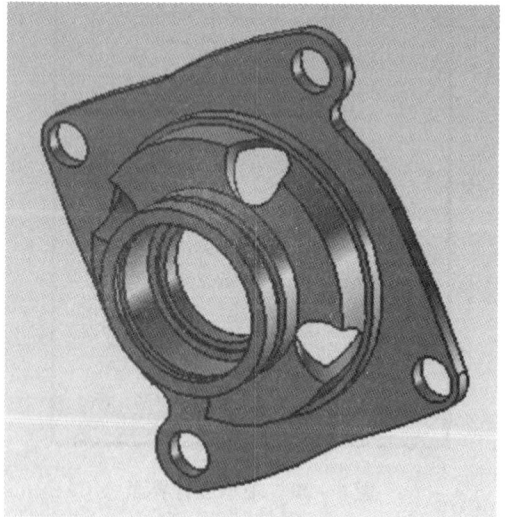

图6－35　盖模型

　　轴的设计比较复杂，因为在径向和轴向都与轴承、转子和盖有尺寸关联，需要进行精确计算和关联，否则会直接影响装配。轴设计界面如图 6-36 所示，轴模型如图 6-37 所示。

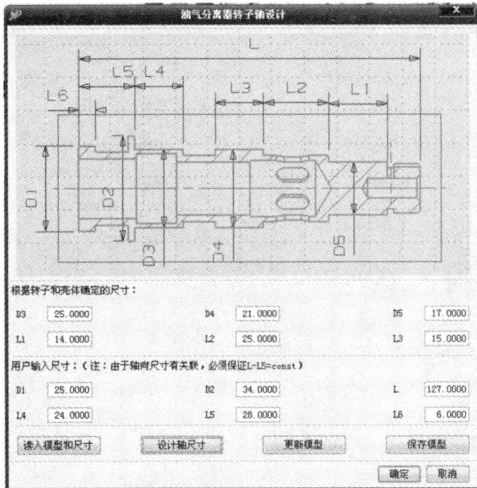

图 6-36　轴设计界面

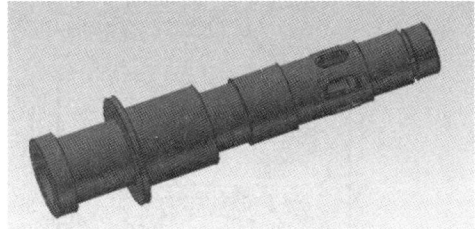

图 6-37　轴模型

　　油气分离器结构复杂，设计系统对上述五个主要零件完成了参数化设计。当各个部件设计完成后，进行装配的更新，然后保存。由上述油气分离器转子、壳体、盖、轴、轴承等主要零件构成的油气分离器整体三维模型如图 6-38 所示。

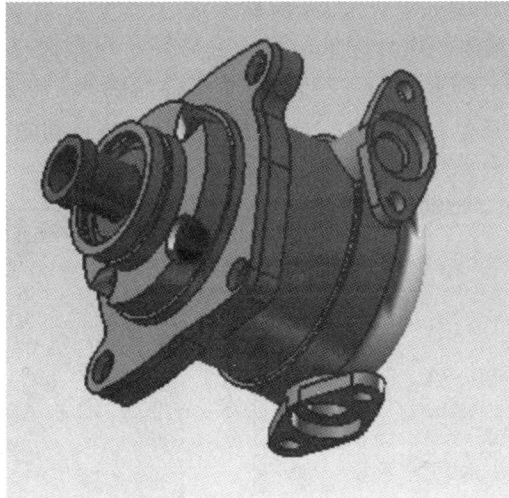

图 6-38　油气分离器装配图

2. 离心通风机参数化设计

离心通风机参数化设计的主界面如图6-39所示。

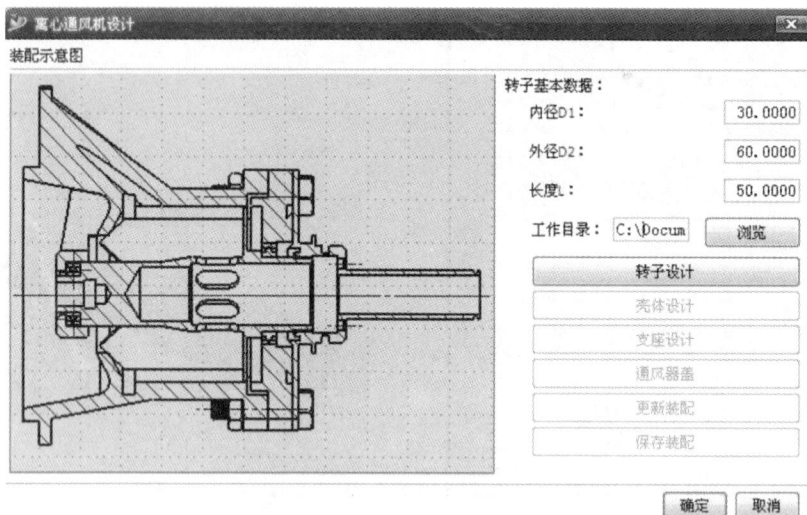

图6-39 主界面

对于转子的外径、内径和长度尺寸，用户可从设计计算模块直接调用，也可自行输入；在设计的时候可以选择零件设计的工作目录也可以用默认的路径来保存零件模型。设置好后就可以进行设计了。转子设计界面如图6-40所示。

该界面输入尺寸时若有错误则会提示，应将不能改变的尺寸值设置为不激活，使其不能被编辑，以免出现错误的输入。设计完成后系统会将转子模型保存在设置好的工作目录下，生成的转子模型如图6-41所示。然后进行下一个零件的设计，转子设计的按钮会变成灰色，下一项的壳体设计会被激活。每项设计完成后下一项都会被自动激活，直到设计完成。

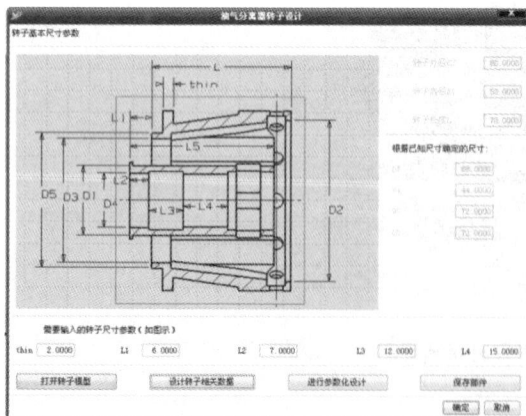

图6-40 转子设计界面

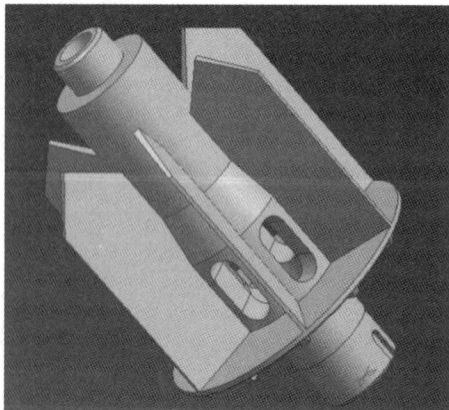

图6-41 转子模型

　　转子的外径长度与转子的壳体尺寸都有一定的联系，所以应用表达式将壳体尺寸与转子尺寸联系起来。同理将支座、盖等部件都用表达式互相联系起来，在建模时需要部件间相互引用表达式。壳体设计界面如图 6 - 42 所示，壳体模型如图 6 - 43 所示。

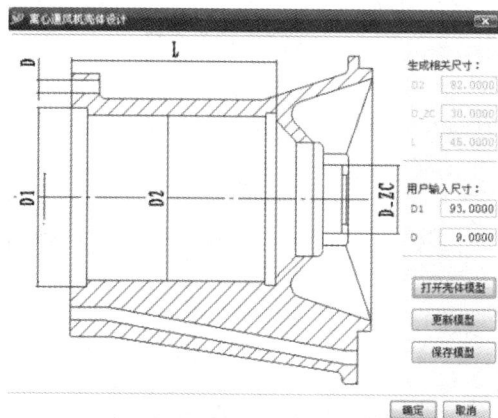

图 6 - 42　壳体设计界面

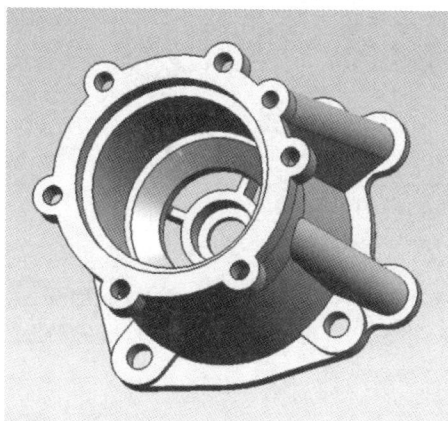

图 6 - 43　壳体模型

　　离心通风机支座的尺寸与壳体相配合，需要注意螺栓孔尺寸和外形各尺寸。支座设计界面如图 6 - 44 所示，支座模型如图 6 - 45 所示。

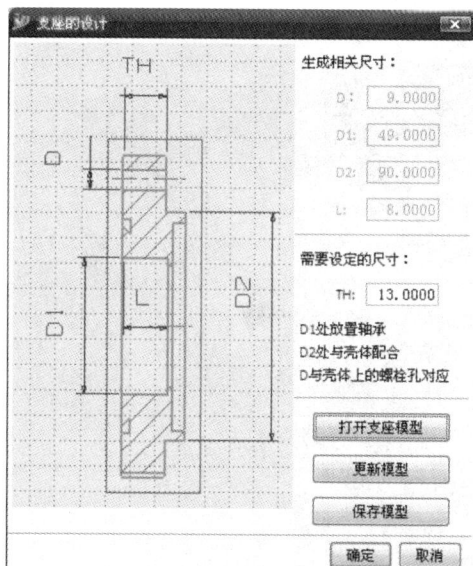

图 6 - 44　支座设计界面

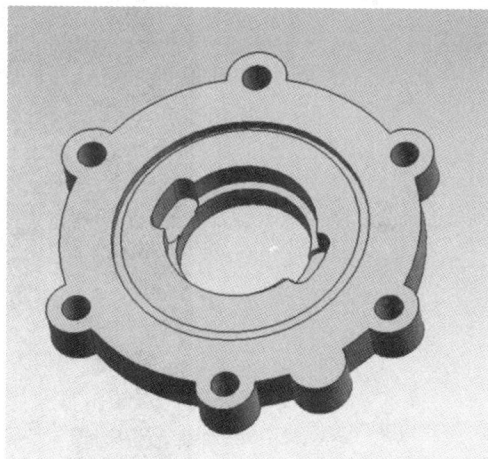

图 6 - 45　支座模型

　　离心通风机盖的尺寸与壳体相配合，需要注意螺栓孔尺寸和外形尺寸。盖设计界面如图 6 - 46 所示，盖模型如图 6 - 47 所示。

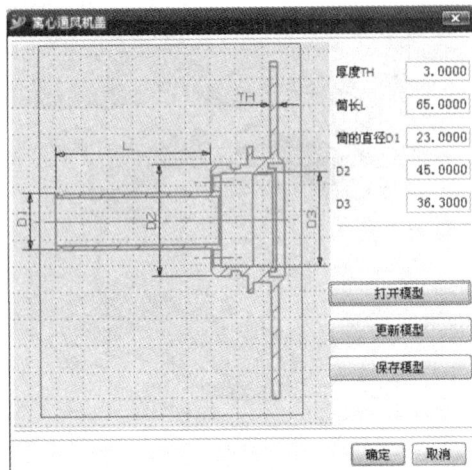

图 6 - 46　盖设计界面

图 6 - 47　盖模型

　　离心通风机结构也比较复杂，设计系统对上述四个主要零件完成了参数化设计。当各个部件设计完成后，进行装配的更新，然后保存。由上述离心通风机转子、壳体、支座、盖等主要零件构成的离心通风机整体三维模型如图 6 - 48 所示。

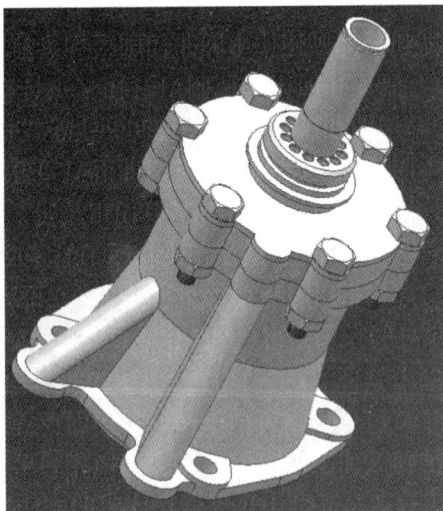

图 6 - 48　离心通风机装配图

第 7 章　基于 UG NX 的零件数控加工技术

本章导读

本章主要介绍 UG NX 10.0 编程的基本操作及相关加工工艺知识，读者学习完本章后将会对 UG NX 10.0 编程知识有一个总体的认识，懂得如何设置编程界面及编程的加工参数。另外，为了使读者在学习 UG NX 编程前具备一定的加工工艺基础，本章还介绍了数控加工工艺的常用知识。

本章要点

- UG CAM 系统功能。
- UG CAM 加工过程。
- UG CAM 编程界面。
- 编程参数设置。

数控技术是现代工业制造技术的基础，它的广泛应用使传统的加工模式逐渐被先进的数字化生产方式所替代，使全球制造业发生了根本变化。在科技越来越发达的今天，各种具有特殊形状的零件或者具有复杂曲面特征零件的加工需求与日俱增，在加工质量和效率上也提出了更高的要求，因此实现自动化、柔性化、集成化的生产，同时提高产品质量、提高劳动生产率已经成为不可逆转的趋势。

7.1　UG CAM 概述

数控加工泛指在数控机床上进行零件加工的过程。它需要工艺人员事先确定零件的加工工艺流程，然后编写加工程序，把程序送入机床，让机床在程序指令下自动加工。实现数控加工的关键是编程，目前很多 CAM 软件能够以自动编程替代原先的手工编程。与手工编程相比，利用 CAM 软件编程更能够适应各种形状复杂的零件及有自由曲面的零件。现在用 CAM 软件来编制加工程序的方法得到了越来越广泛的使用。

UG NX 10.0 的功能十分强大，它所包含的模块很多，涉及工业设计与制造的各个层面，是面向先进制造行业、紧密集成的 CAID/CAD/CAE/CAM 软件系统，提供了从产品设计、分析、仿真到数控程序生成等一整套解决方案。UG CAM 是整个 UG NX 系统的一部分，它以三维主模型为基础，具有强大可靠的刀具轨迹生成方法，可以完成铣削（2.5 轴~5 轴）、车削、线切割等的编程。UG CAM 是模具数控行业最具代表性的数控编程软件，其最大的特点就是生成的刀具轨迹合理、切削负载均匀、适合高速加工。另外，由于 UG CAM 与 UG CAD 紧密地集成，UG CAM 可以直接利用 UG CAD 创建的模型进行编程加工。人们把在 CAD 中创建的几何模型称为主模型。在加工过程中模型、加工工艺和刀具管理均与主模型相关联，主模型更改设计后，CAM数据可以自动更新，以适应模型的变化，免除了重新编程的烦琐工作，所以UG NX 10.0编程的效率非常高。

在现代制造业中的UG编程流程为：三维造型（CAD）→虚拟装配（assembly）→分析（CAE）→工程图（drafting）→加工（CAM）。

UG CAM即加工制造模块，是UG NX 10.0的重要模块之一，具有举足轻重的地位。其主要功能是承担交互式图形数控编程的任务，即针对已有的CAD三维模型所包含的产品表面几何信息，进行数控加工刀具轨迹的自动计算，完成产品的加工制造，从而实现产品设计者的设计构想。

UG CAM主要由五个模块组成，即交互工艺参数输入模块、刀具轨迹生成模块、刀具轨迹编辑模块、三维加工动态仿真模块和后处理模块。

（1）交互工艺参数输入模块。通过人机交互的方式，用对话框和过程向导的形式输入刀具、夹具、编程原点、毛坯和零件等工艺参数。

（2）刀具轨迹生成模块。具有非常丰富的刀具轨迹生成方法，主要包括铣削（2.5轴～5轴）、车削、线切割等加工方法。本书主要讲解2.5轴和3轴数控铣加工。

（3）刀具轨迹编辑模块。刀具轨迹编辑器可用于观察刀具的运动轨迹，并提供延伸、缩短和修改刀具轨迹的功能。同时，能够通过控制图形和文本的信息编辑刀具轨迹。

（4）三维加工动态仿真模块。是一个无须利用机床、成本低、高效率的测试NC加工的方法。可以检验刀具与零件和夹具是否发生碰撞、是否过切以及加工余量分布等情况，以便在编程过程中及时解决。

（5）后处理模块。包括一个通用的后置处理器（GPM），用户可以方便地建立用户定制的后置处理。通过使用加工数据文件生成器（MDFG），一系列交互选项可提示用户选择特定机床和控制器特性的参数，包括控制器和机床的规格与类型、插补方式、标准循环等。

7.2　UG CAM加工过程及加工类型

数控加工是指数控机床按照数控加工指令所确定的轨迹进行表面成形运动，从而加工出所需产品的表面形状。图7-1为平面轮廓加工铣削示意图。

刀具轨迹是由一系列线段连接而成的折线，折线上的节点称为刀位点。要想切削出工件的形状，刀具的中心点就必须沿着轨迹依次经过每一个刀位点。

数控机床的插补运动是指在一条已知起点和终点的曲线上进行数据点的离散化。插补的任务就是根据进给速度的要求，在一段零件轮廓的起点和终点之间计算出若干个点，分别向各个坐标轴发出方向、大小和速度都确定的运动序列指令。

1. 数控加工过程

（1）正常工作前的准备工作。

在接通电源后，CNC装置将对数控机床的各组成部分的工作状态进行检查和诊断，并设置初始状态。

（2）零件加工控制信息的输入。

CNC系统具备了正常工作条件后，开始输入零件加工程序、刀具长度补偿数值、刀具半

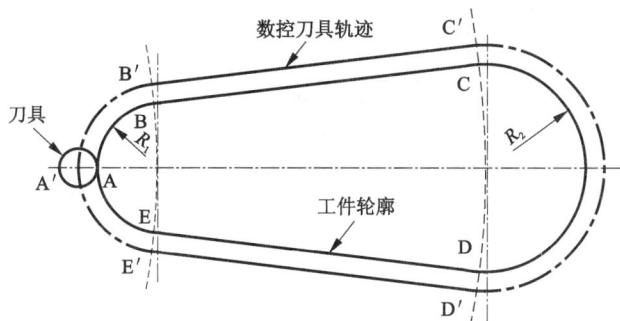

图 7 - 1　平面轮廓加工铣削

径补偿数值以及工件坐标系原点相对机床原点的坐标值。

（3）数控加工程序的译码和预处理。

加工控制信息输入后，启动加工运行。此时 CNC 装置在系统控制程序的作用下，对数控程序进行预处理，即进行译码和预处理。

（4）插补计算。

一个程序的加工控制信息预处理完毕后即进行插补处理。

（5）位置控制。

各个坐标轴的伺服系统将插补结果作为各个坐标轴位置调节器的指令值，机床上位置检测元件测得的位移作为各个坐标轴位置调节器的指令值。位置调节器将两者进行比较，经过调节，输出相应的位置和速度控制信号，控制各轴伺服系统驱动机床坐标轴运动。通过各个坐标轴运动的合成，产生数控加工程序所要求的工件轮廓尺寸。

UG CAM 中车削自动编程、铣削自动编程和线切割自动编程的具体操作有所区别，但从零件设计图开始到最终加工程序的产生，可以用如图 7 - 2 所示的框图描述。

2. UG CAM 加工过程

（1）获得 CAD 数据模型，建立主模型结构。提供数控编程的 CAD 数据模型，有 UG NX 10.0 直接造型的实体模型和数据转换的 CAD 模型两种方式。应对 CAD 数据模型进行转换以满足编程数据模型的要求。如 CAD 的数据是 CATIA，而 CAM 的平台是 UG NX，应将原 CAD 数据转换成满足 UG NX 的 CAD 数据模型。

（2）启动 NX/Manufacturing 应用，加工环境初始化。

（3）CAM 数据模型的建立。由于设计人员在建立 CAD 数据模型时更多考虑零件设计的方便性和完整性，没有完全考虑加工的具体需求，所以要根据加工对象建立 CAM 模型。具体为：

①加工坐标系（MCS）的确定。坐标系是加工的基准，将加工坐标系定位于机床操作人员确定的位置，同时保持坐标系的统一。

②CAD 数据模型的处理。分析 CAD 数据模型，把不适合用铣切方法加工的特征用简化 Simplify 或用 wave 技术处理；采用另外的加工方式，例如采用线切割加工；隐藏部分对加工不产生影响的曲面；用类选择器将对加工不产生影响的曲面分类，再将分类的曲面移动到不同层，设置为不可见；修补部分曲面，用缝合等命令构造的零件几何体应考虑其曲面之间可

```
┌─────────────────────────┐
│      零件方案图、概念图       │
└─────────────────────────┘
            │
┌─────────────────────────┐
│  利用UG Modeling建立主模型   │
└─────────────────────────┘
            │
┌─────────────────────────┐
│    工艺路线、走刀路线分析      │
└─────────────────────────┘
            │
┌─────────────────────────┐
│   机床、刀具、工艺参数确定      │
└─────────────────────────┘
            │
┌─────────────────────────┐
│     UG CAM环境初始化        │
└─────────────────────────┘
```

| 创建程序组 | 创建刀具 | 创建几何组 | 创建加工方法 |

```
┌───────────────────────────────┐
│  创建具体工序操作,输入工艺操作参数      │
└───────────────────────────────┘
            │
┌───────────────────────────────┐
│        自动产生刀具轨迹            │
└───────────────────────────────┘
            │
┌───────────────────────────────┐
│   刀具轨迹检查、切削动态模拟仿真       │
└───────────────────────────────┘
            │
┌──────────────┐
│     后处理      │
└──────────────┘
            │
┌──────────────┐      ┌──────────────────┐
│   生成CNC程序    │      │   生成车间工艺文件     │
└──────────────┘      └──────────────────┘
            │
┌────────────────────┐
│   由通讯口输入数控机床      │
└────────────────────┘
```

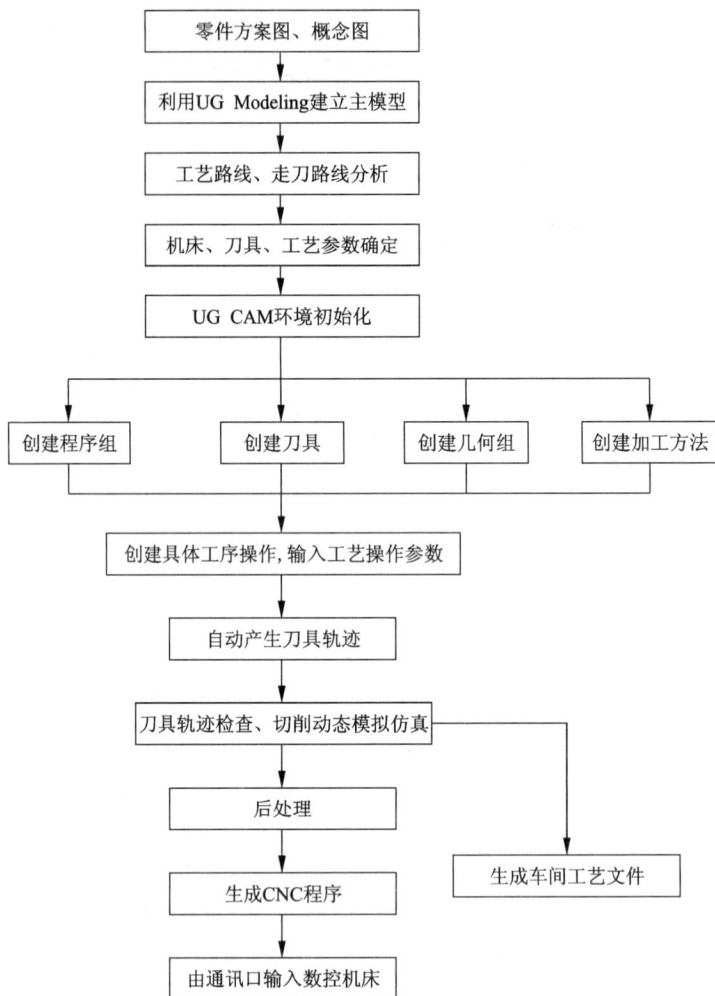

图 7 - 2 数控加工过程

能出现的重叠和缝隙而导致刀轨的过切削、啃刀等现象,应修整或缝合这些不光顺的区域,这样获得的刀具路径规范而安全;对轮廓曲线进行修整。此外,CAD 数据集若存在位置数据不连续、一阶导数或者二阶导数不连续和多余(辅助)几何等缺陷,可通过修整或者创建轮廓线构造出最佳的轮廓曲线。

③构造 CAM 辅助加工几何。针对不同驱动几何特征的需要,构造辅助曲线或辅助面;构建边界曲线限制加工范围。

(4)定义加工方案。加工对象的确定及加工区域的规划。在平面铣和型腔铣中加工几何用于定义加工时的零件几何、设定毛料几何、检查几何;在固定轴铣和变轴铣中加工几何用于定义要加工的轮廓表面。

①刀具选择。刀具选择可通过模板或刀具库选取创建加工刀具尺寸参数。创建和选取刀具时,应考虑加工类型、加工表面的形状和加工部位的尺寸大小等因素。

②加工内容和加工路线规划。零件加工过程中,为保证精度需要进行粗加工、半精加

工、精加工，创建加工方法组是为粗加工、半精加工、精加工指定统一的加工公差、加工余量、进给量等参数。创建程序组用于组织各加工操作和排列各操作在程序中的次序。合理将各操作组成几个程序组，可在一次后处理中按选择程序组的顺序输出多个操作。

③切削方式的确定。用于确定加工区域的刀具路径模式与走刀方式。

④定义加工参数。加工参数包括切削过程中的刀具切削运动、非切削运动参数以及零件材料参数。在平面铣和型腔铣中含进刀/退刀(Engage/Retract)、切削参数(Cutting)、拐角控制(Corner)、避让几何(Avoidance)、进给量(Feed Rates)与机床控制(Machine Control)等；在固定轴铣和变轴铣中含切削参数、非切削运动(Non-Cutting)、进给量与机床控制等。

➤ 进刀/退刀(Engage/Retract)。进刀/退刀用于指定刀具去除零件材料的切削运动形式。选择合适的进刀与退刀运动，有助于刀具顺利切入与切出零件，避免损坏刀具与碰伤零件。进刀/退刀可控制初始进刀、内部进刀、跨越方法、内部退刀与最终退刀等运动。固定轴铣和变轴铣操作中的进刀/退刀参数由非切削运动(Non-Cutting)设置。

➤ 避让几何(Avoidance)。避让几何用来控制刀具切入工件之前或离开工件之后的非切削运动的点或平面。固定轴铣和变轴铣操作中的非切削运动参数由非切削运动(Non-Cutting)设置。

➤ 切削参数(Cutting)。用来指定操作的各种切削参数如切削顺序、切削方向、余量等。

➤ 进给量(Feed Rates)。进给量用于指定表面速度(Surface Speed)、主轴转速(Feeds and Speeds)、每齿进给速度(Feed per Tooth)、不同运动类型的进给速度[进刀(Engage)、第一刀(First Cut)、切削(Cut)和退刀(Retract)]等。

➤ 机床控制(Machine Control)。机床控制机床的动作，如定义刀具运动输出路径是线性、圆弧还是 Nurbs；还可定义机床的辅助动作，如关于换刀、开关切削液、主轴速度、主轴启动和停止、刀具补偿等命令。

(5)生成加工刀具路径。完成参数设置后，系统进行刀轨计算，生成加工刀具路径。

(6)刀具路径检验、编辑。对生成刀具路径的操作，可以在图形窗口中以线框形式或实体形式模拟刀具路径，让用户在图形方式下更直观地观察刀具的运动过程，以验证各操作参数定义的合理性。此外可在图形方式下用刀具路径编辑器对其进行编辑，并在图形窗口中直接观察编辑结果。

(7)加工刀具路径后处理输出 CNC 程序。在 UG NX 生成的刀具路径如果不经后处理，将无法直接送到数控机床进行零件加工。这是因为不同厂商生产的机床硬件条件不同，而且各种机床所使用的控制系统也不同，对同一功能，在不同的数控系统中不完全相同。这些与特定机床相关的信息，不包含在刀具位置源文件(CLSF)中，因此刀具位置源文件必须进行后处理，以满足不同机床/控制系统的特殊要求。根据机床参数格式化刀具位置源文件，生成特定机床可以识别的 CNC 程序。

(8)机床试切加工。较复杂工件的数控程序须通过试切件的试切验证。试切件用料可采用硬塑料、铝、硬石蜡、硬木等。试切件还应多次重复使用，以降低成本。

7.3　编程界面及加工环境简介

刚学习编程时，需要熟悉编程界面和加工环境，应该知道如何进入编程界面和了解编程中需要设置哪些参数等。

7.3.1　加工环境简介

当第一次进入编程界面时，系统会弹出"加工环境"对话框，如图 7 - 3 所示。在"加工环境"对话框中选择加工方式，然后单击 初始化 按钮，即可正式进入编程界面。

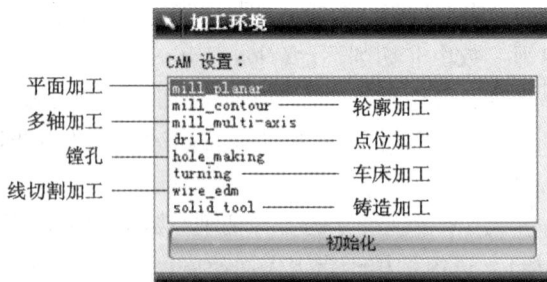

图 7 - 3　"加工环境"对话框

平面加工：主要加工模具或零件中的平面区域。

轮廓加工：根据模具或零件的形状进行加工，包括型腔铣加工、等高轮廓铣加工和固定轴区域轮廓铣加工等。

点位加工：在模具中钻孔，使用的刀具为钻头。

线切割加工：在线切割机上利用铜线放电的原理切割零件或模具。

多轴加工：在多轴机床上利用工作台的运动和刀轴的旋转实现多轴加工。

7.3.2　编程界面简介

首先打开要进行编程的模型，然后在菜单条中选择"开始"→"加工"命令或按 Ctrl + Alt + M 组合键，即可进入编程界面，如图 7 - 4 所示。

"菜单条"工具条：包含文件的管理、编辑、插入和分析等命令。

"标准"工具条：包含打开所有模块、新建文件或打开文件、保存文件和撤销等操作。

"视图"工具条：包含产品的显示效果和视角等命令。

"加工创建"工具条：包含创建程序、创建刀具、创建几何体和创建操作 4 种命令。

"加工操作"工具条：包含生成刀轨、列出刀轨、校验刀轨和机床仿真 4 种命令。

"程序顺序视图"工具条：包含程序顺序视图、机床视图、几何视图和加工方法视图。

"分析"工具条：包含所有分析模具的大小、形状和结构的功能。

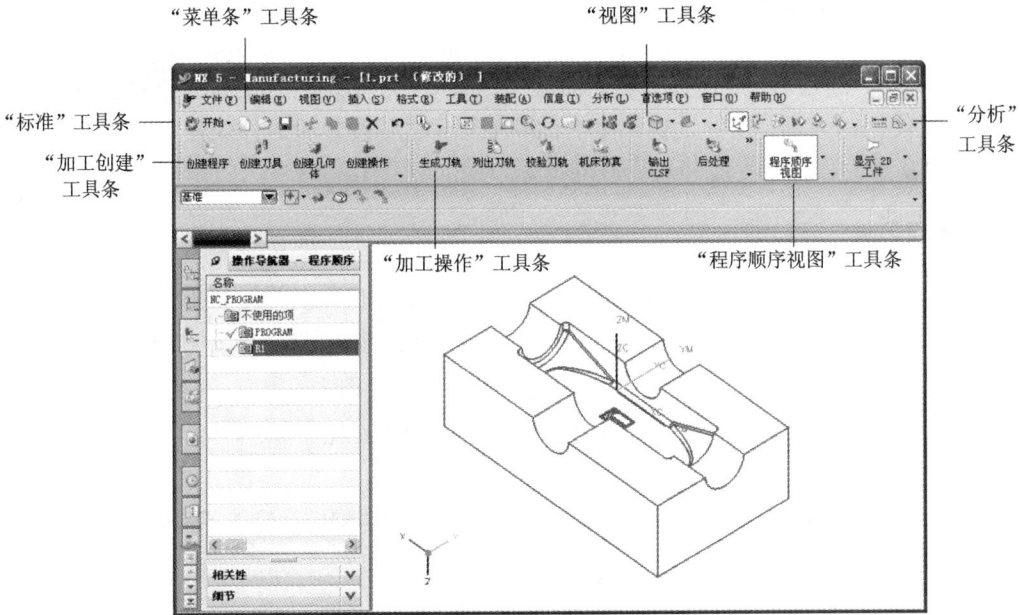

图 7 - 4　编程界面

7.3.3　加工操作导航器介绍

在编程界面左侧单击"操作导航器"按钮，即可在编程界面中显示操作导航器，如图 7 - 5 所示。在操作导航器中的空白处单击鼠标右键，弹出右键菜单，如图 7 - 6 所示。通过该菜单可以切换加工视图或对程序进行编辑等。

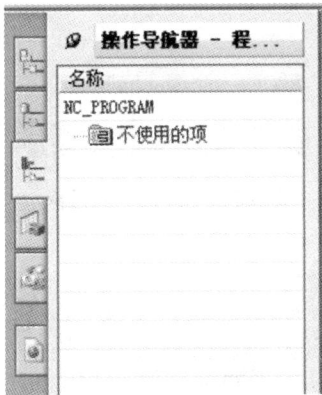

图 7 - 5　操作导航器

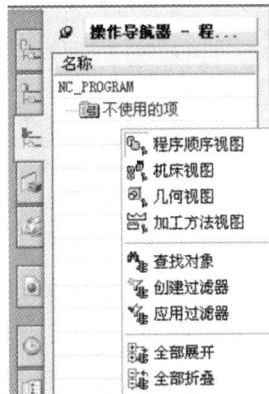

图 7 - 6　右键菜单

7.4 编程前的参数设置

UG NX 10.0 编程时，应遵循一定的编程顺序和原则。在工厂里，编程师傅习惯首先创建加工所需要使用的刀具，接着设置加工坐标和毛坯，然后设置加工公差等一些公共参数。希望 UG NX 10.0 编程初学者能养成良好的编程习惯。

7.4.1 创建刀具

打开需要编程的模型并进入编程界面后，第一步要做的工作就是分析模型，确定加工方法和加工刀具。在"加工创建"工具条中单击"创建刀具"按钮，弹出"创建刀具"对话框，如图 7-7 所示；在"名称"文本框中输入刀具的名称，接着单击 **确定** 按钮，弹出"刀具"对话框；输入刀具直径和底圆角半径，如图 7-8 所示；最后单击 **确定** 按钮。

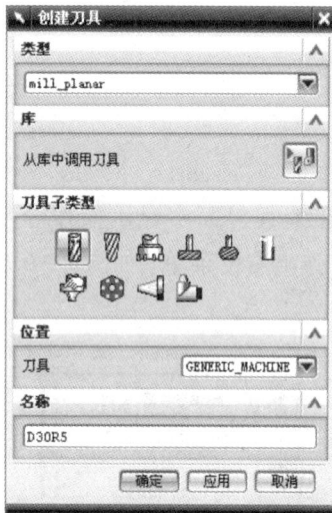

图 7-7 "创建刀具"对话框   图 7-8 "刀具"对话框

经验分享——

①刀具的名称一般根据刀具的直径和圆角半径来定义，例如，直径为 30、圆角半径为 5 的飞刀，其名称定义为 D30R5；直径为 12 的平底刀，其名称定义为 D12；半径为 5 的球刀，其名称定义为 R5。

②输入刀具名称时，只需要输入小写字母即可，系统会自动将字母转为大写状态。

③设置刀具参数时，只需要设置刀具的直径和底圆角半径，其他参数按默认即可。加工时，编程人员还需要编写加工工艺说明卡，注明刀具的类型和实际长度。

7.4.2　创建几何体

几何体包括机床坐标、部件和毛坯,其中机床坐标属于父级,部件和毛坯属于子级。在"加工创建"工具条中单击"创建几何体"按钮 ,弹出"创建几何体"对话框,如图 7 - 9 所示。在"创建几何体"对话框中选择几何体和输入名称,然后单击 确定 按钮,即可创建几何体。

> **经验分享——**
> 上述创建几何体的方法很容易使初学者混淆机床坐标与毛坯的父子关系,而且容易产生多层父子关系,所以建议不要采用这种方法创建几何体。

图 7 - 9　"创建几何体"对话框

下面介绍一种最常用的且容易让编程初学者掌握的几何体创建方法。

7.4.3　创建机床坐标

(1)在编程界面的左侧单击"操作导航器"按钮 ,使操作导航器显示在界面中。

(2)在操作导航器的空白处单击鼠标右键,然后在弹出的快捷菜单中选择"几何视图"命令,如图 7 - 10 所示。

(3)在操作导航器中双击 MCS_MILL 图标,如图 7 - 11 所示,弹出"Mill Orient"对话框;接着在"Mill Orient"对话框中设置"安全距离",如图 7 - 12 所示;然后单击"CSYS"对话框按钮 ,弹出"CSYS"对话框;选择当前坐标为机床坐标或重新创建坐标,如图 7 - 13 所示;最后单击 确定 按钮两次。

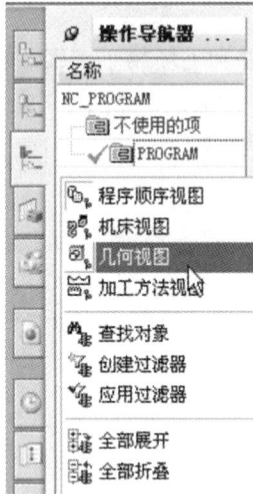

图 7-10　切换加工视图

图 7-11　双击图标

图 7-12　设置安全距离

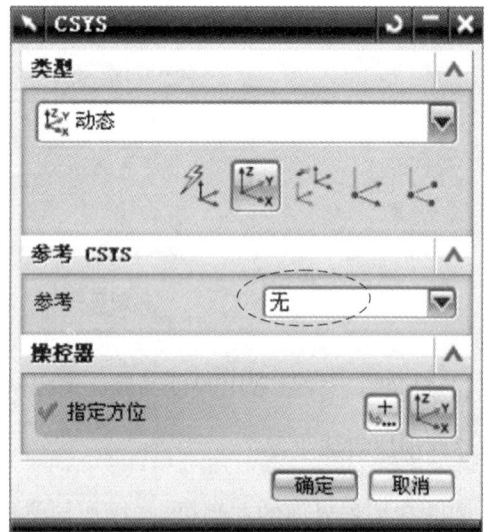

图 7-13　选择或创建坐标

经验分享——

　　机床坐标一般在工件顶面的中心位置，所以创建机床坐标时，最好先设置好当前坐标，然后在"CSYS"对话框中设置"参考"为 WCS。

7.4.4　指定部件

双击 WORKPIECE 图标，弹出"Mill Geom"对话框，如图 7－14 所示；在"Mill Geom"对话框中单击"指定部件"按钮 ，弹出"部件几何体"对话框，如图 7－15 所示；然后选择部件或单击 全选 按钮；最后单击 确定 按钮。

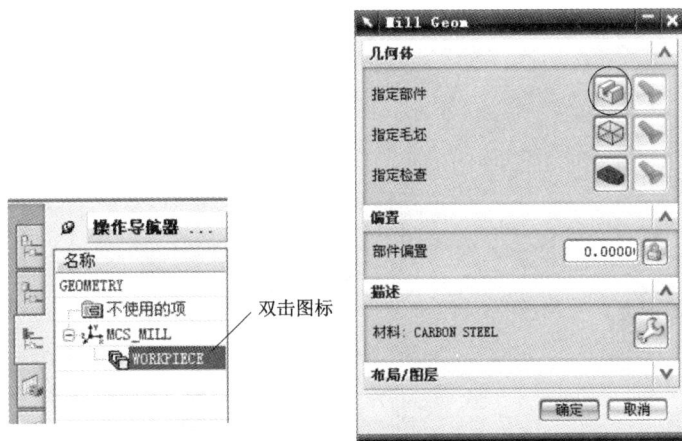

图 7－14　"Mill Geom"对话框

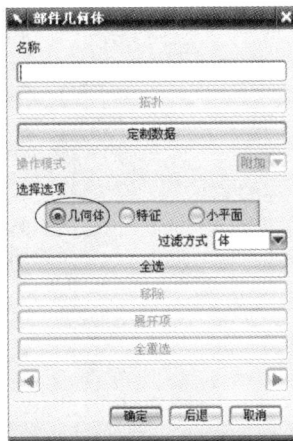

图 7－15　"部件几何体"对话框

7.4.5　指定毛坯

在"Mill Geom"对话框中单击"指定毛坯"按钮 ，如图 7－16 所示；弹出"部件几何体"对话框，如图 7－17 所示；然后选择部件或单击 全选 按钮；最后单击 确定 按钮两次。

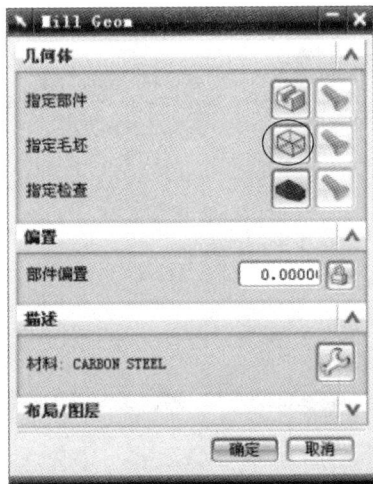

图 7－16　"Mill Geom"对话框

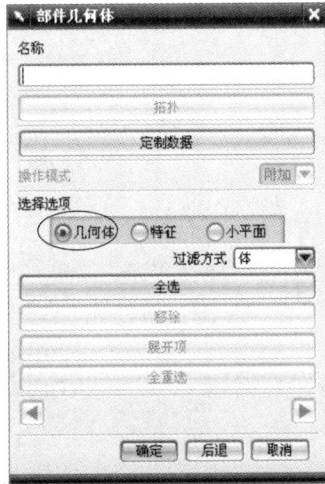

图 7－17　"部件几何体"对话框

7.4.6 设置余量及公差

加工主要分为粗加工、半精加工和精加工三个阶段，不同阶段的余量及公差的设置都是不同的。下面介绍设置余量及公差的方法。

（1）在操作导航器中单击鼠标右键，然后在弹出的快捷菜单中选择"加工方法视图"命令，如图 7 - 18 所示。

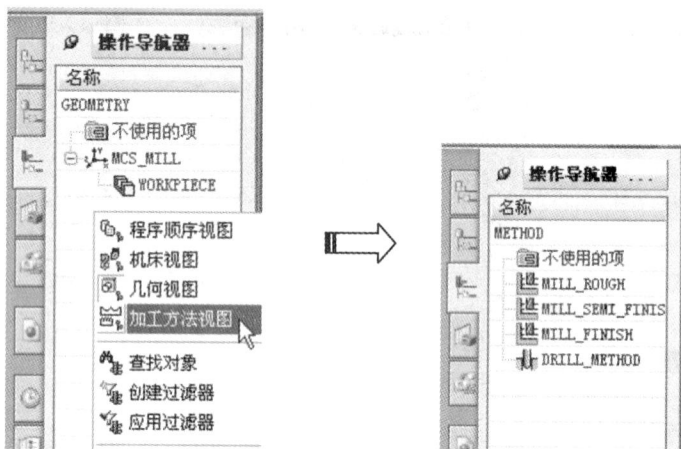

图 7 - 18　切换加工视图

（2）在操作导航器中双击粗加工公差图标，弹出"Mill Method"对话框；然后设置部件的余量为 0.5，内公差为 0.05，外公差为 0.05，如图 7 - 19 所示；最后单击 确定 按钮。

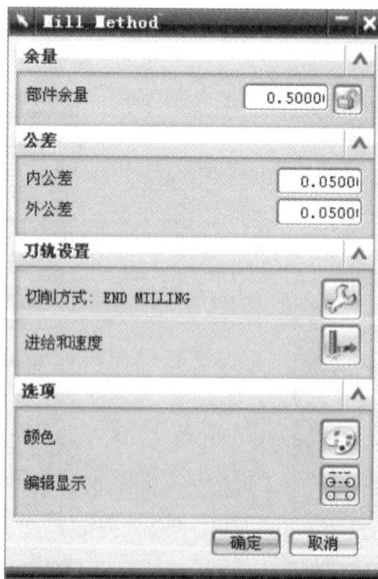

图 7 - 19　设置粗加工余量及公差

经验分享——

　　加工模具时，其粗加工余量多设为 0.5，但如果是加工电极量就不一样了，因为电极余量最后的结果是要留负余量的。

　　（3）设置半精加工和精加工的余量及公差，如图 7 - 20、图 7 - 21 所示。

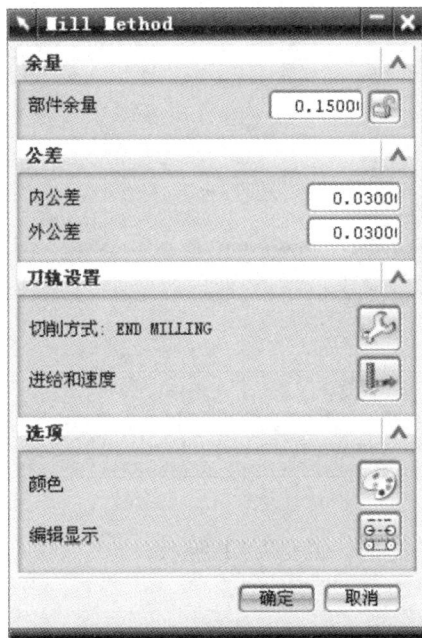

图 7 - 20　半精加工余量及公差

图 7 - 21　精加工余量及公差

经验分享——

　　模具加工要求越高时，其对应的公差值就应该越小。

7.4.7　创建操作

　　创建操作包括创建加工方法、设置刀具、设置加工方法和参数等。在"加工创建"工具条中单击"创建操作"按钮，弹出"创建操作"对话框，如图 7 - 22 所示。首先在"创建操作"对话框中选择类型，接着选择操作子类型，然后选择程序名称、刀具、几何体和方法。

　　在"创建操作"对话框中单击 确定 按钮即可弹出新的对话框，从而进一步设置加工参数。

图7-22 "创建操作"对话框

经验分享——

在模具加工中，最常使用的加工类型主要是 mill_planar 和 mill_contour 两种。

下面以图表的方式详细介绍最常用的几种操作子类型，如表7-1所示。

表7-1 常用的操作子类型及说明

序号	操作子类型	加工范畴	图　解
1	面铣加工 (face-milling)	适用于平面区域的精加工，使用的刀具多为平底刀	
2	表面加工 (planar-mill)	适用于加工阶梯平面区域，使用的刀具多为平底刀	

续表 7 - 1

序号	操作子类型	加工范畴	图　解
3	型腔铣 (cavity-mill)	适用于模坯的粗加工和二次粗加工,使用的刀具多为飞刀(圆鼻刀)	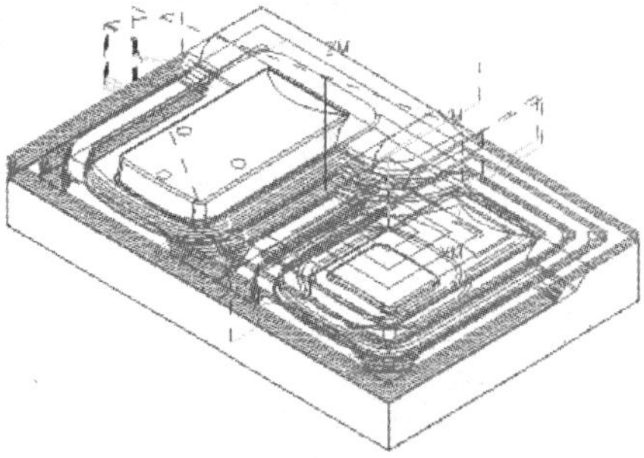
4	等高轮廓铣 (zlevel-profile)	适用于模具中陡峭区域的半精加工和精加工,使用的刀具多为飞刀(圆鼻刀),有时也会使用合金刀或白钢刀等	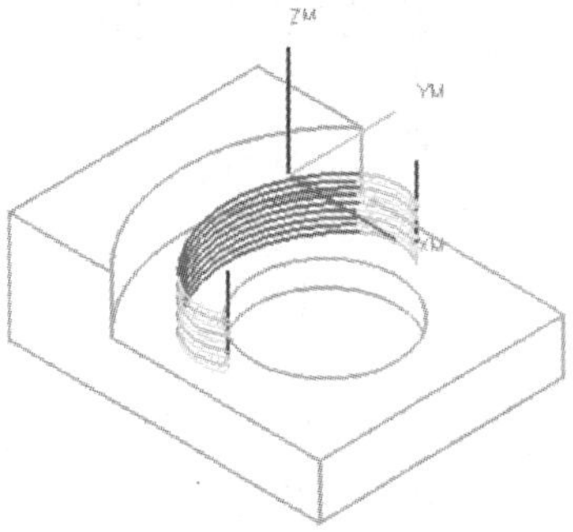
5	固定轴区域轮廓铣 (contour-area)	适用于模具中平缓区域的半精加工和精加工,使用的刀具多为球刀	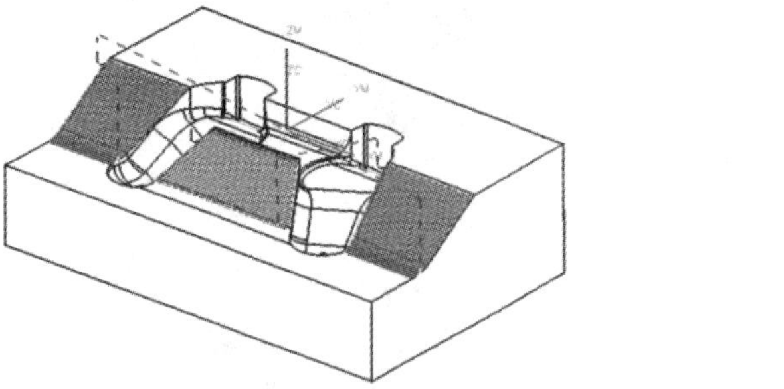

7.5　刀具路径的显示及检验

　　生成刀路时,系统会自动显示刀具路径的轨迹。当进行其他操作时,这些刀路轨迹就会消失。如想再次查看,则可先选中该程序,再单击鼠标右键,然后在弹出的快捷菜单中选择"重播"命令,即可重新显示刀路轨迹,如图 7 - 23 所示。

　　编程初学者往往不能根据显示的刀路轨迹判别刀路的好坏,而需要进行实体模拟验证。在"加工操作"工具条中单击"校验刀轨"按钮,弹出"刀轨可视化"对话框,选择"3D 动态"选项卡,然后单击播放按钮,系统便开始进行实体模拟验证,如图 7 - 24 所示。

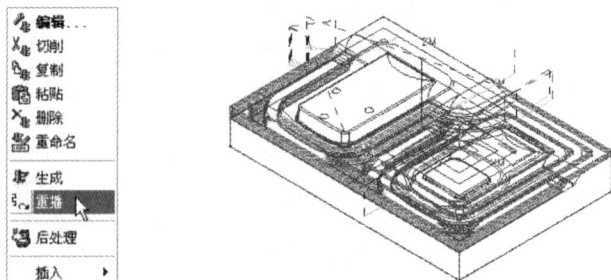

图 7 - 23 重播刀路

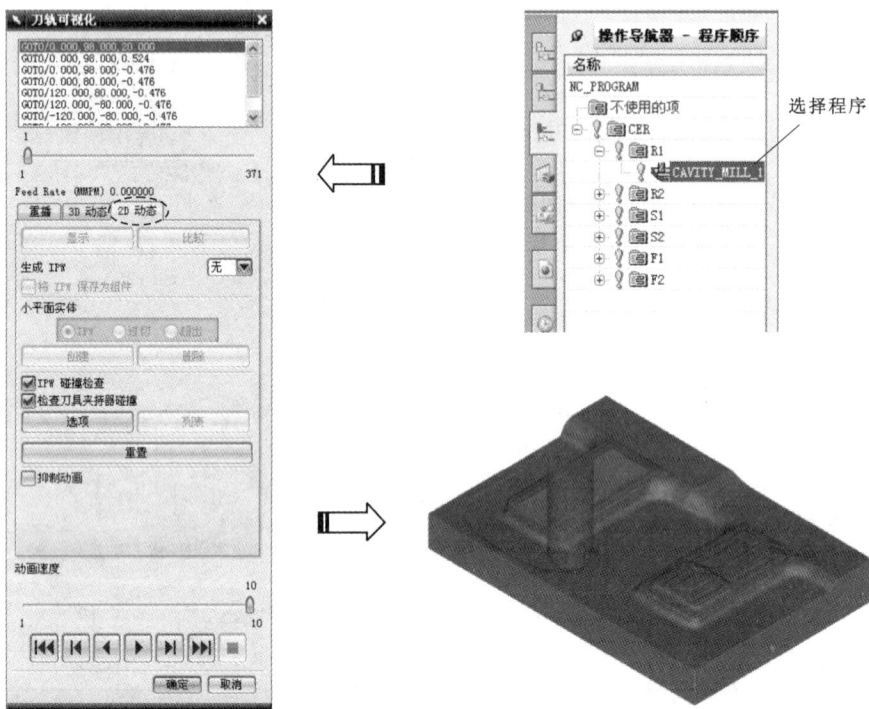

图 7 - 24 实体模拟验证

经验分享——

进行实体模拟验证前，必须设置加工工件和毛坯，否则无法进行实体模拟。

7.6 实战演练

1. 实战演练的步骤

(1)启动 UG NX 10.0 进入基本环境界面，启动 UG NX 10.0 有两种方法：

①双击桌面 UG NX 10.0 快捷图标进行启动。

②鼠标左键依次单击"开始"→"程序"→"UGS NX 10.0"→"UG NX 10.0"。

启动后将打开如图 7 - 25 所示的 UG NX 10.0 的启动界面。

图 7 - 25 UG 启动界面

图 7 - 26 是 UG NX 10.0 启动后的界面。

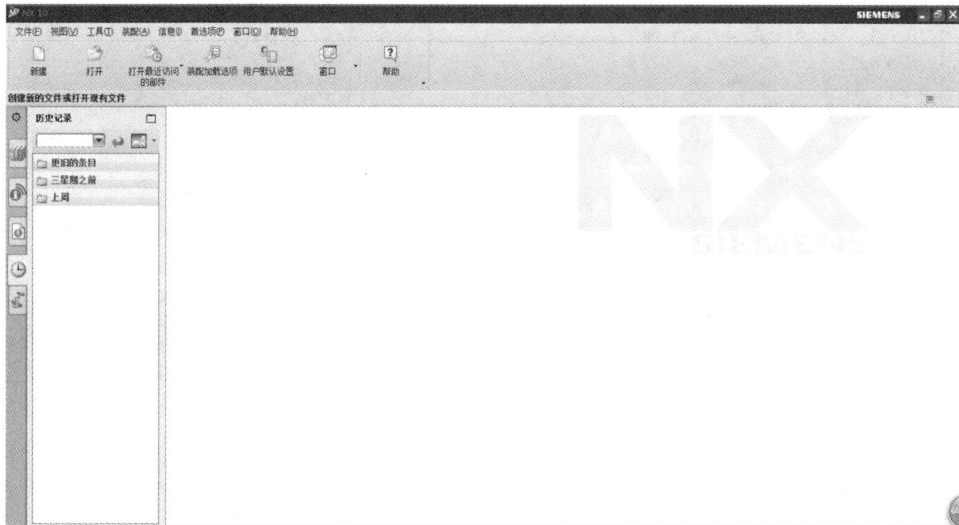

图 7 - 26 UG 基本环境界面

图 7 - 26 的界面是 UG NX 10.0 的基本环境界面，此时还没有真正进入 UG NX 10.0。这时必须新建一个文件或者打开一个已存在的 UG. prt 文件才能进入。（在这里要注意的是 UG NX 软件 10.0 以下的版本不支持中文的文件名，在文件及所在的路径中都不能含有中文字

符。UG NX 10.0 支持中文文件名。)

(2)读取图形或调入工件模型。

在 UG NX 10.0 的基本环境界面中打开一个文件,可以直接通过点击"打开"图标或者单击"文件"→"打开"打开一个格式为 .prt 的 UG NX 文件,但仅限于 UG NX 的文件,因为软件 Pro/E 的文件格式也是 .prt。另外,不能直接读取较高版本 UG NX 的 .prt 文件,例如 UG 8.0 不能直接读取 UG NX 10.0 的 .prt 文件。

新建一个文件可以直接通过点击"新建"图标或者单击"文件"→"新建"弹出"新建"对话框。

如图 7 – 27 所示,在"新建"对话框中指定文件类型、文件名、文件位置后点击"确定"按钮,即可进入 UG NX 10.0 的默认的建模环境中。在此环境下可以建立模型零件即格式为 .prt 的文件,以供加工时使用。在此环境下或者进入加工环境后都可以导入其他格式的文件,因为在模具的整个设计和加工过程中,可能会涉及很多的厂商和部门来协同完成,这样就会经常需要在不同的 CAD/CAM 软件之间进行数据的转换。

图 7 – 27　"新建"对话框

①导入一个文件：在其他的 CAD/CAM 软件上绘制的零件模型，一般情况下，都应转换为.iges/.step/.parasolid 这几种普遍使用的文件格式后再被 UG NX 导入。如图 7 – 28、图 7 – 29所示，单击"文件"→"导入"，再选择.step 或者.iges 或者其他格式的文件。

②建立加工模型：根据图 7 – 30 所示 CAD 图纸绘制模型。

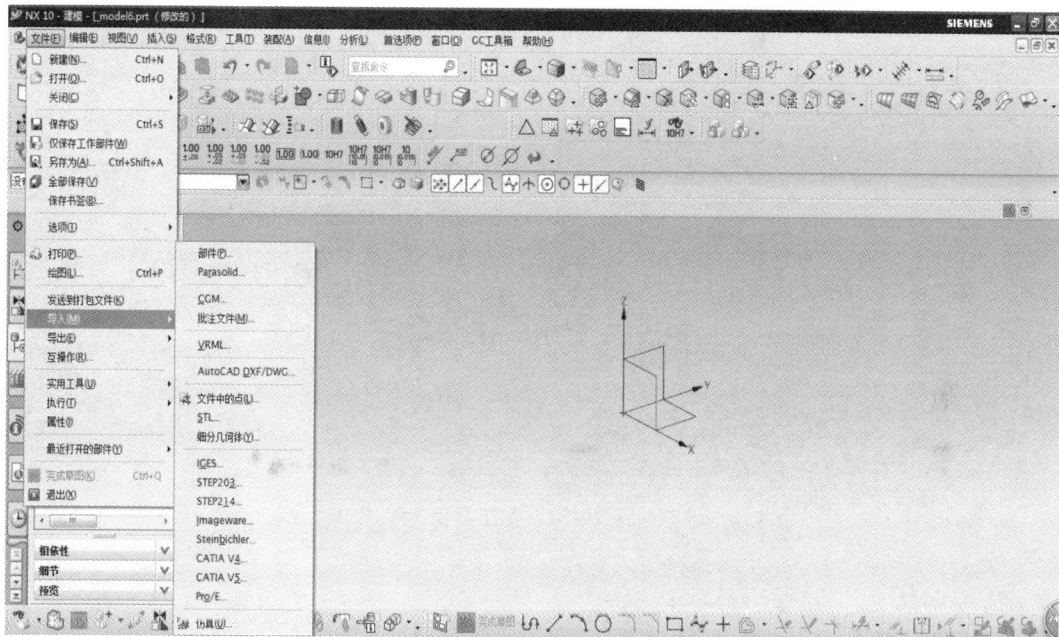

图 7 – 28　文件的导入

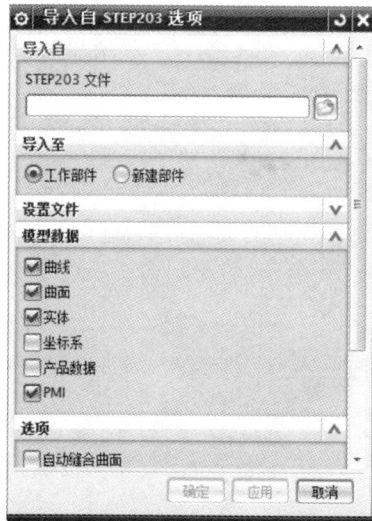

图 7 – 29　导入命令

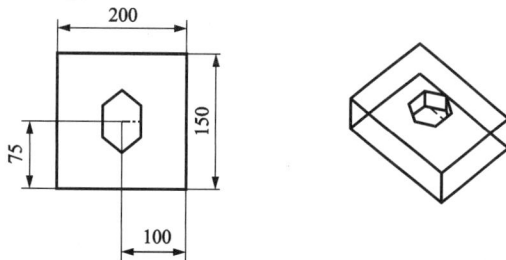

"SHT1"

图 7 – 30　加工模型

③建立好模型后点击"启动"→"加工"，进入如图 7 - 31 所示加工界面和如图 7 - 32 所示加工环境。

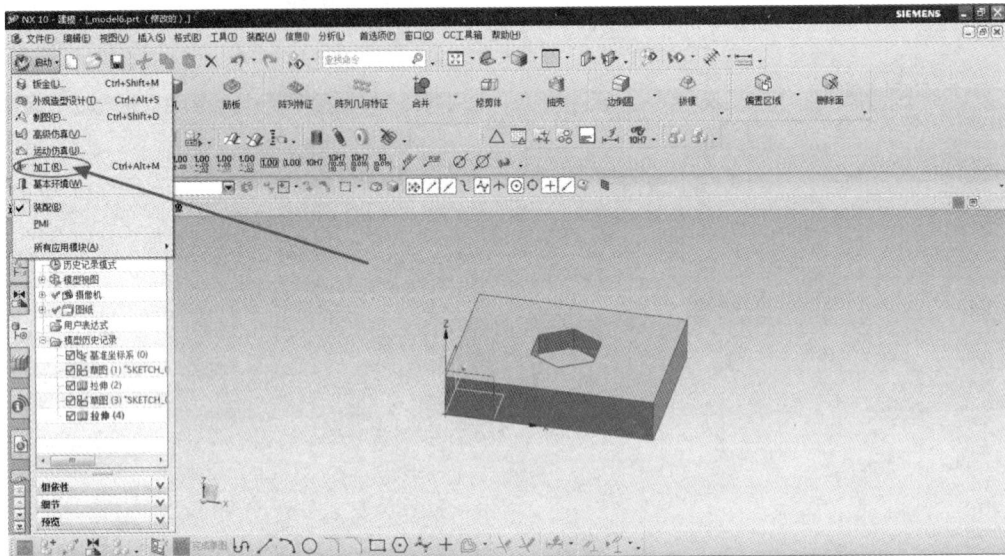

图 7 - 31 加工界面

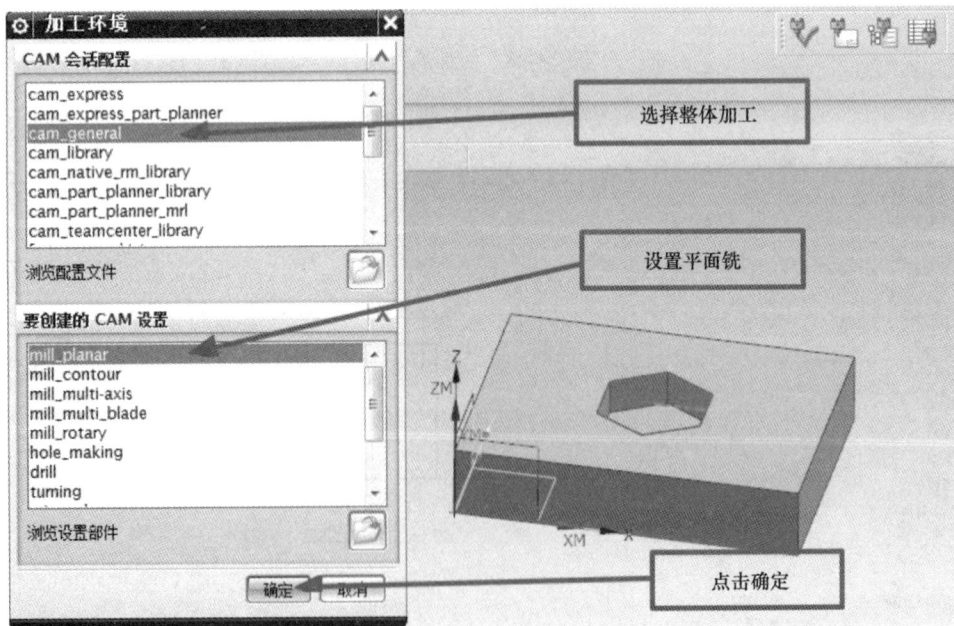

图 7 - 32 加工环境

（3）创建父组。

在所创建的父组中设置一些公用的选项，如程序组、方法组、刀具组与几何体组，创建父组后在创建操作中可以直接选择，且操作将继承父组中所设置的参数。

①创建程序（图 7 – 33）。

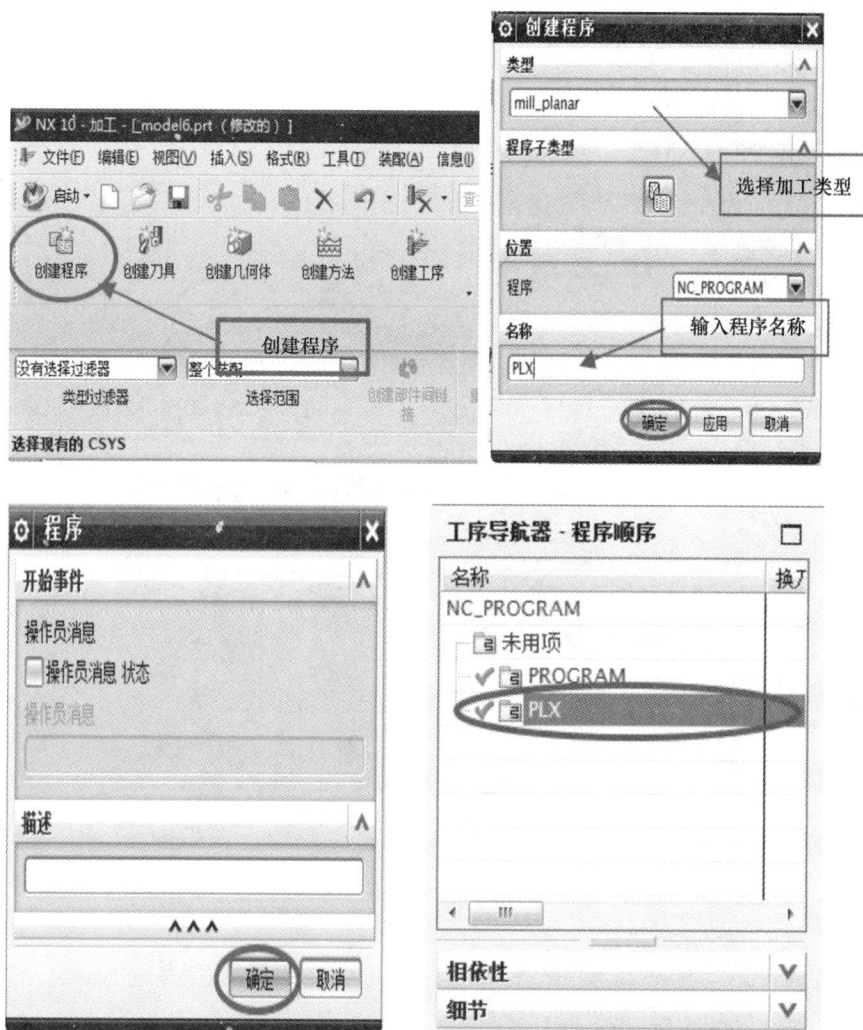

图 7 – 33　创建程序

②创建刀具对象——直径 10、底角 5 的立铣刀。默认情况下选用参数为 5 的铣刀。如图 7 – 34 ~ 图 7 – 36 所示。

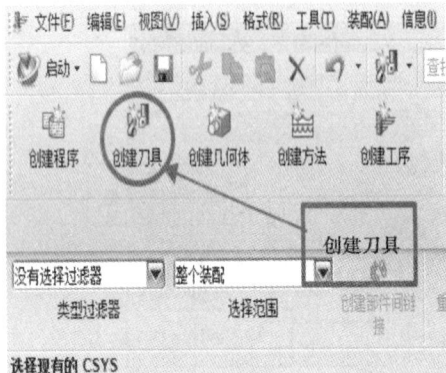

图 7 - 34　创建刀具

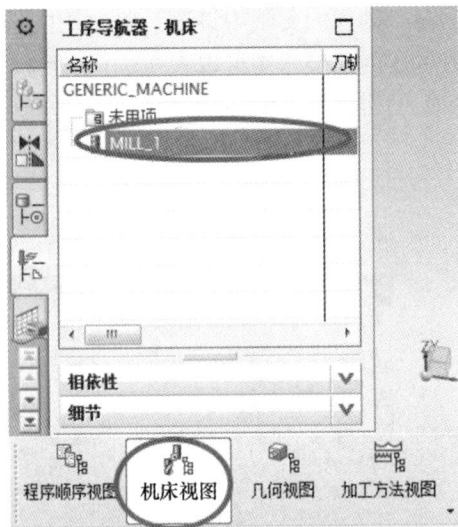

图 7 - 35　工序导航器 - 机床

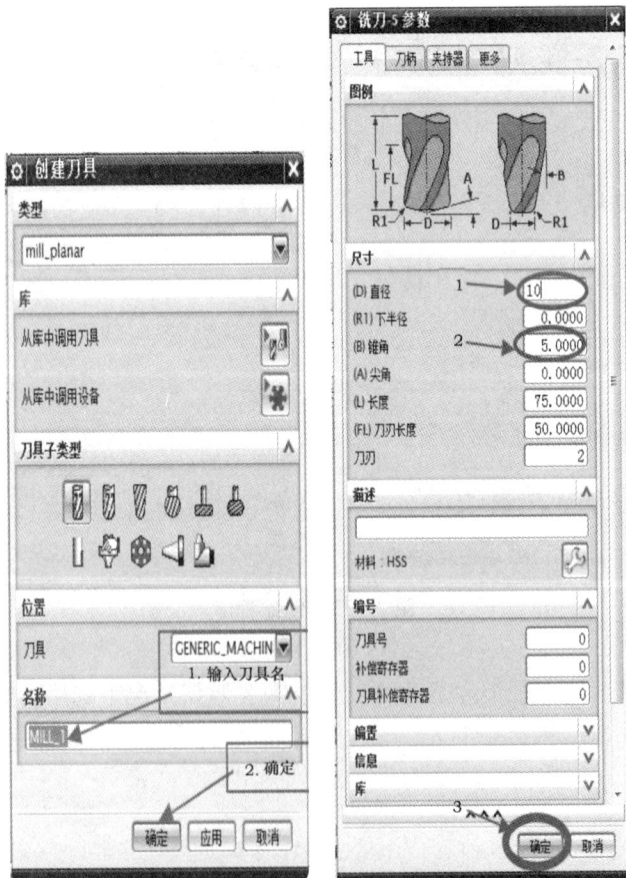

图 7 - 36　"创建刀具"对话框

③创建几何体对象——加工坐标系 MCS_MILL。在进入加工模块时系统已经自动创建了一个坐标系对象 MSC_MILL。双击可直接编辑此坐标系对象。在创建加工坐标系时可以利用当前工作坐标系快速创建加工坐标系，如图 7 - 37、图 7 - 38 所示。效果如图 7 - 39 所示。

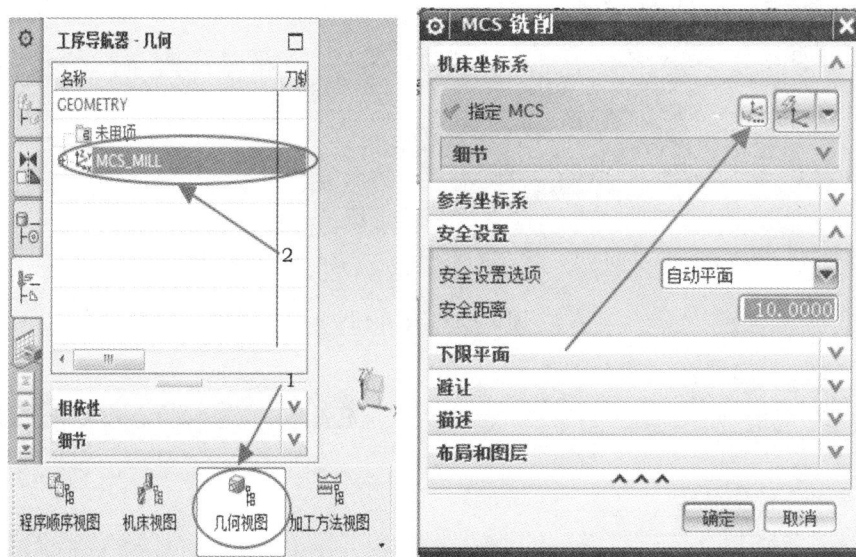

图 7 - 37　创建几何对象

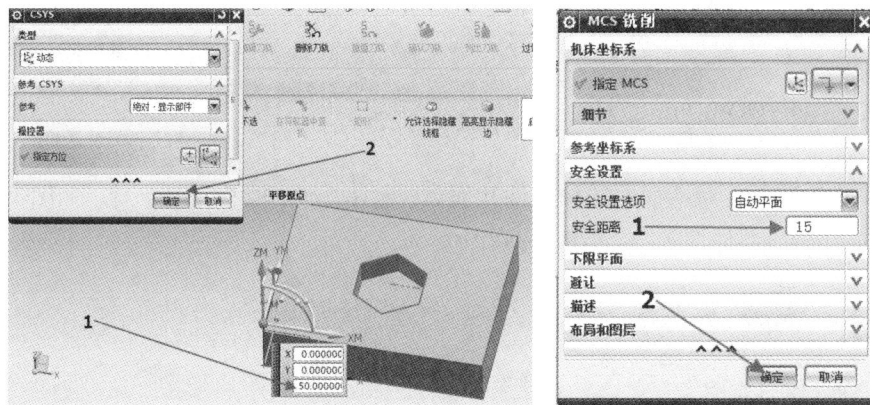

图 7 - 38　创建加工坐标系

④在进入加工模块时系统已经自动创建了如图 7 - 40 所示 WORKPIECE 几何体对象，直接双击 WORKPIECE 对象，打开如图 7 - 41 所示"工件"对话框。

图 7 - 39　效果图

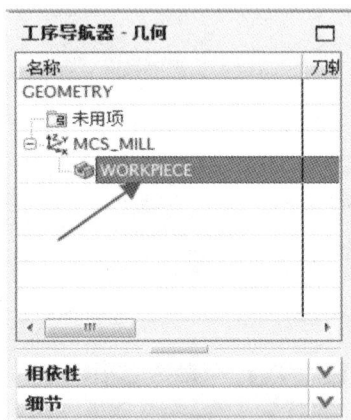

图 7 - 40　**WORKPIECE** 对象

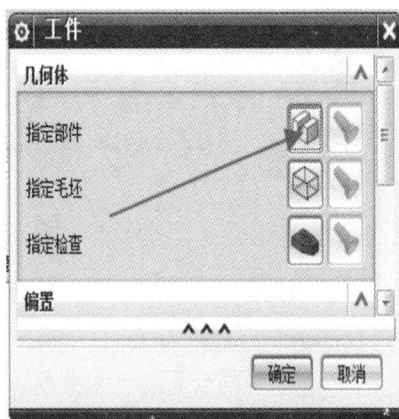

图 7 - 41　"工件"对话框

⑤在"MILL Geom"对话框中选择部件几何体、毛坯几何体、检查几何体，如图 7 - 42 ~ 图 7 - 44 所示。设置"部件偏置"，如图 7 - 45 所示。

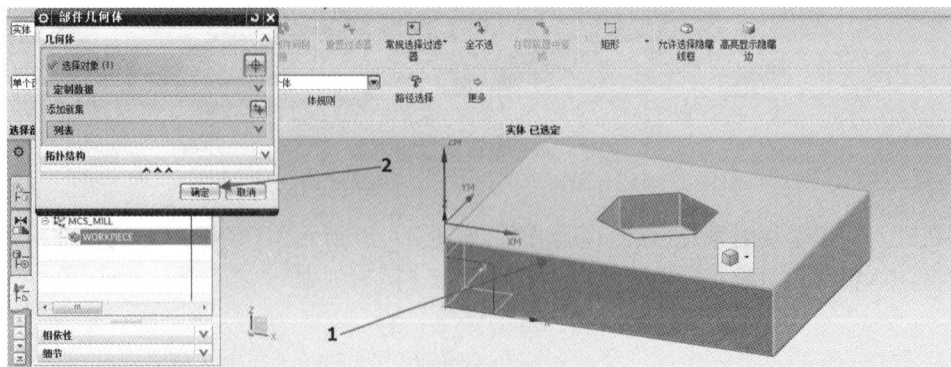

图 7 - 42　部件几何体

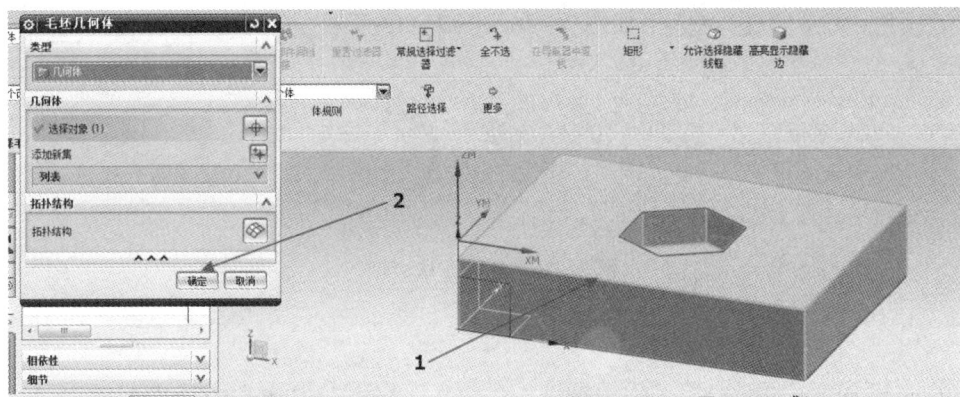

图 7 - 43　毛坯几何体

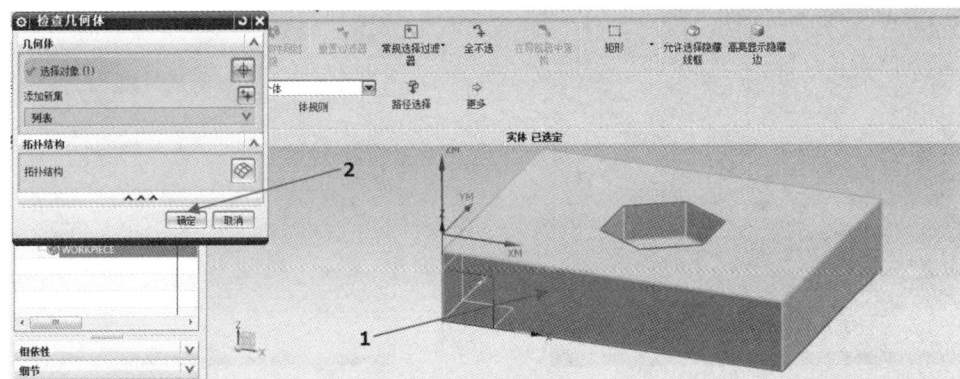

图 7 - 44　检查几何体

图 7 - 45　部件偏置

⑥创建方法：点击"创建方法"命令，设定相关参数，在加工方法中需要确定进给参数、刀位轨迹颜色，刀具仿真类型等，如图 7-46~图 7-48 所示。

图 7-46 创建方法命令

图 7-47 "创建方法"对话框

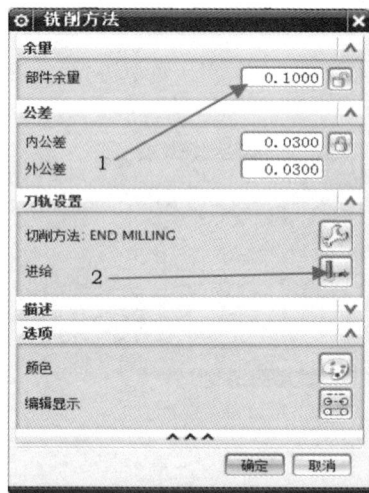

图 7-48 "铣削方法"对话框

（2）创建加工操作。

①创建加工操作：选择"创建工序"，在对话框中选择"类型"为"mill_contour"，操作"子类型"为型腔铣（CAVITY_MILL），在"位置"选项中选择步骤 3 中创建的 4 个父对象，并且将本工序的操作命名为"CAVITY_MILL"，如图 7-49~图 7-51 所示。

图 7-49 "创建工序"命令

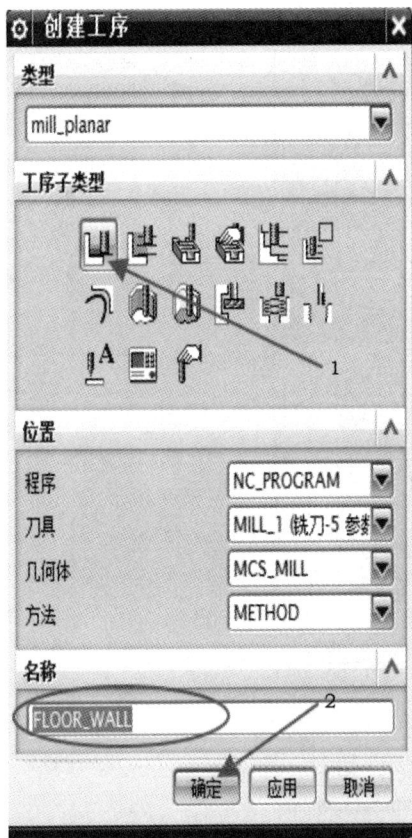

图 7 – 50 "创建工序"对话框

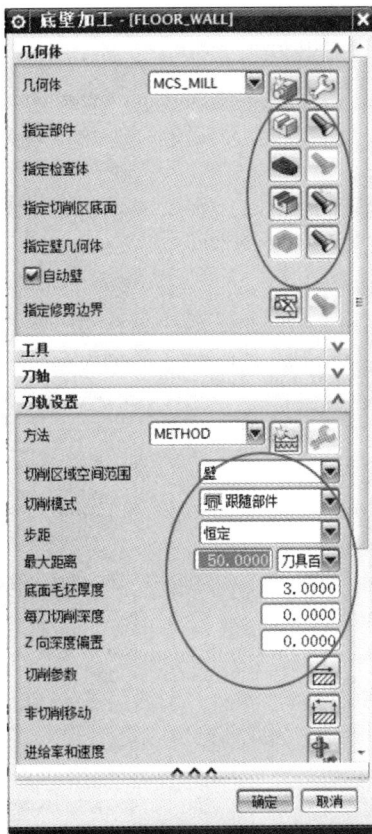

图 7 – 51 "底壁加工"对话框

②编辑型腔铣加工操作：几何体选项自动继承父对象，设置"切削模式"为"跟随部件"，步进方式为刀具直径的 50%，全局每刀深度为 2，在切削层对话框中设置切削深度范围从顶向下为 25，并设置进给率和速度，优化刀路，最后点击确定，如图 7 – 52、图 7 – 53 所示。

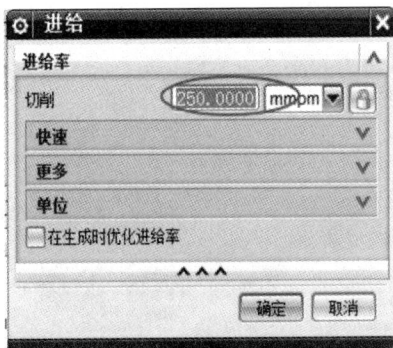

图 7 – 52 "进给"对话框

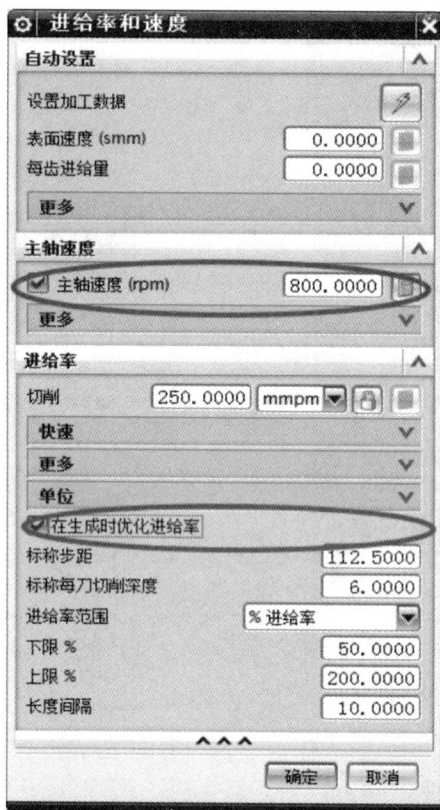

图 7 - 53   "进给率和速度"对话框

（5）如图 7 - 54 所示，设置参数后点击"确定"，可在建模界面查看数控铣刀的刀具轨迹并进行验证。在图 7 - 55 的"刀轨可视化"对话框中设置相关参数。

（6）点击播放即可进行数控加工的仿真模拟动画，如图 7 - 56 所示。

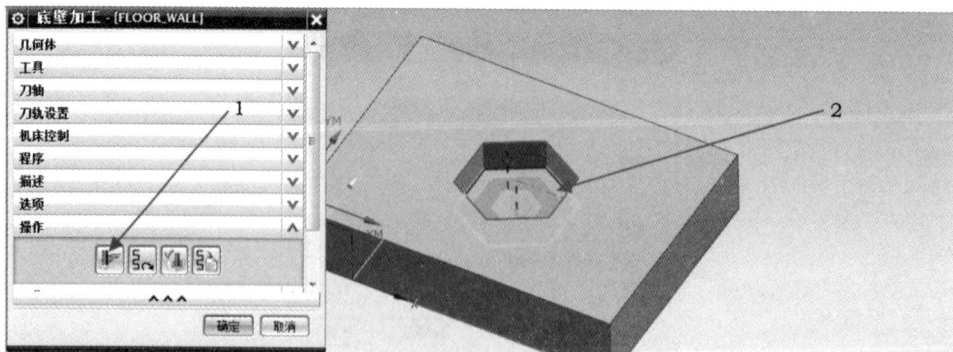

图 7 - 54   "底壁加工"对话框

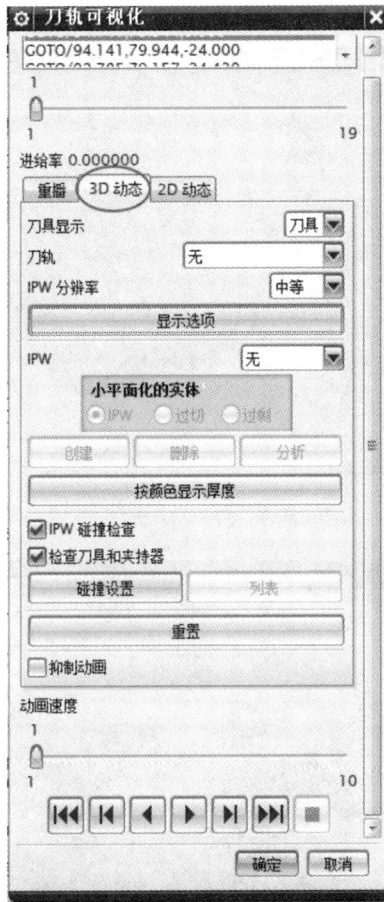

图 7-55　"刀轨可视化"对话框

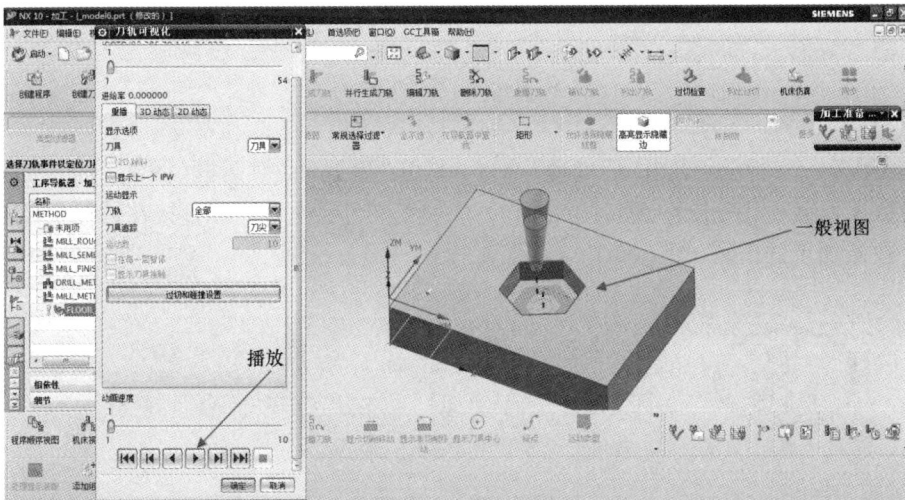

图 7-56　仿真模拟动画

点击 3D 动态、2D 动态可切换到不同加工界面，如图 7 - 57、图 7 - 58 所示。

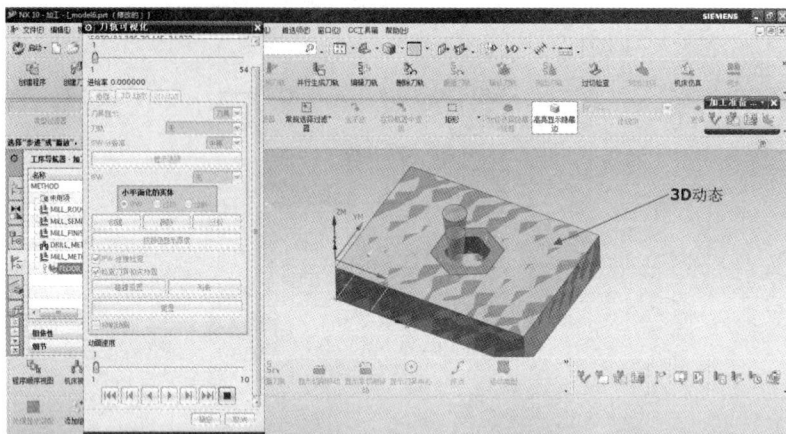

图 7 - 57　3D 动态

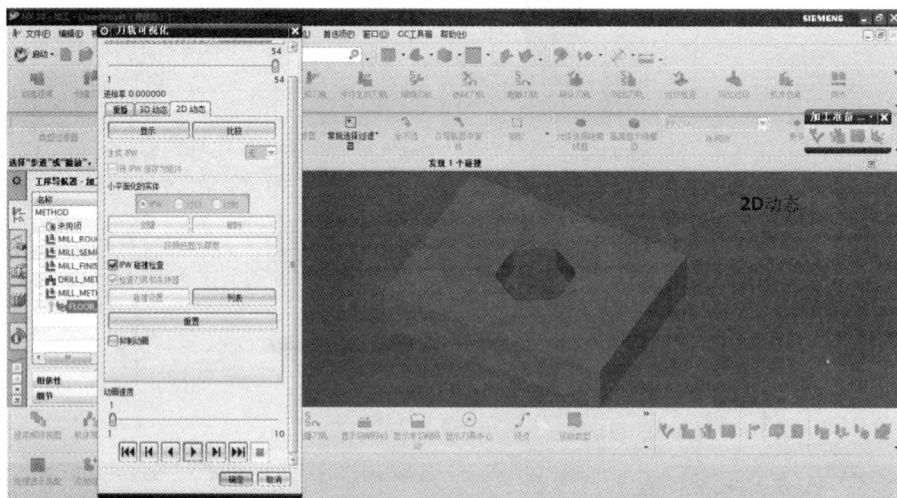

图 7 - 58　2D 动态

　　(7)如图 7 - 59 所示，点击"后处理"命令，打开"后处理"对话框(图 7 - 60)，调用后处理模块对数控 CNC 程序进行处理，并导出 CNC 加工文件，使之能够直接在数控机床上加工，完成整个数控加工的仿真(图 7 - 61)。

图 7 - 59　后处理

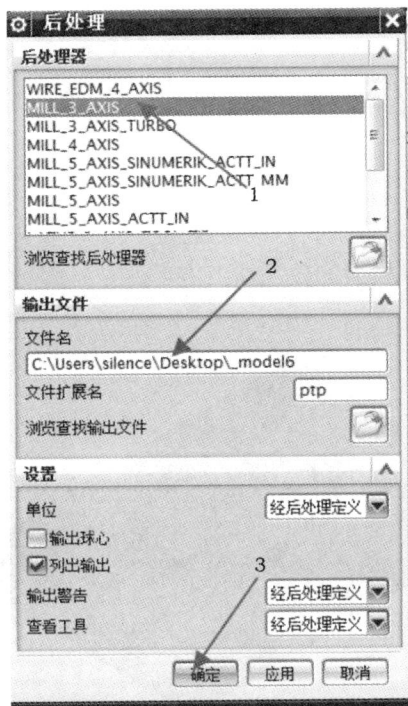

图 7 - 60　后处理

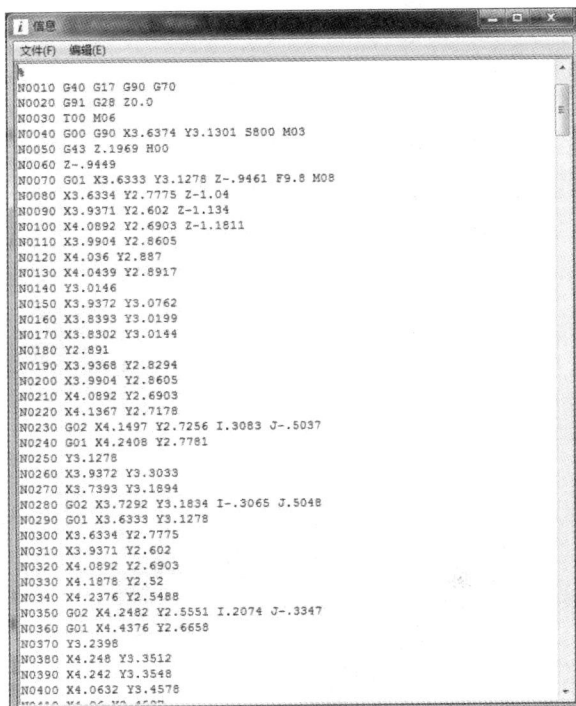

图 7 - 61　信息

2. 实战小结

UG NX 数控加工主要包括以下几个步骤:

(1)生成数控程序的一般步骤。

(2)操作导航器的应用。

(3)创建刀具。

(4)创建几何体。

(5)创建程序组。

(6)创建方法。

(7)刀具轨迹验证。

(8)后处理。

7.7　思考与练习

1. 数控加工的优点主要有哪些？常使用的数控设备有哪些？

2. 如何创建加工几何体？加工几何体包括哪几部分？

3. 如何设置加工余量及公差？

4. 如何判断刀具的类型？选择刀具加工时主要需要设置哪些刀具参数？

5. 请在 UG NX 10.0 软件里完成图 7 - 62 ~图 7 - 64 模型的数控加工仿真。

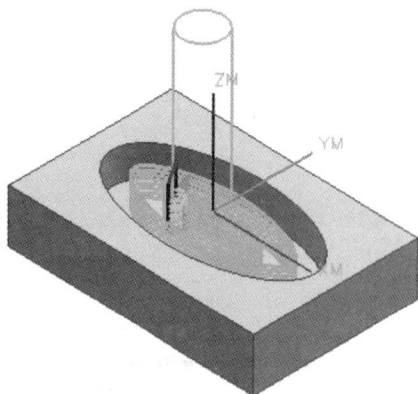

图 7 - 62

图 7 - 63

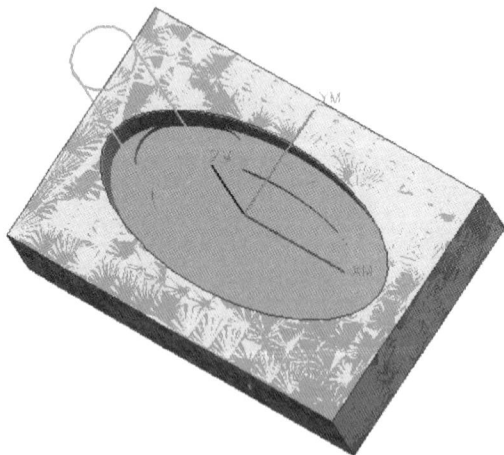

图 7 - 64

参考文献

[1] 李兵.UG NX 9.0 基础与实例教程[M].北京：机械工业出版社,2014

[2] 李兵,孙立明,张红松等.UG NX 9.0 中文版基础实例教程[M].北京：机械工业出版社,2014

[3] 魏峥.UG NX 基础与实例应用[M].北京：清华大学出版社,2010

[4] 米俊杰.UG NX10.0 快速入门指南[M].北京：电子工业出版社,2015

[5] 展迪优.UG NX10.0 从入门到精通[M].北京：电子工业出版社,2015

[6] 北京兆迪科技有限公司.UG NX910.0 曲面设计教程[M].北京：机械工业出版社,2015

[7] 北京兆迪科技有限公司.UG NX9.0 工程图教程[M].北京：中国水利水电出版社,2014

[8] 陆宇旻,沈燕,韦克安等.UG 二次开发技术的研究[J].广西大学学报,2005：134 – 137

[9] 范元勋,庄亚红,王华坤.UG 二次开发工具的使用[J].机械制造与自动化,2002：70 – 72

[10] 李春旺,谢武杰,杨尊袍等.基于 UG 预处理的 ANSYS 有限元分析方法[J].空军工程大学学报,2009：85 – 89

[11] 马秋成,肖良红,聂松辉等.UG 建模方法的探讨[J].机械设计与研究,2002：40 – 42

[12] 吴丽霞.基于 UG 的齿轮参数化设计及运动仿真分析研究[D].北京：北京邮电大学,2009

图书在版编目(CIP)数据

三维实体设计与仿真：UGNX10.0中高级教程／陈爽，刘晓飞主编. —长沙：中南大学出版社，2019.2(2021.1重印)

ISBN 978-7-5487-3560-1

Ⅰ.①三… Ⅱ.①陈… ②刘… Ⅲ.①计算机辅助设计－应用软件－教材 Ⅳ.①TP391.72

中国版本图书馆 CIP 数据核字(2019)第 032027 号

三维实体设计与仿真
——UGNX10.0中高级教程

陈 爽 刘晓飞 主编

□ **责任编辑** 刘颖维
□ **责任印制** 周 颖
□ **出版发行** 中南大学出版社
　　　　　　　社址：长沙市麓山南路　　　邮编：410083
　　　　　　　发行科电话：0731-88876770　　传真：0731-88710482
□ **印　　装** 长沙雅鑫印务有限公司

□ **开　　本** 787 mm×1092 mm 1/16　□ **印张** 15.25　□ **字数** 389 千字
□ **版　　次** 2019 年 2 月第 1 版　□ 2021 年 1 月第 2 次印刷
□ **书　　号** ISBN 978-7-5487-3560-1
□ **定　　价** 58.00 元